"国家重点研发计划（项目编号：2016YFC0700200）"资助项目

城镇居住社区绿色设计新方法

A New Method of Green Design For Urban Residential Community

孙彤宇｜孙澄宇｜杨峰｜贺永　著

SUN TONGYU｜SUN CHENGYU｜YANG FENG｜HE YONG

中国建筑工业出版社

图书在版编目（CIP）数据

城镇居住社区绿色设计新方法 = A New Method of
Green Design For Urban Residential Community / 孙
彤宇等著 . —北京：中国建筑工业出版社，2022.9（2024.4重印）
　　ISBN 978-7-112-27574-8

　　Ⅰ.①城…　Ⅱ.①孙…　Ⅲ.①居住建筑—生态建筑—
建筑设计　Ⅳ.①TU241

　　中国版本图书馆CIP数据核字（2022）第111435号

责任编辑：滕云飞
责任校对：赵　菲

城镇居住社区绿色设计新方法
A New Method of Green Design For Urban Residential Community

孙彤宇｜孙澄宇｜杨峰｜贺永　著
SUN TONGYU｜SUN CHENGYU｜YANG FENG｜HE YONG

　　＊
中国建筑工业出版社出版、发行（北京海淀三里河路9号）
各地新华书店、建筑书店经销
北京点击世代文化传媒有限公司制版
建工社（河北）印刷有限公司印刷
　　＊
开本：787毫米×960毫米　1/16　印张：17　字数：304千字
2023年3月第一版　2024年4月第三次印刷
定价：**75.00**元
ISBN 978-7-112-27574-8
　　　（39755）

目　录

绪论

Introduction

　　为应对全球气候挑战，中国政府郑重宣布了减少碳排放的战略部署：要在 2030 年之前实现碳达峰，力争 2060 年实现碳中和。碳达峰和碳中和战略的提出顺应了全球低碳发展的趋势，有助于促进可持续城市发展中能源模式的转变，健全多层次绿色低碳循环发展体系，推动构建人类命运共同体。而建筑行业作为国民经济发展的支柱产业之一，作为可持续城市发展的重要影响因素，在碳达峰和碳中和的未来目标中，起到举足轻重的作用。2018 年全国建筑全寿命周期碳排放总量为 49.3 亿吨 CO_2，占全国能源碳排放的比重为 51.2%。其中，建材生产阶段碳排放 27.2 亿吨 CO_2，占建筑全寿命周期碳排放的 55.2%，占全国能源碳排放的比重为 28.3%；建筑施工阶段碳排放 1 亿吨 CO_2，占建筑全寿命周期碳排放的 2%，占全国能源碳排放的比重为 1%；建筑运行阶段碳排放 21.1 亿吨 CO_2，占建筑全寿命周期碳排放的 42.8%，占全国能源碳排放的比重为 21.9%（中国建筑能耗研究报告 2020）。而建筑由于具备减排潜力大的特点，将成为助推我国节能减排目标实现的重要突破口。

　　联合国第二届住区大会提出的"人人享有适当的住房和人类住区的可持续发展"，明确地将可持续发展与居住建筑有机地结合起来，更多的发达国家将居住建筑实施可持续发展列为重要的战略目标。2018 年我国城镇居住建筑面积为 244 亿平方米（中国建筑节能年度发展研究报告 2020），城镇居住建筑碳排放 8.91 亿吨 CO_2，占比 42.2%，单位面积碳排放 $29.02kg/m^2$（中国建筑能耗研究报告 2020）。随着城镇居住建筑的大量建设，以及节能减排对气候变化进程的影响，以优化建筑设计过程的方法为切入点，挖掘节能减排目标实现的有效路径，研究

1

城镇居住建筑绿色设计对可持续城市发展的影响意义深远。以城镇居住建筑的可持续发展以及创造更宜居的环境为目标，在城镇居住建筑设计中融入绿色性能影响因素与目标，达到提升绿色性能、改善室内热环境的目标，并有利于民众健康。探索绿色要素与绿色目标之间的关联，探索城镇居住社区绿色设计方法，是"十三五"期间我国绿色建筑的重要议题。

除了建筑单体本身的节能及其绿色性能要素体系以外，社区的整体绿色性能也占有较大的比重。因此，绿色性能的问题不只是各个建筑单体绿色性能最优化的叠加，还应考虑居住社区范围内各个要素以及绿色性能之间的相互制约与关联，并探求建筑群体相互关联的复杂条件下有效的规划和设计辅助工具，比如：社区的用地混合、建筑物布局空间形态等与风环境、热环境的关联。在广泛梳理现有城镇居住建筑绿色技术的基础上，优化现有技术的组合方式，以绿色性能最优为依据，建立以目标和效果为导向的南方地区城镇居住社区绿色设计新方法、新流程。城镇居住社区绿色设计中需要考虑多个子系统对绿色性能的影响作用，其中每个子系统包括多个要素和变量，各变量之间还存在着复杂的相互关系。寻求合适的建筑设计方法，挖掘各个要素之间的作用机制，通过因果关系研究重现系统内部的作用机理，探究影响城镇居住社区绿色性能的有效路径就显得十分重要。

在城镇居住社区绿色性能体系中，降低建筑能耗和提高能效是居住建筑设计的重要目标之一。我国建筑节能的目标也在不断提高：第一，节能 30% 的标准。我国自 1986 年 08 月 01 日起实施的《民用建筑节能设计标准》JGJ 26-86 提出要在当地 1980—1981 年住宅通用设计能耗水平的基础上节约 30% 的供暖用煤，主要通过加强围护结构的保暖和提高门窗的气密性，以及提高供暖供热系统的运行效率来实现；第二，节能 50% 的标准。我国自 1996 年 07 月 01 日起实施的《民用建筑节能设计标准》JGJ 26-95 提出要在当地 1980—1981 年住宅通用设计能耗水平的基础上节约 50% 的供暖用煤；第三，1999 年 11 月在北京召开的第二次全国节能工作会议提出节能 65% 的标准。还有，建设部要求到 2020 年，将全面实施所有建筑节能标准，在全国范围内实施 65% 的建筑节能标准。除了《民用建筑节能设计标准》中对能耗的要求外，《居住建筑节能设计标准》《夏热冬冷地区居住建筑节能设计标准》等国家层面出台的规范也对居住建筑的节能目标进行了限定。比如：《居住建筑节能设计标准》针对居住建筑节能目标和室内设计参数、建筑物耗热量指标的计算、建筑热工设计、供暖／空调与通风的节能设计等进行说明。而地方也相继出台了相应规范，比如：北京市《民用建筑能耗指标》、陕西省《居住建筑节能设计标准》、重庆市《居住建筑节能65%（绿色建筑）设计标准》等。建筑节能法规以及一系列相关规章、激励政策等的出台，使绿色建筑设计有了依据，为绿色技术的有效实施提供保障。城镇居住社区涉及的绿色要素复杂多样，且相互影响，有待系统化梳理。现有的分析要素选择主要集中在建筑物本身，分析过程多独立展开，且分析基础通常基于宏观气象数据。从关注住区整体绿色性能的角度来看，街区尺度下微气候的影响要素及其影响程度还有待深入研究。

　　《"十三五"节能减排综合工作方案》要求2020年城镇绿色建筑面积占新建建筑面积比重提高到50%。《绿色建筑创建行动方案》中指出，到2022年当年城镇新建建筑中绿色建筑面积占比达到70%。受限于现有设计流程和设计方法，建筑师很难在设计全过程中将多元复杂的绿色性能要素融入设计创作，也很难对各项绿色性能指标进行预判，因此住区绿色设计中的潜力还没有完全被挖掘。另一方面，绿色建筑设计往往根据现行国家绿色建筑设计标准对已经设计好的方案进行评估，找到设计中的绿色性能薄弱环节，进行补充和完善。现有城镇居住社区的绿色设计方法在一定程度上可达到绿色性能的优化，但不能从绿色设计根源出发，对设计进行指导。因此，从绿色设计目标出发，探索城镇居住社区绿色设计新方法，将绿色性能和设计很好地融合起来是本书的重点内容。

　　面向城镇居住社区全方位、全尺度的绿色性能体系优化，本书在绿色设计方法上探索，尝试在适应地域气候特点和经济发展水平的城镇居住社区绿色设计方法方面，重点关注街区尺度上的绿色性能优化以及适合建筑师创作思维的设计方法创新，形成城镇居住社区绿色建筑设计新方法和路径，寻求绿色建筑技术在城镇居住社区设计中的协同优化策略。本书通过对城镇居住社区绿色性能目标及要素体系建构，挖掘以绿色性能最优化为目标的绿色建筑设计方法，包括绿色性能最优化下的街坊自动生成与优化方法和以住区微气候最优为目标的设计方法。在进行居住社区布局设计推敲时，本书提出的面向绿色性能增强可视化的建筑群实体模型布局设计推敲平台，基于计算机视觉与混合现实技术的原型体系统，可作为绿色设计新流程，方便建筑师或其他设计从业人员借助此平台完成设计。此推敲平台作用下，计算机以设计助手的角色介入建筑设计，提供可视化信息与合理化的建议，帮助建筑师与实体草图模型之间产生更多的交互体验，进而在设计过程中获得更多的信息反馈以及灵感，为方案带来更多的可能性。绿色设计新方法和新流程的提出，方便建筑师在设计流程中将绿色性能多要素纳入设计全过程，以提升绿色设计的效率，挖掘绿色性能的潜力，对居住社区整体绿色性能的评估起到了非常重要的作用。

1

研究现状综述

Review Of Research Status

1.1　城镇居住社区绿色设计方法综述

2020 年 7 月 22 日，住房和城乡建设部等部门印发《绿色社区创建行动方案》，要求到 2022 年，绿色社区创建行动取得显著成效，力争全国 60% 以上的城市社区参与创建行动并达到创建要求，基本实现社区人居环境整洁、舒适、安全、美丽的目标。绿色社区最初由 NGO 环保组织引进中国，狭义上指具备了一定的符合环境保护要求的设施，建立了较为完善的环境管理体系和公众参与机制的社区；广义上指实现了环境保护和可持续发展的社会生活共同体。针对绿色社区的创建，各个国家采取了相应的措施：加拿大利用就近小型可再生能源发电系统为边远地区提供可靠的供电服务以适应寒冷气候；印度依靠动物粪便的沼气和生物质能来创建绿色社区（Clark W，2014）等。还有学者对社区绿色设计方法展开研究，主要有交互式设计、数值模拟计算、城市环境气候图。

现今，居住社区绿色设计主要是为了满足绿色标准而对设定参数进行调整的过程，在设计前期对绿色性能要素的考量较少，一般在设计完成后进行绿色模拟，模拟运算需要耗费大量时间，且模拟结果反馈到设计阶段又需耗时对设计进行调整，这样反反复复的过程耗费大量时间，不便于设计方案的修改。而现有针对绿色社区的设计方法，较为前沿的是将物理模型与计算机辅助设计结合，便于建筑师在设计前期对方案进行调整与修改；还有通过智能监控城市信息的各种数据，并结合建模软件通过对数据分析来模拟建筑能耗的变化，再将结果反馈给建筑师，指导建筑设计；以及通过分析气候基础数据和土地利用情况，使政府决策者、规划师和开发商更好地对室外微气候变化作出响应。

1.1.1　社区绿色设计方法

1. 交互式设计

交互式设计指的是建立人和产品之间有意义的关系，以"在充满社会复杂性的物质世界中嵌入信息技术"为中心的一种设计方法，这种方法可以让用户从亲身体验的角度关注以人为本的需求（李世国，2012）。这种方法最早运用于工业产品中，随后 Mars、全景图编辑器 Venus、Smart+、光辉城市等建筑可视化软件不断增多，并逐渐在建筑设计中运用。交互式设计在建筑中的设计方法主要包括可视化与模拟工具的结合（CDP）、可视化与数据的结合（Cityscope）等。在建筑设计中引入交互设计可以将建筑相关信息较直观地反映出来，使设计师根据情景作出反馈，更容易达到用户想要的效果。

Collaborative Design Platform（CDP）：由具有实时三维物体识别功能的大尺寸多点触控工作台（图1-1）和具有AR（增强现实）技术的移动设备构成。工作台上的物理模型代表社区布局形式，一般由按比例切割的聚苯乙烯泡沫塑料堆叠，与具有捕捉物体位置、大小、角度、形状功能的红外线摄像机相连。移动设备具有触摸面板和传感器，通过不同场景在屏幕上的渲染以及图像叠加，并根据环境中的空间位置（由Metaio SDK跟踪系统提供），使其能够在实际场地的背景下看到建筑设计的交互式实时视图（图1-2）（Schubert，G.2017）。建筑师可通过移动或删除体块等操作，得到不同的绿色性能信息（风环境等），以实现数据实时更新。具体操作原理是：将工作台上的物理模型与移动设备的显示器连接起来，在移动设备中选择所需场景后，摄像头被激活，再将移动设备登录到服务器，追踪物理模型的定位数据（由于GPS不足以实现AR可视化的准确位置，选择依赖光学特征追踪的Metaio SDK），生成有定位信息的3D模型，物理模型就被可视化呈现在通过漫射照明原理安装的垂直触摸屏上。结果显示，一个约200000个三角形组成的单一模型可以以每秒25帧的频率显示出来（Schubert，G.2015）。

现有大量学者介绍协同设计平台在设计中的案例应用。丹麦Aarhus（奥胡斯）大学CAVI实验室研发的3D桌面，将可视化与实体模型结合，由一个半透明的桌面、3台投影仪（顶部2台，底部1台，这样不会在桌面上投射阴影）和1台与电脑相连的摄像机组成，通过Reactivision（开放源代码的对象跟踪应用

图1-1 大尺寸多点触控工作台
来源：Schubert G，2015.

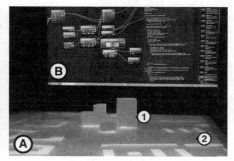

图1-2 协同设计平台
来源：Gerhard Schubert，2017.

软件）来识别每个物体的位置和旋转情况，从而跟踪基准标记，相应的信息就会显示在桌面上（Dalsgaard，2012）。有的学者将这种方法描述为观察者，解释者以及可视化系统三者之间的关联，指的是由被红外线通滤波器限制频率响应的相机（观察者）、由硬件和分析软件组成的计算机（解释者）、由树脂玻璃组成的投影仪（可视化系统）组成。相关学者通过移动在相机视角下检测到的物体，然后提取 epw 气象数据后，利用 Ladybug 和 Radiance 分别模拟太阳辐射量和采光情况（A Viola，2013）；还有学者谈到可通过删减建筑体块形成不同的建筑高度和密度等，这些方案会被记录下来。建筑师可通过保存场景的切换来探讨方案，同时将 Grasshopper 插件配置到 CDP 平台的 IP 地址和端口上，利用 Solar rights 插件输入网格大小、太阳位置等信息，模拟太阳辐射情况（Boris，2016）；除了利用软件自身插件，还可通过编程实现与模拟的实时交互，集成开发环境通过 VPL（Visual Programming Language）对接点进行输入、输出、控制等操作，均可实现实时数据可视化，使设计过程更流畅（Gerhard Schubert，2017）。此外，还可运用此方法模拟游客行为后对历史街区进行重建（Mateus Mendes，2019）。

这种将物理工作模型与三维工具耦合的方法，以一种新的、直观的方式呈现在设计师、公众、客户面前，为解决建筑设计开辟了新途径。从模型到草图到计算机可视化的转换，为连续的设计工作流程创造了条件，具有广泛应用潜力。这种方法具有实时反馈效应，可为不同的场景设置数字信息，促进思维转化，从而为方案初期阶段的决策提供数据支撑，并大大减少后期模拟运行时间，此外以输入信息为准大大降低了成本开支。

CityScope：2013 年由麻省理工学院媒体实验室城市科学组（Science Group）的研究人员开发，是以人为本的城市建模、模拟和决策平台，深受建筑师喜欢。它包括计算机设备、乐高组成的城市实体模型和可进行干预的交互界面三部分（图 1-3）。实体模型外接两个插口（CityMatrix 和 CityI/O），CityMatrix 界面允许用户通过操纵已设定好的体块来修改城市结构，可改变建筑物的高度等实现不同模式之间的切换；CityI/O 服务器包含电信数据、现有环境数据、实时 3D 数据等（图 1-4）。具体操作原理是每个乐高底部都有单独的色块代表建筑类型，建筑师

图 1-3 CityScope 操作平台
来源：Orii L，2020.

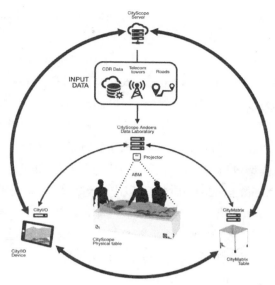

图 1-4　CityScope 平台示意图
来源：Arnaud Grignard，2018.

可对模块更替或变动，这些操作将被摄像头读取，并通过 ViewCube 设备实时更新以匹配位置和方向，并经过电脑处理，显示在城市综合性能分析雷达图（Radar Plot）中，并通过安置在高处的投影机投放在每个乐高模块上（Arnaud Grignard，2018）。CityScope 对城市交通流量和日照进行分析，交通分析基于 GAMA 平台构建多代理模拟系统，指的是通过模拟统计一天中人在城市路网中的动态变化，实现流量和拥堵程度的分析；日照分析指的是模拟一天中的阳光照射率。模拟一般需要 1 ~ 2 分钟的计算时间（优化搜索算法和自然语言交互技术），设计师可通过模拟结果与自然环境的结合，对城市规划作出合理评估（张砚，2018）。

此平台被用于马萨诸塞州剑桥市肯德尔广场的 Volpe 站点中，以 4×4 的乐高瓷砖代表 26.7m×26.7m 的比例展示 1km×1km 的用地，通过对乐高（代表不同的用途）的移动与增减，可形成不同的城市形态，这些修改被记录下来传递给计算分析单元，分析密度、建筑能耗、交通可达性、绿地可达性将如何变化，以便向用户提供实时反馈。比如对于建筑能耗，通过输入围护结构性能、建筑朝向、土地利用情况等基本数据，选定预测的时间段以及城市布局形式，分析建筑总体能耗的变化情况（Alonso, L.2018）；此平台还被应用于安道尔（Andorra），一个占地 468km^2，人口 7.7 万的国家，通过在模型中增添和移动各种住宅和办公模块，调整建筑的高度，挖掘这些变化是如何对交通产生影响的，将可视化与数据结合，用来分析游客行为模式，并将其展示给政府部门等（Arnaud Grignard，2018）；还有学者在此平台上，用 Open Street Map 对科英布拉的街区信息采集，之后将数据导入 3D 打印，由精密激光切割机而成的薄木片构成物理模型，再通过人工智能算法编程，实现智能模型控制，通过调整参数，投影到计算机设备——方便用户可视的界面。这种将增强现实与人工智能算法结合，可以使用户用智能手机或类似设备与模型进行交互，并模拟使用遗传算法和优化的路线，对地区进行重建（Mateus，Mendes，2019）。除了以上通过对城市布局的改变研究城市能耗的变化之外，还有学者借助 CityScope 平台测定城市的幸福指数，包括社区连通性、安全性、身体健康、心理健康和多样性五项指标。通过将幸福感指数应用到 CityScope 平台上，不同的利益相关者通过关注幸福感指数，共同为未来城市规划和设计做出决策（Orii，Lisa.2020）。

乐高模型结合数据驱动平台，使城市物理结构和数据层立即可见，并允许用户通过三维有形界面与计算分析进行交互，实现数据的实时覆盖。对用户而言，可对不同方案的利弊有较为直观的理解（比如，A 布局下可能会产生建筑遮挡，会使太阳能收益降低 40%）；对非专业人士而言，可直接地参与到这个过程中，没有时间限制，让其在真实的建筑现场观看这些动态的 3D 展示，并提供自己的想法。

2. 数值模拟计算

随着大数据时代的到来，绿色社区的设计面临新的机遇，怎样将数据信息与规划设计平台结合起来，为绿色设计增添更多可能性。数据信息的获取，一般包括调研测绘数据和互联网数据两类（王鹏，2014），调研测绘数据可通过安装在城市内的低成本传感器来收集，包括车辆运输系统、医疗保健管理系统、气象和水管理系统、人口、房屋、住户水电燃气信息、安防警务数据、交通信息、旅游资源信息、公共医疗等诸多资源等（Li YW，2020）；互联网数据可利用云平台实现数据的调阅（包胜，2018）。而数值模拟计算，具体操作原理是：首先将多源数据进行整合，再通过建模的方式将建筑信息与其他数据通过计算机处理转化为图像形式，能够更直观地传递给用户（许镇，2020）。而现有文献中提及较多的是 City Engine 软件工具。通过大数据的统计与分析之后，再结合三维建模软件，我们的思维方式将由演绎思维转向归纳形式，比如可以通过对建筑中用户信息的采集，再结合建模软件中建筑构件等信息来模拟建筑能耗的变化，再将结果反馈给建筑师，指导建筑设计。

City Engine：2001 年由 ETH 的 Parish Muller 开发，依托 L 系统和图形语法理论，首先输入城市地形、边界以及人口密度等参数，根据设定的道路模式、城市路网和建筑形体模式快速生成建筑体量（Parish I，2001）。有的学者基于CityGML 数据（Level of Detail，LoD）进行建模，在 City Engine 中输入建筑类型、建筑年限、建筑用途、建筑类别、建筑面积、建筑高度、屋顶类型等信息，并导入 GIS 数据后，可对城市模型进行加强修复，最后通过由斯图加特技术高等专业学院开发的城市能源模拟软件 SimStadt 进行供暖需求和光伏潜力（PV）等多种能源模拟，得到相应的仿真结果和评估指标，在 3D 城市模型中进行可视化。计算主要依据建筑类型学找到与热特性相对应的各种不同的建筑几何信息。然后这些数据与天气数据相结合，产生所有所需的能源数据输出，如特定的加热需求、特定的冷却需求、平均 U 值、光伏产量与安装光伏板的最佳建筑屋顶表面的房子，然后以图表的形式进行图形化分析（Padsala R，2015）。有的学者利用 City Engine 的光照分析功能，通过输入太阳高度角、太阳方位角以及时间，分析冬至日和夏至日的光照情况，并提出合理化建议，可以对小区的节能减排起到指引作用（闫文勇，2018）。有的学者以长春市高新区某地块为例，借助 City Engine 软件可视化（可以对建筑方案形成多情景对比分析）等优势，将地块内控制指标设为容积率、建筑密度、建筑高度、绿地率四个方面，分析四个目标最优化时的利弊，达到开发商、居民、设计师对设计方案一致性的目标。最终，认为当绿地率为 31.2% 时，满足绿地要求的同时，还可在沿街界面形成一定的韵律感（赵宏宇，2021）。还有学者通过 City Engine 快速建模并借助 GIS 城市数据，模拟计算不同重现期和不同时间背景下降雨径流空间分布，得到城市不断扩张下的道路下垫面变化对雨水径流的影响（石铁矛，2019）。

这种将数据与仿真软件相结合，以预测建筑物内部或建筑物之间的每一项改变措施会产生的效果。这种能源模拟的城市基础设施数据来自当地的地理信息系统数据库，再将结果返回到 GIS 平台上的三维城市模型，以检验其在城市或社区层面的效果，可以使能源管理运营商和建筑师以及政府工作人员直观地看到城市能耗情况。但 City Engine 依托 CGA 语言，对于建筑师而言不易上手。

3. 城市环境气候图

城市环境气候图，是德国的对城市气候环境信息分析与评价的工具，以在城市开发中关注自然环境状况为目标（任超，2012）。该工具由一系列基础数据输入图层和两个主要城市环境气候图构成。基础数据输入图层包括气候和气象数据的分析图、地理地形图、绿色植被覆盖图以及规划数据；两个主要城市环境气候图指的是城市气候分析图和城市气候规划建议图（李琳，2015）。城市环境气候图将气候评估与分析结果可视化，并结合二维空间信息将局地气候、地形地貌、绿化植被、建筑楼宇以及风流通模式评估结果纳入考虑范畴（Yui Sasaki，2018），将专家评估结果结合空间信息可视化，可以更好地协助规划决策的制定，作为新形势下解决传统绿色生态城区规划手段对当地气候因素考虑不足问题的策略之一，是值得借鉴与推广的新方法。

这种方法目前在一些国家的实际案例中已经运用。斯图加特市的城市气候分析图中特别标示出冷空气集聚的区域，随后当地规划师修改了原土地利用图，将该区域的用地类型由可建造区域改为私人或公共绿地。该图为规划师提供了一个直观的城市生物气候空间信息，且标示出"城市气候敏感区域"以便引起关注，从而在设计时改善或减轻现存问题。中国香港城市气候规划建议图采用人体生理等效温度评估结果来定义其气候空间单位，将其结果应用在香港规划分区大纲图中，提供辅助决策和街区规划的相关气候信息。考虑到高密度城市形态肌理的特点，规划策略和建议集中在降低地面建筑覆盖率和增加绿化植被用以改善街道行人层的通风环境和舒适度的方面（Ng E，2012）。西安市将 WUDAPT（World urban database and access portal tools）提出的基于遥感数据的分类方法用于 LCZ（Local Climate Zone）制图，并结合城市路网，给出了合理的划分结果，以适应城市规划中通常以土地地块为基本单元的特点。通过对西安市实际土地利用和建设数据的调查，验证所提出的方法在中国城市当地气候分区中的可行性，并对局部气候区划类型进行调整（He Shan，2017）。

城市环境气候图将气候学与城市规划相联系，注重城市气候在规划中的应用，将城市气候分析图中的气候信息和评估结果转译成规划师可以理解的表达方式。在小区规划时，城市气候规划建议图不仅仅需要将现存的城市气候环境特点用二维空间图示出来，更重要的是明确气候问题和敏感区域，提出在后期土地开发和城市发展时相应的规划策略，以城市环境气候图所示信息作为小区环境评估参考依据，可以更好地协助规划决策的制定。此方法注重室外微气候的建设，对于建筑内部的能耗等不予考虑。

综上，交互式设计在社区中的应用较为直观，一般适用于设计前期对方案的推敲，可以将可视化与模拟工具或者数字信息结合，在实施之前就对方案进行反复推敲与优化。在交互式逐渐演化的过程中，逐渐实现了多视角、多方案的实时渲染，为建筑师提供更易操作的平台。数值模拟计算也由最初的数据采集转向数据与模型的结合（与交互式不同的是，交互式由实体模型推敲），这种一般适用于改进现状情况，使其朝着以人为本的方向推进。随着智能时代的到来，大数据的整合与分析可以为城市设计提供参考，但更多创造性思维还是由设计师决定。城市环境气候图适用于对室外微气候的分析，对开发商和决策者更友好，可以为在城市空间尺度上为城市气候规划提供依据。

1.1.2　建筑绿色设计方法

针对绿色建筑的设计方法，最常用的是 BIM 建模，可在不同阶段从不同数据库中选择不同的族信息对方案进行模拟分析，通过不同数据的选择，找到最优设计方案；还有通过计算机模拟建立可靠的模型，为绿色设计提供支持；以及设计事务所常用的从自然环境中提取灵感，将某种与自然界生物类似的结构运用于建筑中。

1. 参数化设计

参数化设计可以被概括为关联模型，指的是模型一端提供各类输入数据，被用于指导不同类型的操作并在记录关联的前提下不断传递，最终输出一系列设计结果（翟炳博，2015）。建筑师可以将多种预选方案传递给评测系统，之后评测系统会将模拟结果进行反馈。但在实际方案推进过程中，前期涉及的方案内容太过详细，不太方便在初期对方案的调整，致使建筑设计同绿色技术评价仍然存在脱节现象，且在实际操作中一直存在先后顺序。而对于输入文件（建筑设计）和输出文件（性能模拟）的连接，宜选择一个主导操作平台供使用者进行全程的操作控制，从而简化整个流程的操作难度。建筑师常用的各类软件平台种类繁多，BIM 主要依据外部软件的建模导入，而基于 Rhino 的 Grasshopper 操作平台可以在内部完成建模，均通过编写脚本调用外部的数值模拟软件进行运算并返回结果，一方面为建筑师提供多种可能的预选方案并传递给评测系统，另一方面评测系统将运算、模拟结果数据进行反馈。

Building Information Modeling（BIM）:建筑信息建模指的是以提高建筑性能、促进可持续发展为目标，从项目概念设计到翻新拆除的全生命周期阶段的模型（Wong Zhou，2015）。建筑师在概念设计阶段需从 IMPACT 数据库中选择预定的建筑构件赋予模型，在方案设计阶段需在 Tally 数据库中完成窗框和玻璃的区分，在施工图阶段需建立详细的构件构造及尺寸。建筑师可在不同阶段对模型进行模拟计算，比如：概念设计阶段，需先在 Sketchup 中建立体量模型，并通过链接导入 IES VE，之后将 IMPACT 数据库中的大构件赋予模型，并调整参数进行模拟；而在施工图设计阶段，需先在 Revit 中建立模型，完成基本建筑构件族的定义，之后将 Revit 模型导入 IES VE 中模拟，会在 Tally 界面输出能耗模拟数据（魏舒乐，2019）。通过 BIM 贯穿建筑全生命周期，对各阶段产生的信息进行数字化、可视化建模，形成共享的建筑系统集成平台，实现建筑系统中的各个流程、各个专业的协调，确保系统最大限度地节约资源，实现动态平衡（图 1-5）。

　　BIM 对提高建筑绿色性能主要体现在设计、施工、运营、维护和拆卸阶段（Yongkui Li，2017）。设计阶段包括各项绿色性能的分析（能耗、采光、通风、碳排放等）（Johnny Kwok Wai Wong，2014）以及各种分析软件。比如，针对建筑师的 Vector works、针对结构师的 Tekla Structures 和 Robot Structural Analysis、针对配套人员的 Revit MEP 和 Magi CAD、针对项目管理人员的 Synchro、Vico 和 BIM Measure、针对设备人员的 Bentley Facilities and ArtrA、针对绿色分析的

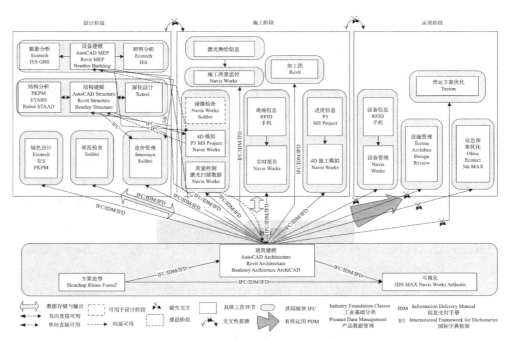

图 1-5　BIM 的功能分类和信息交互性分析
来源：何清华，2012.

Green Building Studio and Design Builder（F H Abanda，2015）；还有 BIM 的 Unity Reflect 插件可以将设计和施工结合，施工人员点击屏幕就可看到柱子的参数和安装说明；有的学者建立了一个 BIM 扩展工具（SimulEICon），与施工环境影响模拟相结合，帮助设计师在决策过程中实现多个可能的目标，如与施工时间、初始施工成本、CO_2 排放相关的目标；BIM 在施工阶段的绿色应用主要体现在碳排放、噪声污染、资源消耗、废物产生等方面，利用三维模型来测量房屋施工过程中的碳排放，比如作为最高建筑的上海中心依靠 BIM 全生命周期数据分析，实现了 4% 的材料浪费率，相较中国平均水平的 10% 有所降低（Y Jiao，2013）；BIM 还可运用于绿色建筑评估阶段，有的学者应用 BIM 获得 LEED 额外的 26 分，其中 11 分是通过 BIM 模拟得到的，15 分是运用 BIM 推荐的方法（Johnny Kwok-Wai Wong，2014）；加拿大学者将绿色建筑特定的构件数据输入在 BIM 族数据库中，然后导出材料明细清单表，将材料以文本文档的格式输入 LCA 软件 Athena Impact Estimator 中，并将得到的结果与 LEED 评分项对照，进而进行修改（Jrade A，2013）。

通过参数化设计与应用，除了让建筑物的相关信息例如形状信息、材料与物理特性、环境与人文资料等通过计算机予以合理描述之外，这些信息还可通过逻辑条件的建立让建筑物相关信息呈现自动化地实时反映实际的状况。但是 BIM 涉及的相关要素众多，不方便建筑师在设计阶段通过调整某项因素，对绿色性能提升起到作用。

Grasshopper 是基于 Rhino 运行的参数化设计插件，利用节点来存储和处理数据，将节点连接起来形成流程来实现模型的控制，相当于一个可视化脚本编辑器。其功能强大齐全，可实现气候分析、性能模拟、算法寻优等各种功能。利用数字生成技术与模拟技术相结合的方法，能够理性地控制方案的产生与不断深化，打破建筑设计与数值模拟之间的隔阂，提高建筑方案设计的整体效率。但是，随着物理模型复杂程度的增加，模型写入时间与数值模拟分析时间大大增加，大量占用计算机系统资源，使得效率大大降低。

有的学者探讨了参数化算法对住宅设计采光及热性能优化的潜力，以一栋 5 层住宅建筑为研究对象，通过闭环框架优化建筑参数，包括建筑材料、玻璃材料、遮阳装置配置等，借助 Ladybug 和 Honeybee 插件寻找最佳的采光和热性能参数（Toutou，Ahmed，2018）。还有借助 Ladybug 环境分析参数化插件，并将 Energy Plus 标准气象文件（.epw 格式）导入三维参数化绘图软件工具 Grasshopper 中，提供各种 2D、3D 的交互图像，在设计初期为决策过程提供支持（Roudsari M S，2013）。天津大学利用 Grasshopper 平台完成了寒冷地区办公综合体的设计，利用 L+H 平台实现了节能设计策略的量化评级，决定了节能策略：利用被动式的太阳得热以及自然通风来满足建筑的性能要求，并将设计策略转化成了形式控制目标，并明确相应的性能目标。在总平布局上，根据"全年太阳辐射总量"来确定宜建范围；在建筑单体设计上，根据"全年能耗总量"利用太阳得热及通风来确定建筑单体形态（变形系数、位置偏移系数、形体缩放系数、窗墙比、遮阳间距等）；在建筑细部上，根据"太阳能产量最大化"来确定屋面光伏板的生成（屋面边界高度、太阳能板倾斜角、方位角、最小间距、倾斜角度）。然后通过 Grasshopper 的寻优来确定在目标性能下的最优解，并结合结构、造型等确立最终方案（毕晓健，2018）。哈佛大学的 Kera Lagios 等人以常用的三维 CAD 制图软件 Rhino 为平台，通过制作相关插件将 Rhino 与光学分析模拟软件 Radiance 和 Daysim 结合起来，对建筑室内自然采光进行模拟来控制建筑外立面的开窗（Kera Lagios，2010）。

此方法能够合理优化传统的绿色建筑设计流程，在整个建筑设计阶段中，参考各项性能模拟数据，对建筑模型进行综合优化，增加了各部门参与者之间的交流沟通，指导设计人员从总体到细部优化设计过程中达到节能、节材的绿色设计要求，提升设计质量（王博涵，2020）。但是方案需要进行多次调试，需对数据进行多次试验模拟才可达到理想效果。

2. 机器学习

机器学习是一门涉及概率论、统计学、凸分析等多门学科的交叉学科，从数据中获取新的知识，根据这些知识"经验"改善自身性能，以对新的情况做出有效的决策，一定程度上是研究怎样让计算机通过模拟来实现人类的学习行为（马辰龙，2020）。机器学习作为人工智能的分支之一，如何有效地发现大量数据中蕴含的规律，找出不同数据间的内在关联，以及如何把这些发现的规律和关联，连同人们已有的知识和经验应用到未来的数据处理中，成为摆在人们面前的几个重要科学问题（屠恩美，2014）。而机器学习在建筑中运用最多的是对能耗的模拟，通过数据准备、特征工程和选择、训练和调整、模型比较、可视化五个步骤，在建筑能耗分析过程中建立一个可靠的能耗模型，从而达到建筑能效最优化和减小碳排放的目的，为绿色设计提供支持（肖扬，2020）。

比如：有的学者通过从 GitHub 数据库采集某住宅 137 天的能耗、温度、湿度等 19735 组数据，然后建立了 4 种住宅能耗预测模型：支持向量机、BP 人工神经网络、随机森林和梯度提升机，认为 NSM（当前时刻距离当天零时的秒数）与家电能耗相关性最高（程亚豪，2019）。Khayatian 等利用人工神经网络（ANN）评估了建筑的能耗表现，他们建立了 100 个建筑模型，使用了 187587 组数据以及 12 个变量进行研究，取得了较高的准确率，95% 的预测结果均在可接受范围内（Khayatian，2016）。还有学者采集一个拥有 828360 组包括天气、建筑主要特征、开关窗状态的训练集，用于研究在过渡季节中影响开关的主要因素。采用决策提升树（GBDT）机器学习算法，发现在选择的 15 个影响因素中，天气因素比建筑本身的特征更重要，最重要的是室外温度（周彤宇，2020），以及通过对广联达信息大厦从建设成本、功能实现、环境能耗、运营维护成本等方面进行评测，同时通过数据形成设计评估方案，为方案决策提供了翔实的决策依据。为满足疏散、环境、交通、节能要求，进行了全年能耗、风环境、采光状态、人员疏散等模拟分析。通过模拟数据，对窗户尺寸，疏散楼梯通道，采光方案等进行优化，数据驱动设计最优。通过对不同专业的碰撞检查发现 925 个初步碰撞点，在设计阶段解决了按传统做法在施工中才能发现的问题，及时调整设计方案，提升了设计质量（刘谦，2019）；还有布朗大学的研究组利用大数据分析来决定工程设施建筑的最佳建造位置，通过对校园人流、校园主体功能分布等数据可以找到能满足资源被充分利用的建造点，以达到最有利于学生和学校的结果。基于历史的大数据分析有助于发现特定的规律和建造风险，避免新建的项目遭遇陷阱（Rachel Burger，2016）；有的学者以办公建筑、商业建筑、酒店建筑、医疗建筑的历史能耗数据为基础，开展建筑能耗预处理、建筑能耗特征分析、机器学习算法预测模型搭建、建筑能耗预测结果分析和模型匹配等一系列研究工作，得到办公建筑能耗具有明显的昼夜差异和工作日差异；商业建筑在夏季的日间能耗要远远高于夜间能耗等，可以帮助建筑师分析公共建筑的用能规律与差异（高英博，2020）；以及通过收集人口调查局的人口数据、经济数据和能源基准数据，建模分析住宅建筑能耗，从而对芝加哥的建筑能耗趋势有所了解（Abolfazl Seyrfar，2021）；有的学者通过对翁布里亚地区从 2009 年到 2012 年收到的 6500 多份能源证书中的数据提取，利用神经网络算法，就建筑物的几何特征、供暖和热水厂的类型以及使用的燃料类型等 12 个输入数据，发现各要素之间的相关性（C Buratti，2014）。

机器学习由于其先进的数据分析能力，可以用于分析多变量之间的复杂模式，在调整完机器模型中算法参数后，能够达到计算速度快的特点，非常适合应用于建筑能耗模型的建立和分析。通过在绿色性能优化设计过程中融合人工智能技术流程，可简化建模步骤、降低优化设计耗时。同时，在融合人工智能技术的同时，需展开建筑绿色性能优化设计理论、方法和技术研究，从而协同理论、方法和技术研究成果，解决日益复杂的建筑绿色性能优化设计问题。建筑绿色性能受建筑围护结构、设备运行工况、使用者行为、局地气候环境等因素复合影响，其优化设计过程需对多学科交叉信息与海量建筑环境数据进行分析和处理，需要多学科知识体系的深度交叉。同时，建筑绿色性能间存在着复杂的相互作用关系，使建筑设计决策对不同绿色性能呈现出差异化影响，增大了建筑绿色性能权衡优化的技术复杂性和设计难度。还要求建筑师在大量数据的基础上，以编程为导向，映射出问题导向的数据，通过数据挖掘寻求一般性规律，为建筑师的设计决策提供可靠的数据支撑。这种方法可依靠科研人员对大量数据进行建模，并利用编程软件对相关绿色数据的提取，可对绿色建筑设计起到决策作用。

3. 仿生学设计

仿生学在建筑设计中指的是以利用自然界中的生物体和自然界中物质存在形式以及它们的组织结构为切入点（图 1-6），比如：自然界中的植物和生物等，通过艺术的加工处理运用到设计中，研究建筑结构仿生、建筑形态仿生、建筑内部

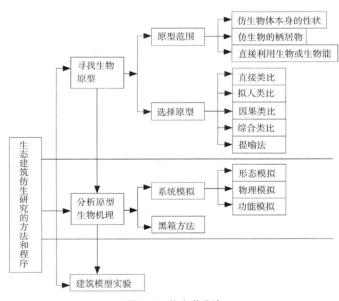

图 1-6　仿生学设计

来源：江步，2008.

空间仿生、建筑外表皮材质仿生等方面，将自然界存在物质的结构体系等独特的方面进行科学技术研究和艺术加工的改进，再运用到建筑设计中，以达到科学合理的建筑效果。

Gehry Partner 设计的体验音乐博物馆项目就是根据人体肋骨架原理设计的钢构架，钢构架由混凝土薄壳连接在一起。还有西雅图双联广场，MKA 采用钢管混凝土柱和非对称焊接钢梁，最终结构总用钢量仅为 12.5psf（61kg/m²），比同时期建造的类似规模建筑用钢量少了 50%。以上均体现了结构和建筑的共生性能，碳优化和材料优化互补，以实现项目的最佳价值。MKA 事务所还开发了一种碳计算工具 C-Tool，将项目和材料采购信息结合起来，在结构计算中估算碳足迹（Donald Davies，2011）。美国建筑师尤金·崔设计的"海上浮城"，仿照海洋生物的骨骼脉络进行建造，将在水下稳固的钢结构延伸设计成浮于水上的建筑。德国著名的"太阳跟踪住宅"通过对植物的生态功能仿生来满足人们生活中对阳光的渴求。该设计依靠计算机控制，使建筑像向日葵花一样始终向着太阳的方向，得以充分吸收和利用太阳能。这座建筑利用了向日葵的生物原理，具有生态环保的意义（闫丹丹，2020）。汉沙杨事务所在设计中将建筑与环境看成整体，以生物气候学的被动式节能方式为特征，在设计中强调生态主导，通过对能源、气流等分析计算，对方案进行仿真模拟和优化分析（吴向阳，2007）。

利用大自然中的创意优化建筑构件是一个合适的切入点。万物的进化都有其合理性，从大自然中得到灵感作为材料优化和碳优化的基础。建筑设计师应该慢慢抛开一些既有的成熟框架以及理念，以大自然为着眼点来探讨设计，从一个完全原生态的、无束缚、自然、多元的生态角度来理解。仿生学设计容易激发建筑师创造性思维，定性架构绿色建筑，但是对于某些结构性能的实施，并不可完全仿照自然界。

目前，性能模拟应用较多的是"计算机辅助检查"，而不是"计算机辅助设计"。建筑师仍然需要首先使用传统的设计方法生成概念设计，以便将模型发送到性能模拟程序中进行分析。因此，模拟的真正功能是检查设计，而不是产生一个新的设计。建筑师仍然不得不依靠低效的"试错"方法来修改设计。这给建筑师一种印象，认为性能模拟是一种奖励，而不是必需的。进行性能模拟是耗时和劳动密集型的工作。许多设计项目都有一个紧凑的时间表，这使得迭代过程不可行。建筑师不熟悉性能模拟工具，因此需要其他人来执行模拟并解释结果。额外的沟通会减慢设计过程，而且并不总是顺利的。

因此，不论是小区层面还是建筑层面，在设计初期融入绿色要素，对建筑师来说至关重要。而可视化工具的显现，使界面更加直观化，可以灵活地适应快速变化的设计过程，在对小区整体把控后，方便民众全程参与。参数化设计结合相关模拟软件，更注重后期对要素的调整，不利于方案前期的修改与调整。而不同工具需要的模拟运算有所差异，有的插件需要设置专门的接口，对技术人员的要求会有所提高。

1.2 绿色设计工具研究综述

建筑设计，本质上是寻求各种设计要素平衡的过程。因此，设计师需要做出多目标决策，当这些设计目标是复杂的，甚至是相互矛盾的，就使设计具有挑战性。而为了实现绿色设计的目标，就要将各种物理性能量化，用数据来支撑绿色设计，才可更方便建筑师对绿色指标有更清晰的评判，利于方案设计的优化。绿色模拟工具的出现为建筑师设计绿色建筑增加可行性，设计师将绿色建筑对应的各项指标量化之后，通过软件模拟出的结果再反馈到各项指标本身，从而引导建筑设计。绿色软件工作的基本原理是绿色设计—设计信息输入—设计信息分析—设计结果反馈—设计内容修改。

而目前国际上，对于绿色建筑的模拟工具可从使用对象、使用广泛度、使用范围、使用阶段进行分类。从使用对象来说，可分为面向建筑师，面向公众，面向开发商等；从使用广泛度来说，国外运用较多的是 Energy Plus、Envi-met，国内运用较多的是 PKPM、绿建斯维尔；从使用范围来说，对于绿色性能的模拟包含建筑单一性能、建筑综合性能、室外微气候等；从使用阶段来说，有针对设计前期、施工阶段、评价阶段的不同工具。以下，将主要从软件应用广泛度来介绍其具体在建筑中的运用。

1.2.1 Energy Plus

Energy Plus 是由美国能源部（Department of Energy，DOE）和劳伦斯伯克利国家实验室（Lawrence Berkeley National Laboratory，LBNL）共同开发的国外较常用的一款建筑能耗模拟软件，可对现有建筑或自定建筑的供暖、制冷、照明、通风以及其他能源消耗进行全面能耗模拟（潘毅群，2013）。Energy Plus 自 1996

年开发并在 1999 年进行 Beta 测试，于 2001 年初发布。Drury B 专门写文章讲述了软件的基本界面和功能模块，以及添加新模块的步骤，并对比 DOE-2、Blast、Energy Plus，指出 Energy Plus 在计算方式和程序上做出改进，可以在多要素性能模拟中添加新模块，并实现与其他软件的衔接（Drury B.Crawley，2001）。除此之外，Energy Plus 在沿用 DOE-2 的 LSPE 模块（由 Loads、Systems、Plants、Economics 组成）的基础上，做了深化调整：由之前的顺序结构优化（建筑物负荷、空气处理设备负荷、中心站负荷）调整为集成同步的模拟方法；由之前自由选择的时间步长优化至精细级别的秒；由之前的四个模块优化为可根据需求加入新模块。比如：采用 CTF 模块模拟墙体、屋顶、地板等的瞬态传热；采用三维有限差分土壤模型和简化的解析方法对土壤传热进行模拟；采用联立的传热和传质模型对墙体的传热和传湿进行模拟等（冯晶琛，2012）。

Energy Plus 在模拟过程中，首先是用户通过输入界面输入有关建筑物的相关信息（房屋围护结构、HVAC 系统、人员、设备组成等），选择相关的输出报告形式，并对可输出参量进行选择，系统根据用户定义的上述各种参数生成输入数据文件（IDF）之后，Energy Plus 主程序通过调入输入数据文件（IDF），根据输入数据定义文件（input data dictionary）并对相关的输入数据进行转换，Energy Plus 主程序中每一个模块中相关的子程序（GetInput）去读取与模块对应的数据，然后主程序执行相应的运算过程。最后 Energy Plus 根据用户的要求生成相应的输出文件，并且可以转化为电子数据表格或其他形式供制表或者总结之用（刘俊杰，2005）。

Energy Plus 被较多运用在建筑能耗模拟中，通过对能耗的测算来分析建筑构件的合适尺寸及材料的选取。比如：南京某办公楼通过调用外部数值模拟分析软件 Energy Plus 进行运算并返回结果，利用 Mode Frontier 自身的优化流程研究保温层厚度与空调负荷之间的关系，输入建筑外墙传热系数的热阻值 r 以及窗墙比等，确定约束条件（由规范和甲方要求确定）和操作步骤，模拟平台将接受输入变量并调用性能模拟将模拟结果输出等三组实验，得到保温隔热层厚度的变化与对应负荷之间的比例关系图。当隔热材料的厚度为 70mm 时，对应负荷为 11697kWh（Xing Shi，2011）；北京某蔬菜种植基地利用 Energy Plus 建立模型对温室内热环境进行了模拟分析，并与现场实测数据对比，认为基于 Energy Plus 建立日光温室模型得到的数据是正确可靠的，可以用于日光温室热环境的模拟分析，并指出温室北墙夜间单位面积的供热量是东、西墙与地面总和的 1.1 ~ 1.2 倍，增强日光温室北墙体的蓄热和保温能力是提升日光温室调控自身热环境能力和水平最重要的途径（刘盼盼，2016）；通过 Energy Plus 对比天津某居住建筑的模拟数据与实测数据后，发现其房间热负荷的动态变化规律与实际情况较接近，约为 80%，若考虑邻户传热等实际因素后，则 Energy Plus 对房间在较为理想的状况下进行能耗分析是比较准确的（刘洋，2014）；在同济大学文远楼的节能设计中采用 Energy Plus 模拟软件，分别代入 5 套现行典型年份气象数据模拟全年建筑能耗，认为室外温度对围护结构传热负荷影响较大，其次是太阳辐射（沈昭华，2010）；英国罗兰列文斯基大厦基于 Energy Plus 建立 400 个模型，最后对 u 值、传热系数、太阳辐射、热性能系数等进行不确定性分析，确定影响热性能的重要因素（Wei Tian，2011）。还有学者介绍 Energy Plus 部分插件在能耗模拟中的应用。比如：插件 N++ 借助 Energy Plus 平台，拥有直观的用户界面、建模界面和模拟结果窗口，为建筑师、工程师以及研究人员完成模型建立甚至参数化分析创造条件（N++ Expert App，2017）；以及得克萨斯州奥斯汀的 54 个家庭安装智能电网，并采集空调使用面积、房间面积、风管泄漏率、风管 R 值以及 Cop 等数据，运用 Energy Plus 的插件 BEopt 模拟实际能源使用状况（Joshua D. Rhodes，2015）。

Energy Plus 一般用于科研，可实现能耗的定量化分析。Energy Plus 可以为用户提供无需修改的源程序，且源代码开放，用户可以根据自己的需要加入新的模块或功能，与第三方软件结合，使模拟结果可视化。另外，Energy Plus 在 Sketch-Up 建模基础上，依托相关插件，可在方案设计阶段就对绿色性能有较直观的理解。但其程序输入较为复杂，且用户界面对建筑师不太友好（潘毅群，2010），故在新建建筑设计中较少使用。

1.2.2　Envi-met

Envi-met 是由德国波鸿大学（University of Mainz，Germany）Michael Bruse 开发的一款用于室外微气候（风环境、城市热岛效应、自然通风等）模拟的软件，以流体力学和热力学为基础，模拟城市小尺度空间内地面、植被、建筑和大气之间的相互作用过程（杨小山，2015）。Envi-met 可以模拟的水平空间范围是 0.1 ~ 1.0km，垂直空间范围是 200m，空间分辨率是 0.5 ~ 10m，最大时长是 4 天（Pearl mutter D，2007）。此软件一共由 4 个板块组成，分别为建模板块 Envi-met Eddi Version、编程板块 Envi-met Configuration Editor、计算板块 Envi-met

Default Configuration 以及结果显示板块 Leonardo。该软件分为基础版、科学版、政府版、商业版和开发版，科学版又分为学生版和教育版，其中学生版对多核并行计算、IES 模块进行限制，不含 Biomet 热舒适度计算。Envi-met 4.0 版本在 3.0 的基础上优化，可对同一研究区域内建筑和屋顶的反射率和传热系数做调整，并增添了遮阳设施和 3D 植被。现在最新版本为 4.4.5（2020 年 11 月 21 日）。

使用 Envi-met 进行微气候模拟计算前，首先要确定用来定义模型边界条件的参数，编辑参数定义的属性（所在地区经纬度），在正交的 Arakawa C 网格内建立下垫面、建筑、绿化（自带植物库）、河流等的模型：三维大气模型，包括空气温度和湿度，风力流、湍流、短波和长波辐射通量以及污染物的分散和沉积；土壤模型，表面温度分布的自然土壤和水平衡模拟；植被模型，包括树木仿真的蒸腾速率，树木叶子的温度和热蒸汽，植物和大气之间的变化（S. Tsoka，2018）。再进入编程板块，更改导入模型的路径和存放模型的路径，以及通过 data 等模块对一些参数进行修改。建模完成后，在检查无误的情况下，运行计算模块 run model（马舰，2013）。

国外运用 Envi-met 模拟城市微气候比国内开展得早，主要集中在研究街道峡谷中植物种类以及配置不同对微气候的影响。巴西库里蒂巴街道通过数据采集（天空景观因子，高宽比、温度 T、风速 WS、湿度 RH、太阳辐射 SR 等），用 Envi-met 模拟街道内峡谷的微气候，研究街道的朝向以及比例对环境温度和行人舒适度的影响，以及污染源为氮氧化物的扩散情况与街道朝向的关系（Kruger，2011）；美国圣保罗市公园内植被借助 Envi-met 建模，通过叶面积指数 LAI 的不同来替代不同植被类型，模拟公园内热环境，认为模拟结果与实测结果高度一致，均方误差 RMSE 为 0.7k（Shinzato，P，2019）。国内研究主要集中在不同要素对小区微气候影响程度上。有学者为研究武汉市城市道路断面形式对 PM2.5 的削减作用，用 Envi-met 对道路峡谷街区进行模拟，发现道路断面绿化类型对其削减有显著影响，两板三带式、四板五带式的绿化削减效果最好（郭晓华，2018）；以及使用 Envi-met 模拟研究南京老门东历史街区微气候对居住区的影响，对天空视野因子 SVF、建筑物高度、绿地垂直结构类型以及风速、温度、湿度、平均辐射几个影响参数进行了相关线性回归分析，全面研究不同建筑物和绿地布局对居住区小气候的影响，并证明了天空视野因子 SVF、建筑物高度、绿地垂直结构、三维绿量等因素是影响居民区温湿度变化的重要因素，且温度、三维绿量与建筑物高度呈负相关，与天空视野因子 SVF 呈显著正相关，为居住区城市绿地的改造、设计和管理提供了一些科学依据（杨阳，2018）；以及运用 Envi-met 模拟南京农业大学内主楼、逸夫楼和教学楼与植被共同作用下的微气候变化，对比模拟数据与一天内早六点至晚六点的采集数据，认为建筑北侧和西侧拥有较好的微气候，适宜停留（耿红凯，2020）。

　　Envi-met 拥有良好的输入 / 输出界面和图像化的结果呈现（与 Leonardo 结合），可采用网格细化来提高模拟精准度。但 Envi-met 在为城市和建筑环境提供辅助设计手段的同时，由于模拟时间较长，使得偏向实践的建筑师没有足够的精力来对其模拟；且软件本身的算法一直是学术界较为关注的问题，无法对计算结果进行验证。

1.2.3　PKPM

　　PKPM 依托中国建筑科学研究院为研发平台，由北京构力科技有限公司研发而成，集建筑结构设计、建筑节能设计、建筑信息模型等在内的全方位设计软件。PKPM 主要包括绿色建筑方案与设计评价软件 PKPM-GBS、建筑节能设计软件 PKPM-PBECA、风环境模拟软件 PKPM-CFD、采光模拟软件 PKPM-Daylight、日照模拟 PKPM-Sunlight、声环境模拟 PKPM-Sound、热岛效应模拟 PKPM-Heat island、能耗模拟 PKPM-Energy、被动式低能耗建筑模拟 PKPM-PH Energy。

　　PKPM 包括文件导入、模型建立、计算分析、对比国标四个步骤。首先在软件中对项目基本信息及设备参数进行设定，再点击工具栏中的平面图纸导入，将DWG 文件导入，然后使用 CHEC 软件（自带建模工具）快速完成建筑模型的建立，大大减轻建筑师的工作量，避免二次建模。以软件中节能设计模拟为例，对墙体、门、窗、幕墙、柱等的参数进行设置，之后进行楼层组装，设定位置、数量和层高以及各构件参数等，再编辑围护结构的各层材料、相关尺寸等，选择工具条中的计算分析即可生成节能审查报告（段姣姣，2012）。

　　国内运用 PKPM 在建筑中的模拟主要集中在声、光、热方面。上海浦东新区的医院利用 PKPM-CFD 和 PKPM-CFD indoor 模块计算室外风环境和室内自然通风，通过项目信息的完整填写，并将建筑平面轮廓线转为闭合多段线将红线内外的建筑进行建模，之后软件会根据项目信息设置相应工况和网格划分，进行计算配置。最后得到：对于室外风环境，东南部（主干道）的风可以迅速排开汽车尾气，促进医院周边空气循环更新；对于室内风环境，建筑 2 ～ 4 层因较少的封闭空间而有利于室内空气流通（刘超，2020）。还有对上海浦东新区医院建筑声环境的模拟，通过对噪声源（道路、停车场、设备）、声屏障、受声点（默认离建筑墙面 1m）的设置，得到西侧（主干道）墙体处受声点声压模拟值最高。若将绿化带由 1.6m 的灌木改为 9m 的乔木，可以将最大噪声值 58.56dB 降为 54.96dB（彭佳辉，2019）。合肥办公建筑通过 PKPM 研究窗墙比对建筑能耗的影响，认为东西北向窗墙比的增加会同时增加建筑供暖能耗和空调能耗，南向窗墙比会减少供暖能耗，增加空调能耗（江宏玲，2015）。通过对长沙市 111 幢节能建筑屋顶（种植屋顶、蓄水屋顶、太阳能屋顶等）用 PKPM 模拟，发现大多数使用挤塑聚苯板作为保温材料，探讨了不同的屋顶形式对建筑能耗的影响，认为对于中高层条式建筑，挤塑板厚度在 10 ~ 20mm 时，采用种植屋顶和蓄水屋顶比较理想（段姣姣，2012）。

PKPM 在国内设计行业中占有绝对优势，拥有设计院用户过万家，市场占有率达 95% 以上（刘剑涛，2017）。PKPM 可直接提取 CAD 中的相关信息进行建模，可大大降低建筑师的工作量。此软件通过运行计算机的计算程序，报告就会以可视化的形式展现出来。此软件还可对比计算结果与标准的差异，使设计过程和计算过程能很好融合。另外，此软件还可在参数有所缺失的情况下，自动设定缺省参数（默认值），并作出标示，方便建筑师后期修改。

1.2.4 绿建斯维尔

绿建斯维尔由北京绿建软件有限公司研发，是一款针对建筑内外的风光热声等物理环境进行模拟分析的软件，包括绿建设计 GARD、节能设计 BECS、能耗计算 BESI、暖通负荷 BECH、住区热环境 TERA、建筑通风 VENT、日照分析 SUN、采光分析 DALI、建筑声环境 SEDU、绿建评价 GUPA 等。它是一款基于 BIM 技术精准建模，可对不同外部环境以及其工况模拟分析，帮助用户进行绿色建筑设计和规范检查验算。

绿建斯维尔软件运行于 AutoCAD 平台，以相关规范标准为依据（国家或地方性），对项目进行模拟分析，并给出相关分析报告和报审表。软件分为多个板块，接下来以建筑声环境 SEDU 为例，对软件的操作流程进行介绍。在模拟前，需要对计算条件和参数进行设置，首先对声源有效距离、地面高度进行设定，再对网格密度进行设定（网格密度会影响计算精度和模拟时长），然后输入噪声对空气传播的影响（因为气压、温度、湿度的变化都会对噪声传播能力有所影响），然后选取不同的地面结构（坚实地面、疏松地面、混合地面）和反射次数，之后会生成验算报告，指导小区设计。最终报告以 word、excel 等多种形式呈现，其中有可视化图形、数据表格和文字报告等，方便用户读取和修改（时甲豪，2020）。

有的学者运用绿建斯维尔 DALI 采光分析软件中的 DAYSIM 计算内核，依据蒙特卡洛反向光线跟踪算法，输入各项采光计算参数（材料反射比等）后，对各项动态采光指标进行计算，包括全自然采光时间百分比 DA、有效天然采光照度 UDI 等，最终结果将以统计图表的形式呈现。得到的模拟结果为：以哈尔滨为例的严寒地区和以广州为例的夏热冬暖地区，建筑朝向对能耗影响较小；以北京为例的寒冷地区和以上海为例的夏热冬冷地区，建筑朝向对能耗影响较大。因此，嵌入式中庭在夏热冬冷和夏热冬暖地区应优先考虑北向、东向和南向（王会一，2020）。有的学者运用此软件的节能、日照、采光、通风等模拟，以《公共建筑节能设计标准》GB 50189—2005 等的参数为基准，对比基准建筑与严寒地区的黑龙江东方学院图书馆中的屋顶传热系数、外墙传热系数等数值的差异，得到图书馆地面热阻和耗热量方面较大，认为可以采用减少门窗开启次数、使用保温性能好的门窗、在外部增加保温材料厚度等措施来减少建筑耗能（张剑锋，2019）。还有学者通过对建筑系馆的朝向、日照与开窗遮挡、构造遮阳、绿化植物等的仿真模拟，根据模拟结果对方案进行调整优化，注重技术与建筑设计的结合（陈兰娥，2019）。有的学者运用斯维尔软件对某高校长廊内光环境进行全景日照模拟分析，认为长廊内靠近窗户侧与内侧照度相差较大，但长廊整体日照环境较好（臧宇婷，2020）。

绿建斯维尔采用 BIM 技术实现了一模多算的功能特点，在不改变设计师使用习惯的情况下，采用原有的建筑模型即可完成对"建筑内外，风光热声"的一系列模拟计算，大大提高了设计师在绿色建筑设计方面的效率。该软件依据三维建模技术，较贴近项目实况。建筑数据提取详细准确，并且计算结果快速可靠。该软件依靠强大的检查机制，能够切实提升工作效率（许泓，2019）。

除了常用到的绿色设计工具，还有专门针对建筑单一性能的模拟软件，比如：针对风环境、光环境、能耗模拟等。

针对风环境：Airpak、Phoenics、WindPerfect、Star-CD、Fluent 等均是风环境模拟工具。其中 Airpak、Phoenics、WindPerfect 的 FLAIR 模块，专门针对建筑环境、暖通空调系统设计而开发，大大减轻了建筑师面对复杂计算中繁冗的网格生成和边界条件设置时的工作量，在实际应用中较为便捷；而 Star-CD、Fluent 为通用性 CFD 软件，功能强大，应用范围广，但需要相对烦琐的建模过程以及更高的专业知识和使用经验。一般而言，对于常见的建筑群风环境模拟可以考虑采用 Airpak、Phoenics、WindPerfect 等软件，提高模型建立的速度与效率；此外，WindPerfect 在室内外联合通风层面、城市热岛模拟等方面具有优势（姚征，2002）；有的学者利用 CFD 技术模拟居住区内的风环境，以同济新村部分建筑和同济设计中心 A 楼为例，以上海市多年的平均气象环境作为初始条件，结合 CFD 软件对风绕过居住区建筑时的流场进行了模拟分析。通过模拟结果分析狭管风、风影区等在建筑物周围分布的特征及产生的影响，对居住区的风环境规划具有指导意义（杨丽，2010）。

针对光环境：Radiance 是由美国伯克利实验室开发的，目前国际公认的能够较为精确地模拟室内天然采光的光学模拟软件。有的学者在全阴天的条件下分别对八栋民居室内自然光照度进行测量，并利用 Radiance 对民居天井区域采光情况进行模拟分析。通过对比分析八栋民居室内天井区、公共活动区、厅堂区等区域的平均采光系数，得出如下结论：天井光井指数 WI 是决定天井民居室内采光好坏的重要指标，当 WI ≤ 3 时，天井区域的光环境较好，其平均采光系数在 5% 以上；采用反射系数较高的材质装饰墙面和地面，并保持其干净整洁也有助于改善室内的采光效果（段忠诚，2019）。

针对能耗模拟：现在能耗模拟以 Design Builder、Dest、IES VE 为代表。Dest 基于 Autocad 平台，没有独立的运行平台。同时，由于目前我国还没有完整的气象数据文件，Dest 的气象数据库是实测结合模拟得到的，一般认为在能耗模拟中还是应该使用逐时气象数据，拟合的结果会给计算的准确性带来隐患。Design Builder 是针对建筑能耗动态模拟程序 EnergyPlus 开发的综合用户图形界面模拟软件，可对建筑供暖、制冷、照明、通风、采光等进行全能耗模拟分析和经济分析。IES VE 既可以模拟建筑能耗，又可以模拟自然通风，软件界面通过模型的直接读取即可实现，无需在能耗模拟软件与建模软件间来回切换，实现了高效的整合，且输出结果直观、简洁。

综上，各个软件适用的阶段均有所不同。国内绿色建筑软件研发方面，部分品牌已经开始进行信息化平台的尝试，如 PKPM 的绿色建筑系列软件中以其绿色建筑设计软件为 BIM 平台软件。但从软件市场大环境角度出发，国产软件虽然在标准结合度上有明显优势，但 BIM 模型化程度整体较低，加之现有软件产品操作习惯不一致，导致国产绿色建筑软件产品计算能力差，信息交换能力较弱，重复建模问题无法真正解决，无法真正实现协同设计。

1.3 城市形态与能耗关系研究综述

1.3.1 总体概述

城镇居住社区的绿色研究关系到建筑群在城市尺度上能耗的问题，因而关于城市形态与能耗的研究就显得十分重要。在生态城市和绿色建筑等研究领域已经有为数众多的相关研究，研究方面主要包括城市形态与能耗的相互影响机制、城市能耗的不同方面以及各个方面与形态的关联程度研究、城市形态与城市空间微气候的关系、与可再生能源利用的关系等。

近年来，随着全球可持续发展和节能减排应对气候变化的进程推动，城市能源问题的研究和关注成为整体城市设计领域的重要研究方向之一。城市形态及其建设发展方式对城区，尤其是新建区域的能源绩效会产生显著的影响。许多学者通过对比研究量化了城市形态要素对能源消耗的影响程度，例如 Silva，Mafalda. C. 等人以葡萄牙波尔图市为例，通过建立人工神经网络模型来拟合城市形态与能源需求的关联性，证明城市形态能够解释 78% 的城市能源使用变化。其中具体包括了环境供暖、制冷和出行流动性，分别影响占比 48%、16% 和 36%（M. C. Silva，2017）。Delmastro. C. 等人的研究则表明仅考虑城市形态作为变量的情况下，最佳和最差城市肌理造成的供暖能耗差距约为 11%，在考虑太阳能增益效应的情况下差距可达到 16% 等（C.Delmastro，2015）。而麻省理工大学的 Ratti 等人的研究则指出当城市肌理作为唯一变量时它对能耗的影响是可以被量化的，而实际上城市能耗是一个多变量问题，当其他因素如建筑设计、建筑系统效率和居民行为等被记入考量后，可以预测城市几何结构对能源消耗的影响将大幅度放大，城市设计从理论上会作为影响层级的顶端而有最大的影响（C. Ratti，2004）。

城市形态在理论上由三项基本要素构成：建筑、开放空间以及街道。也有学者从不同尺度展开讨论：建筑地块（Building/Lot）、街道街区（the Street/Block）以及城市和地区层面（the City and the Region）（J. L. HARPER，1956）。对城市形态的描述方法也因历史时期、研究方向等有所取舍和不同。常见的对城市形态的量化是通过不同类型的指标实现的，大体可分为数量型和指数型。数量型指标指的是对建筑几何特性的描述采用高度、建筑层数、占地面积等；对开放空间及街道的描述使用街道密度、建筑间距、街道高宽比、街道峡谷等；而指数型变量则采用地面空间指数（Ground Space Index）、开放空间比（the Open Space Ratio）、建筑面积指数（Floor Space Index）、建筑场地覆盖率（Building Site Coverage）（R. Wei，2016）。

1.3.2　城市形态对能耗的影响途径

除了针对如何降低城市环境能源消耗的众多研究以外，近年来关于城市形态对城市能源需求影响的研究成为这一领域的研究重点之一。为了深入探究城市形态与能耗之间的具体关系，首先需要明确的是城市形态对能效产生影响的作用机制，目前主要在建筑能耗、交通能耗等方面有展开性的研究。

从广泛的城市能源使用角度看，有学者将城市形态的影响途径概括为三个方面：建筑供暖和制冷能源需求的输配损失、不同住宅存量的能源需求以及城市热岛（R. Ewing，2008）。还有学者则认为电力能源消耗、热量损失和自然通风是城市形态影响能耗的主要途径（S. V. Manesh，2011）。

从城市能耗的主要组成部分建筑能耗的角度看，城市形态对建筑能耗的作用机制可以概括为：建筑形体、建设强度、土地利用、空间形体和城市绿化除了直接影响外，还会通过中间途径施加影响。上述的城市形态要素通过改变建筑物理特征、用户用能行为和局部地域气候特征等会对建筑的制热、制冷、通风等产生直接影响，从而引起建筑能耗变化（图1-7）。例如，有学者的研究表明：窗墙比、街道峡谷高度以及建筑几何形状对室内日光利用率影响显著，从而间接影响到供暖、照明的能源消耗（A. Chokhachian，2019）。

另一方面值得注意的是，也有研究认为在城市街区尺度下，建筑与建筑体量之间的空间物理关系也会对整体能耗产生影响。例如邻近建筑的阴影会强烈影响城市建筑的性能（Y. Chen，2017）；城市形态对交通能耗的影响主要通过用地布局、出行距离长短、步行环境质量、居住地与工作地分布等对个体出行行为的干预，从而导致交通能耗的变化（W. P. Anderson，1996）。通过详细的出行活动数据比较城市交通能耗情况，可以将出行距离和当地经济、城市形态特征联系起来（P. Li，2017）。Wiedenhofer，Dominik 等人的研究则指出：出于环境原因而降低私人交通能源需求没有预期的那么有效，而出行流动行为取决于可达性、公共交通以及更广泛的城市形态，如功能混合区域、工作场所的空间分布、设施和商店以及个人偏好等（D. Wiedenhofer，2013）。

综上所述，城市形态对建筑能耗的影响途径多而复杂且效果比较显著，对交

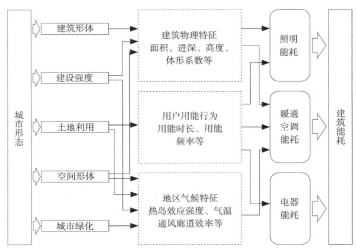

图 1-7　城市形态对建筑能耗影响机制

来源：冷红，2020.

通能耗的影响以间接途径为主，不占主导地位。此外，还需要注意的是对二者同时产生影响的要素。

1.3.3　城市形态与城市能耗的关系

城市形态与整体能耗之间存在着较为复杂的关系，但从能耗角度出发，交通、工业和建筑是城市主要的能源消耗单位。已有研究中，城市形态对建筑能耗单位相关影响的关注较多且这些研究普遍证明了影响的显著性；交通能耗单位则受城市形态要素的影响较为间接；而工业能耗受城市形态的影响相对前两者来说很小，因此不在城市形态相关研究的重点讨论内。

从尺度上来看，大致可以分为建筑能耗、街区能耗和城市整体能耗。城市形态指标的选用在各类研究中针对具体问题而不尽相同，常见指标涵盖了对建筑单体形态特征、城市空间形态特征以及不同类型的城市形态要素的描述，部分指标的选取也和数据获取的途径和可靠度有关。

具体研究在近年来呈现出从是否具有相关性、相关程度多少到具体如何相关变化这样逐渐深入的趋势。首先通过数据拟合来筛选和确认与能耗具有较强相关性的城市形态指标，排除不具有显著关系的指标，如 Silva，Mafalda C 等经过相关性指标的筛选后得到楼层数、体形系数和步行可达性等作为主要影响因素（M.

C. Silva，2017）。而另一部分研究会更深入地探究城市形态指标的变化会对能耗的变化产生哪些具体的影响。

从建筑层面，常见的相关形态指标有容积率、密度、建筑高度、建筑层数、建筑体形系数、建筑朝向等。Shen，Pengyuan 等人的研究指出在冬季设计条件下，建筑层数增加会增大邻里的单位面积建筑能耗（EUI）（P.Shen，2020）。Murshed，Syed 等人则进一步集中关注城市形态对垂直能耗的影响：总建筑面积相同的条件下，楼层越多，垂直移动消耗能源更多，而总建筑面积较小的建筑每平方米电梯的能耗更多（S. Murshed，2018）。

城市形态中的密度是影响能源消耗的重要因素。Ahn，Yong Jin 等的研究认为随着水平密度的增加和建筑高度的减小，多户建筑的年能源消耗随之减少（Y. J. Ahn，2019）。Quan，Steven Jige 等的研究也印证了密度越高，建筑每平方米能耗就越高这一结论，但当密度与街区形态类型有关时，形态类型对能耗的影响会占主导地位（S.J.Quan，2016）。Delmastro，C. 等人指出高密度城市环境的平均能耗取决于建筑的朝向（C.Delmastro，2015），Vartholomaios，Aristotelis 同样认为相对较高的密度以及建筑体量的南朝向是低能耗的城市形态所具有的特点，更紧凑的街区相比其他类型有更好的能耗表现（A. Vartholomaios，2016）。Gros，Adrien 等人得到随着建筑密度比的增加，供暖需求会随之增加，其主要原因是高建筑密度比会降低太阳辐照带来的增益（A. Gros，2016）。Martins，Tathiane 等的研究印证了密度和紧凑程度对建筑能耗的影响作用：连续或半独立住宅比稀疏型建筑需要的能源减少 76%，建筑的高密度和垂直化共同作用会导致 58% 的能源需求差异（T.Martins，2013）。Guhathakurta，Subhrajit 等人的研究也表明高密度无论在城区还是城郊都具有更好的能效表现（S. Guhathakurta，2015）。

此外，季节性和居住类型这两类条件也会影响住区密度的表现。夏季时密度与家庭用电量的变化有关，而冬季则没有这种关联。随着住区密度的增加，居住在密集城市社区的板楼和塔式公寓的家庭在夏季会消耗更多的电力（C. Li，2017）。

从街区和城市设计层面，描述城市形态的指标体系进一步扩展，常用的包括有建筑间距、开放空间宽度、街块朝向、街块长度、街区面积、建筑占地面积、覆盖率等。尽管街道高宽比也常在研究中作为参数出现，但由于当高宽比一定时，街道形态可以有多种组合变化，因此在描述城市形态时，更多学者倾向于选择街区的建筑平均高度和街道宽度这两个指标。

空间类型也作为城市形态的一种概括型参数来描述街区特征，Natanian，Jonathan 等人的研究指出在炎热干燥的地中海气候条件下，城市街区尺度上具有庭院类型的空间在能量平衡的表现上更具有优势，且低密度时差异更加明显（J. Natanian，2019）。Aristotelis 的研究将这一类型的低能耗归因于这些街区的开放空间（即街道和内部庭院）具有最低的宽高比（A. Vartholomaios，2016）。

Tsirigoti，Dimitra 等人也采取将街区形态类型化的方法，结果表明不连续型城市街区总能源负荷需求的平均值比连续型街区增加 6.70%，在证明了街区形态紧凑程度对能耗表现具有影响的同时也进一步指出了城市街区的规划配置和组成比例也会影响整体能耗（D.Tsirigoti，2017）。Ratti，Carlo 等人认为街区整体的体形系数不能较好地描述城市的总能耗情况，而被动与非被动区域比（Passive to Nonpassive Ratio）对能耗的影响更为显著（C. Ratti，2005）。

此外一些重要的城市形态组成要素如绿化空间的分布和绿地率等还会通过对城市环境温度的影响从而降低城市能耗和提高能效。Wong，Nyuk Hien 等人的研究表明对于建筑能耗来讲，绿化比高度和密度起到的作用更大，温度影响达 0.9 ~ 1.2℃，节能比例在 5% ~ 10% 之间（N. H. Wong et al，2011）。Chen，Hung Chu 等的研究则通过归一化差异植被指数（Normalized Difference Vegetation Index，NDVI）来建立植被与能源需求的关系，NDVI 指数是一种被广泛应用的定义土地类型的植被指标，包括了城市区域、开放空间、人工绿地、自然绿地和水体，NDVI 指数越高能耗越小（H. C. Chen，2019）。也有学者将研究视角和范围扩大，进一步地探究了城市的土地利用、产业结构、开发强度等对城市能耗的影响。

城市中的混合土地利用对能效的影响具有显著性。Singh，Kuljeet 等人探索了混合用途对社区能源性能的影响，其研究关注不同类型的商业建筑混合、商业用地百分比和建筑面积比与能源消耗、光伏发电、废物与能源发电和能效比率等指标的相关性。在同比例住宅的前提下，61% 的商业分配给办公楼、32% 给零售以及约 7% 给超市可以实现整体的最优表现（K.Singh，2019）。Hachem-Vermette，Caroline 等人则研究了五个社区设计变量：不同住宅建筑类型组成、密度和商业与住宅建筑面积比，并给出了能够在能耗、温室气体排放和能源生产潜能间取得平衡的最佳商业与住宅建筑比例 0.25（C. Hachem-Vermette，2019）。

产业结构和开发强度对城市能效均有影响，以区域为单位，开发强度越高，单位面积的能耗越低，现代服务业比率也就越高，能效越高（X. Wang，2017）。

Yin，Yanhong 等人通过回归分析得到：就业密度、零售部门员工比例、交通费用和距离城市中心是影响能源效率的最主要因素（Y.Yin，2013）。

　　早期对影响建筑能耗因素的探究主要关注于建筑本身，而后研究者们逐渐认识到城市环境下的建筑还需要考虑周边建筑与环境的相关能耗测算，仅仅通过改变建筑形式来管理能源潜能是具有局限性的。Futcher，Julie Ann 等人利用对比的方法探究在街道尺度上修改建筑群体形式对制冷负荷的影响，不同高度、功能的建筑在同一街道上的不同配置会明显影响街区整体的制冷能源需求，且不同因素的效果会有叠加（J. A. Futcher，2013）。在城市设计尺度上对整体形态和能耗关联性的侧重就显得尤为重要。

　　综上所述，由于城市环境本身的复杂性，各要素之间又存在着一定的动态关联性，因此城市形态与能耗的关联性难以用简单的变化关系来描述，在不同的气候区和城市形态特点下又会产生不同的变化。但整体上看，城市形态对城市能耗的影响确切存在，并且在一定程度上是可以通过城市设计和建筑设计的策略来进行调整和优化的，因此对这种关联性的研究也具有更多对实践上的指导意义。但是，目前无论是对城市形态的描述还是对关联性本身的描述都因不同研究而异，因此对于两者之间的联系还缺少更为系统和完整的结论，对于城市形态与城市能耗的关系还有待进一步研究挖掘。

1.3.4　城市形态与微气候及能耗的关系

　　城市形态与微气候的关系同城市形态与能耗的关系相比有着更丰富和深入的研究。尽管这类研究早期多集中在城市气候学领域内，如 TR Oke 等人自 20 世纪 70 年代起对城市垫层、街区峡谷等与城市热岛的关联性研究，城市形态逐渐成为研究城市微气候相关问题中的重要影响因素之一。有的学者通过模拟结果发现城市蓄热对城市平均气温没有直接影响，但影响幅度和相位，因此不同的城市形态会导致不同的城市气温分布（Y. Wang，2019）。近年来研究的关注点逐步向城市设计领域内深入，如 Nevat 等人为了帮助决策者选出最佳设计策略和资源分配方案，有研究尝试通过环境 - 微气候模型来对室外热舒适（OTC）过程进行时空计算来描述这种关系（I. Nevat，2019）。

　　同样地，相关研究中使用了多样化的城市形态描述方法，但由于城市室外微气候主要与城市设计要素相关，因此相关研究中使用的因素主要包括密度、容积率、场地覆盖率、天空开阔度等。而研究方式上，Envi-met 作为常用城市形态与微气候关系的模拟工具其可靠性也得到了实证对比的验证，Gusson，Carolina S. 等人使用 Envi-met 具体检验了模拟和实测中城市建筑密度与微气候的关系（C. S. Gusson，2016）。

密度这一城市形态要素与微气候之间具有相对明确的相关性。Gros，Adrien 等人比较了建筑密度不同区域对太阳辐照度、风气流、建筑室内温度和能源需求的影响，发现不同密度可导致风速降低达 80%、对附近建筑物太阳辐射影响减少 7%、最高的制冷能耗需求位于密集的建筑区域，而建筑密度比的增加会降低太阳辐射照增益从而增加供暖能耗需求（A. Gros，2015）。

另一方面，热岛效应作为区域气候环境的重要表征同时关联着城市形态与能耗情况。城市连续性、扩展性、规模和密度的增加都导致了城市尺度热岛效应的增大（Z.Liang，2019）。城市空间中建筑的分布不合理也会导致热岛效应的增大，并进一步引起建筑能耗的上升（J.Yang，2019）。因此，对城市形态与气候及能耗的表现性需要有一个整体性关系的理解，以避免热岛效应及建筑高能耗等后果（I. D. Stewart，2012）。

Wong 等人研究了容积率、绿地率、天空视野系数、建筑密度等参数对当地温度和建筑能耗的影响。结果表明，由于容积率的变化，局部温度变化高达 2℃，通过改善城市形态，可节省 4.5% 的建筑能耗。类似地，Zhou，Yan 等人探究了包括绿地率、建筑密度和容积率等城市形态因素与热岛效应的关系，并进一步得出其对建筑能耗产生的影响：多元化、高密度发展、对区域高密度区下垫面条件、通风性能和热增量有较大影响，进而增强热岛效应，而由于热岛强度的存在，位于市中心的建筑热负荷指标比郊区低 1.5% ~ 5%。当热岛强度提高 1℃时，平均供暖能耗降低 5.04%（Y. Zhou，2017）。

Tong，Shanshan 等人分析了城市组成部分如建筑物、路面、绿化和水域面积对热岛强度和小气候条件的影响。结果表明，夏季的 UHI 强度白天可达 4.5℃，夜间可达 5.3℃，冬季白天可达 2.6℃，夜间可达 5.0℃（S.Tong，2017）。建筑和道路散发的辐射热是夏季和冬季夜间超热岛的主要原因。Wei，Ruihan 等人的研究表明城市形态参数：天空视域因子、容积率、场地覆盖率和建筑层数对微气候有明显影响，且当容积率恒定时，25% 的场地覆盖率最有助于缓解夜间热岛效应（R.Wei，2016）。街道峡谷（城市峡谷）高度被证明与最大潜在热岛效应有关（A. Chokhachian，2019），基于 LCZ（Local Climate Zone）的研究表明，通过在高密度城市的实验可得：不同的城市结构具有不同的日夜热环境情况，主要利用建筑形态、土地覆盖等城市特征进行区域划分，以得到更明显的结果（X. Chen，2019）。

同时，人口密度、城市形态和热岛效应也具有一定的关联性，研究表明人口密度引发城市形态变化，如天空开阔度（Sky View Factor）和透水表面比（PSF%）等，会引发城市温度的显著变化（E. A. Ramírez-Aguilar，2019）。

Giridharan，R. 等人通过实测和数据分析探究城市形态要素和温度之间的关系发现：天空景观因子、地表反照率、海拔高度、1m 以上植被、平均高度与建筑面积比、位置和临海度等变量是缓解白天和夜间 UHI 的最关键变量，且可受城市设计者控制（R. Giridharan，2007）。

综上所述，城市形态通过对城市微气候的影响从而间接地影响到了整体能耗和能源需求，对于前二者关系的研究较为深入和综合，而微气候对能耗的影响则较少地被整合在相关研究中，城市形态对能耗影响的具体作用途径需要这一部分的进一步补充。

1.3.5 城市形态与能耗关系研究工具

城市作为一个复杂系统，是人类行为和建成环境复合互动的结果，这种相互作用受到广泛因素的影响，因此确定性的数学预测是不现实的（L.D′Acci，2019），但对城市形态和环境性能表现的数学理解可以帮助我们发现一些可以量化的轨迹，从而帮助确定城市形态与环境性能相互作用的界限。随着近年来对城市形态与能耗关系的量化研究的涌现，主要使用的研究工具以模型的形式体现。一部分研究着重于根据已有数据建立相关性的耦合模型，一部分研究探索新的模型建立方法，另一部分通过模拟和实测的相互印证来优化现有模型（表 1-1）。

城市街区及建筑能耗研究模型　　　　　　　　　　　　　表 1-1

来源：作者自绘

年份	作者	模型与工具	对象	作用
2010	Nyuk Hien Wong 等	TAS simulation	建筑	根据边界条件生成制冷需求荷载和能耗预测
2011	Wong，Nyuk Hien 等	STEVE Tool	建筑	计算 estate 某一点的日最低、平均、最高温度
2017	Vartholomaios Aristotelis 等	EEP model	城市	能源消耗模拟，计算建筑物、运输系统和工业生产的能源和排放；评估家庭能源使用的组成部分基于简化型计算

续表

年份	作者	模型与工具	对象	作用
2013	Futcher，Julie Ann 等	VE Virtual Environment	街区	模拟城市环境中多个建筑的性能；VE 估计通过建筑围护结构的热传导，作为短波和长波在外部表面交换和交换的函数，根据天气文件中描述的外部气候，确定维持建筑到设定值温度所需的能量
2016	Gros，Adrien 等	SOLENE-Microclimate；EnviBate	建筑、街区	包含城市空间太阳辐射模拟工具，SOLENE-Microclimate 可以计算一个建筑物在几天内受城市环境影响的能耗；EnviBate 可以模拟一年内所有建筑的能源需求
2005	Ratti，Garlo 等	DEMs；Lation Tool LT 模型	街区	DEM 快速获取城市形态参数，包括街区整体体形系数、天空开阔度、地平面角度、建筑朝向、被动与非被动区域比等；LT 模型则可计算建筑物能源消耗

其中建筑能耗模型的建立方法可分为自上而下和自下而上两大类，其中自上而下的模型将建筑群组视为一个单一能源实体，不考虑其中各个建筑或最终用途之间的差异；自下而上的模型则侧重于单个建筑物和最终用途，基于物理学的自下而上方法能够根据详细的建筑信息和周围气候条件来表示能源使用情况（W. Li，2017）。

城市能源研究领域中有学者关注到了城市形态对能耗的影响并因此将部分形态要素引入到相关城市能源模型的建立中，其中关注建筑能耗的模型是城市建筑能源模型（Urban Building Energy Model，UBEM），在城市能源模拟工具中常用类型学数据库的方式来描述建筑的相关特性，即用一种建筑类型来包含一种特殊类型建筑的所有数据，其数据内容包括墙体和窗结构、建筑类别、玻璃百分比等（P.Nageler，2017）。UBEM 中通过外围护结构材料、居住密度等来定义建筑原型（archetypes），再将其作为计算公式中的重要变量（J. Sokol，2017）；同时，城市建筑节能系统（CityBES）工具基于城市建筑数据集和用户选择，能够自动生成并模拟城市建筑能源模型，这一工具的输入数据包括建筑足迹、类型、高度、建造年份、楼层数、遮挡建筑、共享墙面和天气信息（Y. Chen，2017）。

扩展到城市层面时出现了城市尺度能源模型（Urban Scale Energy Model，USEM），其中有一系列的相关方法和工具，这些工具旨在通过不同子模型的相互作用来模拟城市或地区能源需求、发电和配电之间的动态相互作用（A. Sola，

2019）；"鞋盒（Shoeboxer）"模型引入了街块网格大小、建筑高度或楼层数、建筑体积、屋顶与围护结构、外墙窗墙比等来细分描述城市建筑形态；为了进一步描述城市形态对建筑能源需求的影响，Rodríguez-lvarez，Jorge还提出了新的方法：城市建筑能源指数（UEIB），将城市几何学简化为概念网格，引入了地点参数、城市参数和建筑参数（J.Rodríguez-Alvarez，2016）。

有学者尝试从更宏观综合的角度建立城市能效评估框架：通过空间显式分析与神经网络预测相结合来估计由城市区域物理结构产生的能源需求（用于空间的加热、制冷和移动）（M.Silva，2017）。这一方法也引发了更进一步的讨论，即城市开发策略能否通过塑造更有效的城市形式来实现更好的城市环境，这也是探讨城市形态与能效关系的核心目的之一。

尽管已有的有关城市模型建立的研究多以通过筛选、优化和合并要素来实现复杂过程的简化，但也有研究者指出，城市作为一个复杂自适应系统应该采取尽可能贴近实际的模拟而不是进行简化（S. V. Manesh，2011）。

1.3.6　城市形态与可再生能源

城市形态在影响着整体城市能耗的同时也与可再生能源息息相关，可再生能源的利用是降低城市总能源需求的有效途径。Grosso，M.很早就提出了城市形态如布局、密度、形式、街区中的建筑朝向等对可再生能源利用的源头太阳和风有极大的影响（M. Grosso，1998）。欧洲学者也建立过城市可再生能源潜力研究项目PREC（the Potential for Renewable Energy in Cities）来探究其中的具体机制。随着可再生能源利用在城市能源体系中的占比增长，针对这一关联性的研究也逐渐增多，使用的可再生能源的类别也逐渐丰富，包括但不限于太阳能、风能、地热能等。

大量研究关注城市形态对建设一体化光伏发电和可再生能源技术整合的影响（N. Mohajeri，2019），太阳能的充分利用在城市可再生能源利用中首先被考虑。其中，城市形态的主要影响途径包括：建筑形体和街道尺度空间关系的直接获能和阴影遮挡。

一方面是关注城市形态与太阳能获能关联性的研究，例如Nault，Emilie等人探究了一系列设计相关值：街道宽度、建筑形状、高度和方向以及密度、容积率、每个方向的立面比例等与建筑获得被动式太阳能和日光性能之间的潜在关系，并得到了预测模型（E. Nault，2017）。Martins，Tathiane Agra de Lemos等人的研究评估出长宽比、建筑物间距和地表等效反照率等形态参数对地表反射率有显著影响，某些变量之间存在重要的相互作用使得城市形态因素对实现太阳能作为主要电力生产潜力的影响（T. A. de L. Martins，2016）。

而 Colucci，Andrew 等人的研究则通过模拟和对比得出：一种具有倾斜屋面的建筑形态类型可以提供相同条件下最大化的日照水平，高于平均获能。但在建筑群组当中，日照水平随建筑表面积减小而略有增加，且应保证建筑在所有表面均有太阳辐射（A.Colucci，2012）。类似地，Redweik，P. 等人通过太阳能 3D 城市模型的建立也得出结论：尽管到达屋顶的辐射比外墙低，但由于面积大，因此对城市建筑的太阳潜能有显著影响，计入外墙潜力后总潜力数值达到近似翻倍（P.Redweik，2013）。Yang，Tianren 等人的研究同样表明尽管相互遮阳会对太阳能发电产生影响，但建筑覆盖率仍然是光伏发电产能的决定性因素，太阳能获得潜力与其高度相关（T. Yang，2016）。

另一方面，建筑对太阳能的获得很大程度上会受到阴影情况的影响，而阴影的产生来源主要是建筑形体遮挡。Hachem，Carolin 等人的研究则进一步将建筑物遮挡的关系分为凸形（矩形）和非凸形（如 L 形和 U 形），前者主要考虑的因素是长宽比和朝向，后者还需要考虑阴影遮蔽深度比、被遮蔽表面数以及表面间遮蔽角度，并指出平行排列的住宅单元为了避免行间阴影遮挡应具有至少 85% 的最小要求间距（C. Hachem，2013）。

此外，还有一些学者的研究综合考虑了太阳能获能和阴影效应。Vartholomaios，Aristotelis 的研究指出城市高紧凑度策略与被动式太阳能设计策略之间存在协同效应，并且这种协同效应可在不同的城市密度下实现，设计者可以通过两种方法进行低能耗的小区设计："被动区"的紧凑布置和冬季太阳能被动利用，且板片系统不应超过体块类型建筑（A.Vartholomaios，2017）。

同时，为了通过广泛的光伏系统来实现能源性能更好的城市，在城市形态与太阳能潜能关联性研究的基础上，有学者提出了太阳能城市规划：利用和集成地理信息系统、参数化建模和太阳动力学分析等来识别和管理城市能源性能单元，来评估具体的城市区域与其太阳能利用的综合表现（M. Amado，2014）。

除太阳能外，风能在现代城市中也具有较大的利用潜力。在早期的研究中，城市环境学领域中有学者研究了不同城市物理形态参数对城市风流模型的影响，其中有涉及城市形态参数：建筑密度、建筑高度和建筑朝向（R.M. Cionco，1998）。为了探究城市形态对风能潜力的具体影响，B. Wang. 等人定义了一组与风环境潜在相关的形态指标（表 1-2）：包括了街道空间朝向、迎风城市轮廓、组

织孔隙度、植被粗糙度、建筑间隙空间与朝向、构型配置、街道横纵比等。同时
选取风势容量和风势密度两个指标衡量风力潜能。

风环境与城市形态间相对应的参数　　　　　　表 1-2

来源：B. Wang and others，2017.

Wind environment 风环境	Urban morphology 城市形态
1 Wind orientation 风向	Directions of streeta or spaces 街道或空间的方向
2 Wind drag coefficient and wind pressure 风阻系数和风压	Windward city outline 迎风面城市轮廓
3 Pollution dispersion 污染扩散	Porosity of the tissue 表面孔隙率
4 Average velocity near the ground 近地平均风速	Null 无
5 Turbulence 湍流	Angle，space between buildings，vegetation rugosity 建筑间距、角度、植被粗糙度
6 Ventilation produced by heat 热压通风	Configulation orientation，street aspect ration 配置方向，街道高宽比

通过实例分析得到：对于既有城市环境，风力潜能与城市组织的可开发屋顶
面积有关，高风密度但可开发面积小的城市风速较小。通过进一步模拟则发现与
风势密度相比，风量与形态指标相关性更大，受到相对粗糙度、建筑高度标准差
以及平均高度影响（B. Wang，2017）。

1.3.7　研究领域中的问题与启示

总体上，已有的评估工具和方法往往将城市能源利用简化为建筑物运行能耗，
忽略了交通、建筑物和基础设施隐含能等必要成分。基于数据驱动的方法局限性
在于使用的是聚合数据来概括现状，基于模拟的方法则受限于简化了城市形态、
人的行为以及微气候对建筑影响等因素（N. Abbasabadi，2019）。

城市形态与能耗之间关联性的研究虽然已经从建筑单体形态拓展到街区尺
度，也引入了更多的相关描述指标，但由于街区形态的复杂性，已有的研究多侧
重于模型和模拟，未来还需要对更具体的关联进行定量和实证类的研究。尽管会
引入若干形态相关变量，但已有的一些研究实际上只是将城市形态作为众多影响
能源需求的参数之一，城市形态的具体贡献并非其研究重点。

1.4 城市生态绩效研究综述

1.4.1 总体概述

随着全球信息化时代的来临，世界各国正在经历着前所未有的城市化进程。在新一轮高速城市化进程中，势必会产生诸如大都市圈人口集聚、居住环境恶化、能源与自然资源消耗等一系列环境问题。绿色可持续发展是目前全球共同面临的最严峻挑战之一，如何应对迫在眉睫。为了改善人居环境，自 20 世纪 70 年代联合国在斯德哥尔摩召开首次"人类环境"大会开始，人类第一次将环境问题纳入国际政治议题。从此全球各国的可持续发展战略目标开始逐步形成，随后联合国以及各国城市环境规划等相关部门先后开始做出改变城市环境以提升人居环境的尝试。在过去三十年中，各国制定许多应对措施，研制开发了针对城市建成环境等以性能绩效（Performance）评价为目的的评价体系和工具，诸如全生命周期评估、计算机模拟技术、相关评价工具及技术手册导则等。

城市作为一种人居环境，已经成为世界各国关注的焦点（吴良镛，2001）。居住社区作为城市人居环境的最主要形态，其设计与建造决定了城市形态以及绿色性能目标，因此国内外开始进行广泛的理论研究及实践。发达国家最早于 20 世纪 90 年代开始了绿色建筑评估系统的探索，期间经过 30 年的不断发展更新、研究机构与研究者不断完善探索以及在全球范围实践应用，目前许多国家开始广泛实施了更加完整的绿色住区评价体系。根据相关文献搜索可知，国际上具有代表性的绿色性能评估体系有美国的 LEED 评估体系、英国的 BREEAM 评估体系、日本的 CASBEE 评估体系，德国的 DGNB 评估体系、澳大利亚的 NABERS 评估体系、新加坡的 Green Mark 评估体系等，他们大都以可持续发展为目标，经历着不断研发更新的过程。随着评价体系不断更新，社区级版本应运而生。例如 LEED 评价体系的社区版本 LEED-ND（LEED Neighborhood Development）、BREEAM 评价体系的社区版本 BREEAM-Communities、CASBEE 评价体系的社区版本 CASBEE-UD（CASBEE for Urban Development）。

相比于起步较早的国外评价体系，我国绿色性能评估体系的研究起步较晚。行业内最权威的《绿色建筑评价标准》于 2006 年开始应用，2014 年进行修订，前后总共经历十多年的更新完善，最新版本于 2019 年开始实施。从最初版本到目前最新评价系统，我国绿色建筑评价体系经历了由"推荐性""引领性""示范性"向"强制性"方向的逐渐转变过程，并在未来向"时效性""高水平""高品质"跨越提升（周海珠，2018）。根据相关统计，此《绿色建筑评价标准》获得绿色建筑评价标识的项目已经超过 1 万个，累计建筑面积超过 10 亿 m^2（数据截至 2017 年底）。

本书以居住社区为研究对象，故对评价体系的社区级评价工具进行筛选，选取美国 LEED-ND、英国 BREEAM-Communities、日本 CASBEE-UD 以及国内较权威的评价体系代表《绿色建筑评价标准》GB/T 50378－2019 四个评价体系。选取的评价体系涵盖了有关人居环境及居住建筑层面的绿色性能评价，进行定性研究分析，选取评级系统最新发布的版本进行综合比较研究，根据评价对象、评价方法、评价流程、指标项以及评级应用情况等进行综合比较与研究，得出相关发现及结论，借鉴国际先进的理论经验与实践成果，根据我国国情对绿色住区评估体系未来发展方向提出建议及展望。

1.4.2　评估体系研究综览

国外评估体系的研发最早始于 20 世纪 90 年代初期，从评价体系版本发展来看，经历了从定性评估转向定量评估、从数量相对较少指标评价到数量较多针对性较强的指标综合评价、从单体建筑到街区城区尺度评估、从固定建设周期评价到全生命周期评估的发展过程。经过三十年的不断更新及修订，评价体系向着人性化、均衡化、多元化的趋势发展，评价体系不断更新，也促使了国内外研究机构和学者对绿色性能评价体系的研究。主流研究涵盖了对特定评价体系的定性研究，也有对不同评价体系的量化对比研究，有对评价体系的版本的更新进化进行研究，也有对评价应用及未来发展趋势进行分析等。前期通过文献的研究，将评价体系的研究趋势主要归纳为以下四方面内容：

对评价体系进行总体定性介绍及实例应用分析。相关学者分别对住区层面的评价体系 LEED-ND，BREEAM-Communities，CASBEE-UD 等相关评价体系内容进行了定性分析以及应用案例研究（Talen. E，2013；Venou. A，2014；Cappai. F，2018）。

对不同评价体系的相同性及差异性的横向比较研究。有的学者研究探讨了国际大部分绿色性能评价工具在可持续建造中的作用，通过工具选择方法探讨、经济效应、区域变化性探索、定性定量分析、复杂性分析、权重分析等方法，认为这些评价工具最终的目的是通过城市的绿色建造，实现生态、社会和经济可持续性发展（王钦，2020；Grace K.C. Ding，2008）。

通过对比评估体系更新版本发展，研究绿色性能评价体的发展趋势，通过关注过去 30 年间不同版本及不同评价体系分析，以环境经济社会效应作为研究出发点，发掘不同体系的权重发展规律及重点、指标项目分布变化情况等不同评价体系的历年发展规律（Baohua. W，2020）。

对绿色性能评价工具的发展趋势及未来面临挑战。相关学者通过对国际绿色性能评价体系的回顾，明确了评价体系对于城市发展的贡献，并且研究了未来实现绿色性能的国际发展趋势，对如何实现绿色可持续发展战略提出了探索及建议（Darko. A，2019；Ming Shan，2018；Wuni I. Y，2018）。

总体上，经过多年研发更新，国内外的绿色性能评价系统从前期的定性理论探索转向更加复杂多元化的系统架构，体系建构逻辑更加完整，评价对象涵盖了更加广泛的类别，指标类别也更加注重精细化分类，评级结果更加均衡明了。另外，美国的 LEED、英国 BREEAM、日本 CASBEE 等评价体系已经较为成熟，在全球进行了广泛的应用并得到了全球多数国家的认可。

1. LEED-ND

LEED 全称为 Leadership in Energy and Environmental Design，是由美国绿色建筑委员会（USGBC）于 1998 年开发并使用。目前项目涉及城区及建筑的策划、设计、建造及运营的全生命周期阶段。其中，LEED-ND 即为邻里发展（Neighborhood Development），属于 LEED 评价系统中的一个分项类别。LEED-ND 由美国绿色建筑委员会（USGBC）、自然资源保护委员会（the Natural Resources Defense Council）、新城市主义委员会（Congress for the New Urbanism）共同合作开发，2003 年着手编制工作，经过四年的资源整合及完善更新，初版最终于 2009 年 5 月正式对外公开发布。相比 LEED 中其他评价体系将重点放在建筑物单体设计、建造及运营的相关方面绿色性能评价，LEED-ND 更加聚焦城市中街区与社区尺度层面的内容，关注场地选址、街区形态控制、城市基础设施等区域规划设计层级。所以，LEED-ND 不会把主要关注点放在建筑单体相关评价上，它具有更多城市区域尺度的层级评价内容。

2. BREEAM-Communities

BREEAM 全称是 Building Research Establishment Environmental Assessment Method。由英国建筑研究协会于 1991 年提出，是世界上最早的绿色建筑评价体系，被广泛应用于世界上任何国家。截止到 2020 年，世界范围内已经在 89 个国家得到了实践与应用，目前已有建筑注册 230 万处；全球认证 60 万处。在 2009 年英国建筑研究机构启动了 BREEAM-Communities。BREEAM-Communities 是 BREEAM 系统的城市社区层级的评价工具，其开发基于 BREEAM，但同时是独立于 BREEAM 的第三方评价工具，主要应用于新建城区项目以及既有社区的更新。在 2012 年时进行了版本更新并且一直延续使用至今，相比于旧版本，新版本更简单明了，规范性与系统性更强，并且与原始版本的计划过程更加一致。

3. CASBEE-UD

CASBEE 即建筑环境绩效综合评估系统：Comprehensive Assessment System for Building Environmental Efficiency。最早于 2001 年开发，是一种评估建筑物（Building）和建成环境性能（Built Environment）的方法。由日本的工业、政府、学术界研究委员会三家联合开发，并得到了日本国土基建交通运输部的支持（Ministry of Land、Infrastructure、Transport and Tourism，MILT）。CASBEE 评价体系包含了建筑单体到整个城市区域范围。CASBEE for Urban Development 系统即 CASBEE-UD，它属于 CASBEE FAMILY 评价体系中一个独立的子系统，主要关注城市建成环境的绩效评估。CASBEE-UD 适用范围为划定的街区 / 区域尺度（block/district scale），其适用范围包括：城市更新区域、土地调整区域、城区特殊复兴区域、各区规划、生态城项目发展区域以及建筑群的综合设计。

4.《绿色建筑评价标准》

《绿色建筑评价标准》是由我国住房和城乡建设部主编，初版于 2006 年实施，经过了十多年的发展更新，新版（GB/T 50378－2019）于 2019 年 8 月 1 日起开始施行。新版《标准》旨在改变目前中国建筑业能源资源浪费严重，精细化建筑资源利用率，建立能源节约、资源利用率高、环境友好的现代化社会。经专家评估审查后，根据相应等级颁发绿色建筑评估标识。从评价内容上看，《标准》秉持以人为本的核心理念，涵盖 5 大类指标：从使用者角度出发，包括安全耐久健康舒适等相关方面，重点关注单体建筑为主的相关评价内容；在城市范围尺度下，《标准》也涵盖了生活便利、资源节约、环境宜居等社区层级的相关评价内容。

以上四个评价体系总体特征总结如表 1-3 所示：

评价体系总体特征　　　　　　　　表 1-3

来源：作者自绘

评价体系	开发机构	发布国家初版时间	最新版本	认证等级	一级指标
LEED for Neighborhood Development	USGBC，美国绿色建筑委员会 CNU，新城市主义协会 NRDC，自然资源保护委员会	美国，2009	LEED V4 for ND 2018 版	认证级 Certified 银级 Sliver 金级 Gold 白金级 Platinum	1. 精明选址与连通性 SLL 2. 社区形态与设计 NPD 3. 绿色基础设施与建筑 GIB 4. 创新设计过程 IN 5. 区域优先 RP
BREEAM-Communities	Building Research Establishment，BRE Global 英国建筑研究所	英国，1991	技术手册 2012 版 Technical Manual，SD202-1.2：2012	杰出 Excellent 优秀 Outstand 很好 Very Good 好 Good 通过 Pass 未通过 Unclassified	1. 治理 GO 2. 社会及经济福祉 SE 3. 能源与资源 RE 4. 土地利用与生态 LE 5. 交通与流通 TM
CASBEE Urban Development	Japan Green Building Council，日本绿色建筑委员会 Japan Sustainable Building Consortium 日本可持续建筑联合会	日本，2007	技术手册 2014 版 Technical Manual，2014 Edition	优秀 Excellent（S） 非常好 Very Good（A） 良好 Good（B+） 较差 Slightly Poor（B） 差 Poor（C）	1. 环境：资源、自然、构筑物 2. 社会：公平、安全、便利设施 3. 经济：交通及城市结构、发展潜力、效率 4. CO_2 排放吸收：交通排放、建筑物排放、绿色吸收
《绿色建筑评价标准》	住房和城乡建设部 市场监督管理总局	中国，2006	GB/T 50378—2019	基本级 一星级 二星级 三星级	1. 安全耐久 2. 健康舒适 3. 生活便利 4. 资源节约 5. 环境宜居 6. 创新加分项

1.4.3　评价体系对比分析

基于国内外四个评价体系的横向对比，通过定性与定量分析的方法，展开进一步研究，探寻各个评价体系之间的相同性与差异性。

评价体系的开发旨在促进为可持续发展做出明智的决策。可持续发展需要明确具体的评价方向，因此，评价体系的内容是需要分析的第一个问题，评价类别将在下文详细讨论；标准（Criteria）和指标（Indicator）是任何可持续发展的基础框架，也是任何评价体系的核心内容。指标要完整真实反映评价内容，因此评价体系的指标项也需进一步详细分析。一般来说，指标项的制定包含了评价标准的设立及指标数据的赋值，指标项的分析包含了前提强制项、指标数量和内容、针对居住区层级指标分类等方面；指标构架方式反映了一个评价体系的开发逻辑，指标层级架构和权重分配方式对一个评价体系最终的评分结果具有决定性的影响。从评价体系的层级和权重作为分析对象，分析评级体系的建构逻辑；认证结果是衡量一个项目绿色性能评级的标准，不同评价体系的评级方式具有很大差异性，都需特定的评价流程才得以获得最后的评级认证，需分析评价体系评级方式与认证流程两方面的相关内容。

基于以上讨论，并以官方发布的指导和操作手册为主要研究资料，同时参照国内外相关文献，通过定性与定量比较分析，提出需要解决的相关问题：

评价类别：评价体系包含了哪些评价类别？评价体系对于一个项目的评价侧重点是什么？不同评价体系关注内容是否一致？

指标项：强制项与得分项如何设置？指标主要关注哪些方面？评价是否完整涵盖居住区相关内容？

层级与权重：评价体系层级构建有哪些差异？权重如何反映评价体系分配方式？

评级与认证：评价体系的评级结果如何得出？认证结果是否科学？

1. 评价类别

所有评价体系都包含城市社区级层面的类别。本书所研究的对象——居住区，建立在社区级评价层面，经过对四个评价体系的评价类别统计，得出评价方向分布情况。

LEED-ND 评价体系包含了五大类社区内容，一级评价类别与指标数量占比分别为：建设选址项，数量占比 23.7%；区域形态项，数量占比 30.5%；绿色基础设施配置与建筑项，数量占比 35.6%；区域优先项，数量占比 3.4%；创新设计项，数量占比 6.8%。

BREEAM-Communities 评价体系包含五大类内容，一级评价类别与指标数量占比分别为：政府治理项，数量占比 10%；社会经济项，数量占比 42.5%；资源能源项，数量占比 17.5%；土地生态项，数量占比 15%；交通流动项，数量占比 15%。

CASBEE-UD 评价体系包含了 6 大类内容，其一级评价类别和指标数量占比分别为：环境项，数量占比 28.1%；社会项，数量占比 31.3%；经济项，数量占比 31.3%；碳排放与吸收项，数量占比 9.3%。

国内《绿色建筑评价标准》评价体系包含了 6 大类有关绿色性能的评价内容，《标准》以建筑性能为主要评价对象，适用于居住建筑、公共建筑。其评价类别和指标数量占比分别为：安全耐久项，数量占比 15.4%；健康舒适项，数量占比 18.2%；生活便利项，数量占比 17.3%；资源节约项，数量占比 25.5%；环境宜居项，数量占比 14.5%；创新加分项，数量占比 9.1%。所有评价体系的评价分类如下所示（图 1-8 ）：

LEED-ND 评价体系以新城市主义理论、精明增长理论、绿色建筑和基础设施理论为发展原则，从图中可以看出，精明选址及联通性能、区域形态设计以及绿色基础设施与建筑三大类别占了指标总数很大比重，三项占比高达总数的 89.8%，因此该三项评价内容是 LEED-ND 体系的重点评价方面。在此三项类别中，占比最多的是绿色基础设施项，占总指标数的 35.6%，其次是区域形态与设计，占总指标数的 30.5%。另外两项分别是区域优先项及创新设计过程项，相比以上三项分类，这两项指标内容中并没有涵盖需要强制执行的前提项，其得分也处于占比很低水平，分别占总数的 3.4% 和 6.8%。LEED-ND 将创新设计过程和区域优先项划分到了额外加分项中，并不是评价体系的重点。但为了体现前瞻性及创新性内容，也是必不可少的评价分类。

BREEAM-Communities 评价体系占比最多的是社会和经济福祉项，占总指标数的 42.5%，其余的四项指标政府治理项、能源及资源项、土地利用及生态项、交通及流动项占比均不足 20%，这样的分类结果，体现出 BREEAM-Communities 评价体系更加关注社会公共服务与经济生活相关方面内容。

CASBEE-UD 评价体系中，占比最重的三项分别是社会项、经济项、环境项，占总指标数 90% 以上。社会、经济与环境三类也被认为是可持续发展必不可少的三方面内容（ Boyoko et al., 2006 ）。

在《绿色建筑评价标准》中，各项评价内容的占比相对均衡。数量占比最多的是资源节约项，为 25.5%，很大程度上体现出《标准》对目前我国普遍存在的如建筑高能耗、能源效率低下、水资源浪费、建材不节约等城市及建筑问题的重点关注。另外，同 LEED-ND 类似，《绿色建筑评价标准》也设置了加分项，虽不是强制施行，但提及减少碳排放策略、降低能耗、场地利用、保护生态，绿色施工、工业化建造、建筑信息模型（BIM）、碳排放计算、传承地域文化等，旨

1　研究现状综述

Review Of Research Status

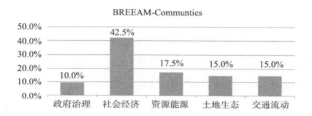

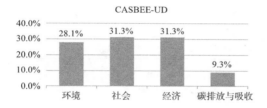

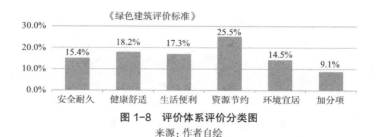

图 1-8　评价体系评价分类图

来源：作者自绘

在鼓励在绿色技术、绿色管理、绿色生产方式等方面的创新。

2. 指标项

　　评价体系设置强制项和打分项。设置强制项的目的是，评价体系必须达到强制项的标准，为项目的进一步认证设置基本的门槛。也就是说，项目达到最基本的评价标准后，才能够进行得分项评分以及接下来的认证程序。例如，在《标准》中，强制项即控制项，其评定结果应为达标或不达标，当满足全部控制项要求时，绿色建筑等级应为最低达标要求的基本级。

除了 CASBEE-UD 之外，其余所有评价体系都包含了评价认证必须满足的前提：强制项的设置。强制项数量占比最多的是《标准》达到 36%，LEED-ND 与 BREEAM-Communities 强制项内容占比数量分别为 20% 与 30%。LEED-ND 强制项数量在三个评价体系中占比最少，除了自身版本不同标准，可能和强制项与评分项部分重叠有关。四个评价体系强制项及评分项设置情况如下所示（表 1-4）（图 1-9）：

评价体系总体特征 表 1-4

来源：作者自绘

	强制项数量	非强制项数量	指标总数
LEED-ND	12	47	59
BREEAM-Communities	12	28	40
CASBEE-UD	0	32	32
绿色建筑评价标准	40	70	110

图 1-9 评价体系强制项及评分项设置情况

来源：作者自绘

另外，在 BREEAM-Communities 和《绿色建筑评价标准》中，强制项和评分项内容并不会出现重叠。而在 LEED-ND 评价体系中，有些强制项同时也是评分项，两项内容会有部分重叠的情况出现。例如在 LEED-ND 评价体系的社区形态及设计（NPD）中，宜步行街道和紧凑开发两项指标内容既是强制项中所要求的，也是评分项的内容。

值得注意的是，评价体系中强制项与评分项并不是一分为二的，所有指标项目需综合考量，在满足强制项为前提下，评分项赋值应同时进行。当然，强制项是绿色性能评价开始必须满足的前提，所以强制项的设置应以宏观综合的视角进行。针对 LEED-ND，BREEAM-Communities 与《标准》三个评价体系，以环境、经济、社会三大类别对强制项指标数据进行重新分类，得到如下的指标重新组成情况：

通过表 1-6 分析，可以看出三个评价体系中经济指标的数量：LEED-ND 和 BREEAM-Communities 仅为 1 个，而《标准》内容并没有涵盖社区级的经济指标相关内容。综上，三个评价体系的强制性指标并没有将经济绩效相关方面的指标作为重点，其中《绿色建筑评价标准》中经济影响方面的指标数量为零。而 LEED-ND 和 BREEAM-Communities 评价体系也仅有紧凑开发和经济影响两方面较为宏观内容。

评价体系总体特征　　　　　　　　　　　　表 1-5

来源：作者自绘

	指标数量		
	建筑级	社区级	合计
LEED-ND	21	32	53
BREEAM-Communities	4	36	40
CASBEE-UD	3	29	32
绿色建筑评价标准	62	38	100

评价体系分类图　　　　　　　　　　　　表 1-6

来源：作者自绘

大类	强制项指标	LEED-ND		BREEAM-Communities		绿色建筑评价标准	
		数量	占比	数量	占比	数量	占比
环境	水资源指标、生态环境指标 能源利用及能耗指标 垃圾及污染、选材及材料、土地利用及选址、资源保护等相关指标	8	13.6%	7	17.5%	16	14.5%
经济	社区福利指标、 发展潜力指标、 升值空间、就业率、职住圈、投资潜力等相关指标	1	1.7%	1	2.5%	0	0

续表

大类	强制项指标	LEED-ND		BREEAM-Communities		绿色建筑评价标准	
		数量	占比	数量	占比	数量	占比
社会	社区和睦指标、 健康指标、 规划及形态指标、 交通及通勤、安全性、教育、文化、娱乐等相关指标	1	1.7%	2	5%	16	14.5%

　　三个评价体系中，环境相关指标都占据了最大部分，其次才是社会影响相关指标。这说明三个评价体系的强制项中都将环境影响作为最主要的得分及评价方面。需要注意的是，和另外三个不同，CASBEE-UD 评价体系中并没有涵盖强制必须达到要求的指标项，所有项均为评分项，并非为了达到认证标准的必须项或前提项。

　　从所有指标综合来看，大部分涵盖了社区级相关的评价内容，立足城市宏观视角，考虑资源环境、规划控制、人文社会、建筑群体设计相关等方面内容。另一方面，建筑层面的相关评价内容也是指标项所必须涵盖的。现针对评价体系的宏观社区层面与建筑单体层面指标进行分析统计，得到以下统计结果（不包括加分项）：

　　由表 1-5 可知，LEED-ND 评价体系建筑级的指标数量为 21 项，占指标总数的 40%；社区级指标数量为 32 项，占指标总数 60%；BREEAM-Communities 评价体系建筑级指标数量为 4 项，占指标总数的 10%，社区级指标数量为 36 项，占指标总数的 90%；CASBEE-UD 评价体系建筑级指标数量为 3 项，占指标总数的 9%，社区级指标数量为 29 项，占指标总数的 91%；绿色建筑评价标准建筑级指标数为 62 项，占指标总数的 62%，社区级指标数量为 38 项，占指标总数的 38%。所有评价体系的建筑级与社区级指标分布结果如下所示（图 1-10）：

　　从数据分布统计可以看出，LEED-ND、BREEAM-Communities 和 CASBEE-UD 评价体系中数量占比最多的是社区级指标，都占到了指标总数一半以上。值得注意的是，相比另外两个，LEED-ND 建筑指标占比为 40% 相对较多，而 BREEAM-Communities 和 CASBEE-UD 两个评价体系的建筑指标项占比仅为 10% 和 9%，但总体来看这三个评价体系还是将重点放在了社区级别的评价方面，尤其是 BREEAM-Communities 和 CASBEE-UD 评价体系，社区级指标项占据了总指标 90% 以上的内容。

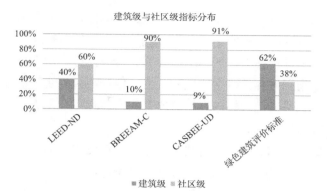

图 1-10　评价体系建筑级与社区级指标分布
来源：作者自绘

　　这样的分布侧重点可能与评价体系所坚持的可持续发展理念有关。为了抵制小汽车泛滥的城市问题，LEED-ND 倡导精明增长从而控制城市无序扩张蔓延；BREEAM-Communities 主张城市社区中社会、经济与环境三方面的有机增长，实现社区的可持续发展目标；CASBEE-UD 以建成环境综合性能评估为导向，综合考虑社区的环境质量与环境复合影响，从而将环境影响尽可能做到最低。所以国外三个评价体系将评价体系的重心都放在了社区级层面内容上。

　　与国外的社区级评价体系重心不同的是，在《绿色建筑评价标准》中，占指标总数绝大部分的是建筑类相关指标。经过统计，建筑级指标项占指标总数的 62%，而社区级的指标项只占总数的 38%。由此可以看出，国内的绿色建筑评价标准将主要关注点放在建筑单体的性能表现方面，体现节地、节水、节能、节材以及环境保护理念（住房与城乡建设部"四节一环保"）。也要看到，国内的绿色建筑评价标准借鉴了国外评价体系的经验，以建筑评价为基本出发点，也增加了社区层级的相关评价指标内容，但其仍然偏重建筑单体方面的评估。虽有社区级的评估内容，但从数量上来看并不会占据主要部分，相关内容的增补有待进一步完善。

　　3. 层级与权重

　　指标是构成评价体系的"基石"，权重反应了评价体系的各项指标的重要程度及评价倾向。所有评价体系的指标项都做到了相对完整的指标层级定性分类、指标项赋值量化。

　　从层级构架逻辑来看，评价体系首先针对评价类别进行一级分类，即评价指标大类。例如，LEED-ND 将一级指标大类分为精明选址及连通性、社区形态与设计、绿色基础设施与建筑、创新设计过程及区域优先五方面内容，旨在体现该评价体系强调的以社区"精明增长"为目标的综合性的可持续开发理念。一级评价大类下有具体细分指标项，即二级指标项。二级指标项对大类评价项应如何操作量化为具体的指标内容并赋予相应的分值，根据项目的实际情况进行打分。指标层级分类的目的是避免指标内容及赋值方式的随意性及主观性，同时也保持评价项目指标内容涵盖尽可能多的评价方面。

需要注意的是，和其他三个评价体系不同，CASBEE-UD 评价体系对环境质量 Q 的评价项目内，指标层级又分为了大项（Major item）、中项（Middle item）、小项（Small item）及微项（Minor item）四类。

经统计，LEED-ND 涵盖了一级指标数量共 5 类，二级指标数量共 59 项，其中包括前提项 12 项，评分项 47 项。BREEAM-Communities 一级指标层总共包含指标 5 类，二级指标数量 40 项。CASBEE-UD 包含一级指标共 6 大类，四级指标共 32 项。《绿色建筑评价标准》包含一级指标共 6 大类，二级指标总共 110 项，其中包含控制项 40 项，评分 60 项，加分项 10 项。

每个评价体系的指标分类及权重分配具有不同的方式。从指标构成来看（图 1-11），四个评价体系指标得分项并没有使用小数、分数或者负分，并且四个评价体系都不会出现扣分项目。小数在一定程度上可以反映指标精确性，在 LEED-ND, BREEAM-Communities 以及《绿色建筑评价标准》评价体系中得分项进行打分，过程中规避了小数及分数作为最终评分结果出现的情况，全部赋值为整数。例如，《标准》的评分结果为一星级 ≥ 60，二星级 ≥ 70，三星级 ≥ 85，并不会出现 60.5 这样保留一位小数的情况。

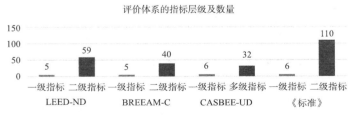

图 1-11　评价体系的指标层级及数量
来源：作者自绘

评价结果最后都采用直观根据得分情况划分的评价等级，这样做的好处是简化了复杂的评价打分过程，使得最后得分数据一目了然。但评价过程中不可避免地存在主观性的得分，例如，CASBEE-UD 评价体系在打分过程中会使用专家调查问卷法和 AHP 层次分析法（Analytic Hierarchy Process），难免增加评价结果的主观性影响。

另外，得分出现小数情况应该如何进行整数化的归类，对评价结果也有着很大的影响。CASBEE 将评价标准分别五大类，结果由低到高分别为 Leve l-Level 5。对于最终得分情况，如果为 3 分会被划分为标准等级 3 级（Level 3）里面，这样的分配方式相对合理；但如果最终得分在 2.99 分，将会被划分到标准等级 2 级（Level 2）里面。这样的归纳方式势必会对最终评级结果产生较大影响，对分值结果的归类产生偏差，可能不能如实反映建成环境绩效的评价。

4. 评级与认证

对于最终的评级结果，LEED-ND，BREEAM-Communities 和《标准》采用了较为相似的认证方式。LEED-ND 将项目最终评分结果分为四个认证级别：认证级（Certified）、银级（Sliver）、金级（Gold）以及白金级（Platinum）。BREEAM-Communities 评价体系的评分结果分为六个认证等级，分别是杰出（OUTSTANDING）、优秀（EXCELLENT）、很好（VERY GOOD）、好（GOOD）、通过（PASS）以及未通过（UNCLASSIFIED）。绿色建筑评价标准将评价结果划分为基本级、一星级、二星级以及三星级四个评价等级。三个评价体系最终得分采用各项类别分数线性相加求和的方式得到，然后予以相应的等级认证。

与 LEED-ND 和 BREEAM-Communities 求和计算最终分值的方法稍有不同的是，《绿色建筑评价标准》的最终得分等于，求得 5 大类指标项（Q1-Q5）、基础控制项 Q0、加分项 QA 三大类相加的和，除以 10 得到最终得分，以此得到相应的评级。这样做的目的可能是使最终的评价分数相对均衡一些。

从评级方法来看，CASBEE-UD 与另外三个评价体系有所差异。评分被划分为五个等级，分别为：优秀（S），非常好（A），良好（B+），较差（B）和差（C）。不同的是，每个等级均由特定的 BEE 值表示。CASBEE 引入 3D 虚拟场地边界，该界限包含评价对象内的整个城市运作系统，并且在定义的边界内部以及外部空间都进行单独评估。引入环境质量值 Q 值（environmental quality）和环境负荷值 L 值（environmental load）。CASBEE 所评估的每个项目都必须考虑环境质量和环境负荷相关方面，研究相关要素与 Q 值和 L 值的相互关联性。CASBEE 的评估工具为环境效率值（Built Environmental Efficiency，即 BEE 值），BEE 值是评价的关键核心内容，它由环境质量 Q 与环境负荷 L 的比值得到（图 1-12）。即：

环境效率值 BEE（UD）= 环境质量 Q（UD）/ 环境负荷 L（UD）

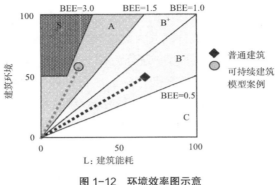

图 1-12　环境效率图示意
来源：CASBEE，2014

对于最后的得分（表 1-7），CASBEE-UD 并不是所有评分项得分的线性相加，而以最终 Q（UD）与 L（UD）求和值的二者比值来判断评级。具体表示为：在坐标系内，X 轴表示环境负荷 L，Y 轴绘制环境质量 Q，通过原点的直线斜率即评估结果 BEE 值。评估结果最终以图形方式呈现出了环境效率值的最终结果。通过图示可看出，通过原点（0，0）的直线斜率（即 Q／L 值）越大，即环境质量 Q 越高，环境负荷 L 越低，其 BEE 值越大，说明建成环境的绩效及可持续性越好。相反，直线斜率越小，即环境质量 Q 值越低，环境负荷值 L 值越大，其 BEE 值越小，说明建成环境的绩效及可持续性越差。所以，相比于其他评价体系，从建成环境绩效评价方面来看，CASBEE-UD 具有一定的优势。BEE 值计算结果对应相应的评价等级，图中显示了 C 级、B- 级、B+ 级、A 级和 S 级的范围区间。

得分情况统计图　　　　　　　　　　　　　　　　　　　　表 1-7
来源：作者自绘

体系名称	评级分类	评级结果	数学模型	算法	满分
LEED-ND	4	Certified，40 ~ 49 Silver，50 ~ 59 Gold，60 ~ 79 Platinum，≥ 80	X=SLL+NPD+GIB+IN+RP	线性求和	110分（含加分项）

续表

体系名称	评级分类	评级结果	数学模型	算法	满分
BREEAM-C	6	Unclassified，< 30 Pass，≥ 30 Good，≥ 45 Very Good，≥ 55 Excellent，≥ 70 Outstanding，≥ 85	X=GO+SE+RE+LE+TM	线性求和	119分
《标准》	4	基本级，满足控制项 一星级，≥ 60 二星级，≥ 70 三星级，≥ 85	$X=(Q0+Q1+Q2+Q3+Q4+Q5+QA)/10$	线性求和	110分（含加分项）
CASBEE-UD	5	Poor，< 0.5 Fairly Poor，0.5 ≤ BEE < 1.0 Good，1.0 ≤ BEE < 1.5 Very Good，1.5 ≤ BEE < 3.0 Excellent，BEE ≥ 3.0	$X=\sum Q(UD)/\sum L(UD)$	加乘混合	—

　　评价体系会根据最终的得分来确定相应的评级，即通过指标定量的控制方法来获得最终评级。评价体系得分制的评分结果其呈现方式虽然各异，但评价结果都非常明了直观，根据得分结果非常便于划分等级认证。

　　另外，各评价体系的认证流程也各异，对于 LEED-ND 评价体系，认证流程包含了注册、提交申请相关文件、文件审核及反馈、获得认证 4 个阶段；对于 BREEAM-Communities 评价体系，认证流程包含项目准备、注册登记、培训课程、施工现场访视、资料采集、报告准备、第三方检查、审核、认证 9 个阶段；对于 CASBEE-UD 评价体系，认证流程包含数据资料输入、Q 值和 L 值分值输入、可视化输出得分、最终认证 4 个阶段；以《绿色建筑评价标准》为参照，国内绿色建筑星级认证流程包含了：提交申报材料、形式审查、专业评价及反馈、专家评审及反馈、公示公告以及获得认证 6 个阶段。各评价体系流程见下（图 1-13）：

　　四个评价体系的认证流程虽有区别，但大致都经历了前期资料及数据提交、中期评价打分以及后期审核认证三大阶段。LEED-ND 和 CASBEE-UD 两个评价体系认证流程分为 4 级和 6 级认证流程的绿色建筑评价标准，而 BREEAM-Communities 评价体系需要 8 级认证流程，是所有体系中认证步骤最多的，其中主要增加了专业课程培训，施工现场考察两个流程。增加的环节为最后评价的可靠性提供了更多的保障。

图 1-13　评价体系流程图
来源：作者自绘

　　值得注意的是，我国的绿色建筑评价标准的流程中，在获得最后的评价等级认证前，增加公开公示环节。这样做一方面提高了社会公众的透明度，另一方面为鼓励公众参与也做出了努力尝试。

　　为了避免结果出现主观性，所有评价体系做出了一系列的尝试。通过建立数学模型以及指标数据可视化等方式，以利用量化数据的方式来增加认证结果的客观性。但不可否认的是，所有的评价体系都存在专家评审及专业评价过程，这一过程的结果取决于专家的专业水平与经验认知。为了减少任意打分及评分标准不一等情况的出现，评价体系会增加反馈调节、建设现场报告、数据量化处理、公示公告等环节以减少其数据主观性。

　　最后，不同评价体系获得认证后的有效期也各不相同。中国绿色建筑评价标准星级认证分为"设计标识"和"运行标识"，"设计标识"有效期 2 年，"运行标识"有效期 3 年，到期后需要重新申请认证。中国是美国以外 LEED 最大的认证市场，获得认证后终身有效。英国 BREEAM 认证其有效期为 3 年，但 3 年之间评估师必须审查资产是否有更改。CASBEE-UD 评价体系认证保持在施工结束 3 年内有效。

1.4.4　思考与启示

1. 评价理论框架

　　现有相关研究来看，针对特定的居住区的绿色性能评价，评价体系只涵盖了有限的范围和一些特定方面，并没有一个评价体系能全面涵盖居住区绿色性能评价标准。就目前的评价方式而言，缺乏多维度的系统整合。

LEED-ND、BREEAM-Communities、CASBEE-UD 以及《绿色建筑评价标准》4 个评价体系并非把居住区作为唯一的评价对象，而是以城市中的区域社区规模（Neighborhood、Communities、Urban scale）作为主要评价对象。而对于社区规模的范围定义，往往是模糊的，不同专业也有着不同的理解，在学术界对社区并没有统一的定义。

通过对评价体系的对比研究，可知都会涵盖部分居住区级别的绿色性能评价相关内容，但并不完整。通过对涵盖居住区绿色性能评价相关内容的分析，主要提取规划选址、资源能源、生态环境、建筑宜居、人文社区、经济效率六个居住区绿色性能（Green Performance）维度。其中每个维度下涵盖方方面面的相关指标。评价框架如图，以此框架为基础，研究探索居住区的绿色性能评价方向与标准。

在这六个维度的框架下（图 1-14），居住区绿色性能评价包含了许多相关专业领域。架构不仅涵盖了诸如生态、能源及环境等相关物质性要素，也涵盖了社会人文等与人紧密相关的要素。其中，规划选址维度包含土地利用相关方面、自然生态、基础设施建设等相关方面；资源能源维度包括了自然资源利用管理、回收管理、环保材料、建筑能耗等方面；生态环境包含了生态群落、微气候、绿化覆盖、水体廊道等方面；建筑宜居包括了自然通风、围护结构、噪声控制、建筑能耗、建筑材料、耐久性等方面；人文社会包括了功能混合、开放社区、宜步行街区、交通安全、历史文化等方面；经济效率包括了信息服务、基础设施、人口经济、产业与城市融合等方面。

指标之间并不能孤立看待，为了增加指标之间的相关联性，研究应不仅局限于建筑单体层面，应综合考虑城市、社区及建筑三方面的内容，以此建立综合的评价视角。从三者联系性来看，小范围的建筑群落构成了居住区基本元素，居住区是城市结构的重要组成，城市为居住区提供了公共服务和基础设施，居住区也与城市共享自然资源、信息数据与经济成果。因此，居住区实际上是由城市—社区—建筑构成的综合网络系统，系统里的各部分有机相连，相互影响。

从城市评价要素看，以城市设计和总体规划作为主导方式。例如通过采取合理分配城市人口及相关产业、保护城市及周边区域的湿地水体、工业区污染棕地修复、城市基础设施建构、制定生态修复策略等宏观调控手段，从而提高居住区域总体环境性能；从社区评价要素看，以治理管控和技术手段作为主导方式。通过采用高效的雨水回收管理，创造舒适微气候环境，宜步行街道设计，废物高效

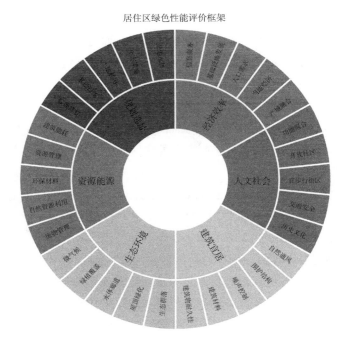

图 1-14　六个维度的框架图

来源：作者自绘

回收利用系统，建立开放的居住、娱乐、商业、教育功能混合性社区等治理与设计手段，从而提升居住区社会及经济能效；从建筑评价要素来看，以提高宜居性为出发点，利用环境控制与建筑设计等手段，例如提高绿化覆盖，采用降低建筑能耗的建筑设计，良好的噪声污染控制等，从而增加居住建筑绿色性能。

2. 评价体系局限

评价指标灵活性：各国绿色建筑研究发展迅速，可持续发展观念始终处于不断更新状态。静态评价标准是否能够适应当下社会经济变化，紧跟绿色建筑发展脚步，精准反应绿色建筑的评价各方面要素，值得思考和研究。静态评价内容属于评价体系的主要基础架构部分，也是指标体系不能缺少的必要内容，例如所有的评价体系都会涵盖如温室气体排放、水资源利用等共同的环境相关指标。但这些指标也应根据时代发展趋势，对已经定性的评价内容进行适当调整更新、对量化的权重赋值系统进行合理重新分配，以增加适应性。另外，体系也要考虑设立创新项及加分项以增加灵活性。例如 LEED-ND 中的区域优先项及创新项、我国的《绿色建筑评价标准》中的加分项，这些部分属于灵活的动态评价内容，鼓励建筑进行创新设计，也是评价体系发展过程中需要重视的部分。

数据化标准：所有评价体系都采用了得分制确定最后的评级，采用可视化方式，最后的结果简明而直观。从构成来看，评价结果由定性评估标准和量化数据标准两部分组成。定性的标准有生态价值、土地利用、服务水平、区域管理、安全性能、历史文化价值等方面。定量数据标准有水资源消耗、温室气体排放、能源利用等方面。然而，一些评价指标可通过数据量化确定，例如，LEED-ND 评价体系中绿色基础设施与建筑项（GIB）对于室外水利用的规定，如果灌溉用水量减少到标准量的 30% 得 1 分，减少 50% 得 2 分。但另一些属于定性类的指标，例如 BREEAM-Communities 体系中的土地生态项、社会福祉项，CASBEE-UD 评价体系中的基础设施便利性、逻辑化管理等，评级标准也会采用得分方式。

分数代表了最后评级，结果本身并不存在问题，但评价打分的过程也需重视。因为评价的过程中有专家参与打分，专家的知识储备和专业经验往往会对得分结果有较大影响。为了提高从业人员的专业水平，减少随意的主观性打分影响，一些评价体系制定了专业考核标准。例如 LEED 非常注重专业技术考核环节，制定了初级的 LEED GA（Green Associate）和专业级 LEED AP（Accredited Professionals）的考核认证。另外，纳入更多相关机构与部门、多元专业背景专家共同参与、鼓励公众的参与、及时的反馈机制等在制定评价标准的过程中也需同步考虑。

3. 本土化应用

LEED-ND，BREEAM-Communities，CASBEE-UD 是国外应用广泛的城市区域级别的绿色性能评价标准体系。其中，LEED-ND 与 BREEAM-Communities 在我国也有广泛的认证项目。住建部发布的《绿色建筑评价标准》是国内最权威的评价建筑绿色性能类的标准体系。为了实现评价绿色性能的最终目标，由不同国家开发的评价体系采用了各自的评价分类、衡量标准与性能指标，具有不同的研发背景以及评价目的。

评价体系虽然都是以实现最终可持续发展评价为系统研发目标，但具体评价内容又各有侧重：受城市蔓延和小汽车泛滥影响，美国的 LEED-ND 评价体系将重心放在了绿色选址和精明增长上面，所以其分类中的精明选址与连通性、社区形态以及绿色基础设施在评分内容中占了很大比重；英国的 BREEAM-Communities 评价体系立足于英国规划与政策，根据不同区域的实际情况，其内容侧重于社会经济相关方面的可持续发展的关注，故社会经济福祉指标项占了很大权重分配；日本的 CASBEE-UD 评价体系以建成环境效率作为评价标准出发点，其核心内容为加乘算法模型求环境效率 BEE 值，从而得出评价对象的环境效能评级。而受到资源浪费等国情的影响，国内的《绿色建筑评价标准》更加关注材料利用及节约资源等方面内容。

虽然我国城市化进程突飞猛进，城市发展更加"国际化"，但与国外相比，我国也存在特殊的国情。国外评价体系的研发与应用建立在国外的国情之上，环境、经济、社会、文化等方面与我国存在很大差异，同时我国不同区域也存在发展不均衡的现象。所以，国外的评价体系在国际化的标准、法规制度、建筑设计规则、历史文化传承、日常生活方式与建设文化上与我国存在许多差异。相比而言，我国的政策法规、施工技术、建设运营等方面与国外标准也不可能具备在同一语境下全部应用的条件。

虽然诸如 LEED，BREEAM 等评价体系在我国也取得了广泛的实践，但也可能面临"水土不服"的问题。对此，我国相关政策与标准的制定以及设计与评价等过程应立足于本国国情，一方面参照借鉴国外评价体系的国际化成功经验；另一方面，不能完全地照搬国外评价体系，而应探索出适合我国国情的居住区绿色性能评价方式，真实而全面反映地域性标准内容与指标数据。

总体上，针对建筑类的绿色性能评价，国内外评价体系发展相对完善并且应用广泛，但目前能够全面评价居住区级别的绿色性能体系仍然欠缺。美国的 LEED-ND，英国的 BREEAM-Communities，日本的 CASBEE-UD 以及国内的《绿色建筑评价标准》评价体系虽有涉及居住区级别的相关内容，但并不完整，指标在结构上缺乏整体构建。居住区作为城市结构的一部分，其绿色性能表现不仅影响整个城市的可持续发展，也与人们日常生活息息相关，有必要增加专门针对居住区绿色性能评价的内容，进一步完善绿色性能评价体系建构。

2

居住社区绿色性能目标及要素体系

The Target And Element Of Green Performance For Residential Community

2.1 居住社区绿色设计目标体系

随着国际上关于可持续街区、生态住区等理念和实践的发展，伴随着新版绿色建筑标准的推广，绿色住区的内涵得到扩展。现阶段，绿色住区设计的重心不再限定于"四节一环保"和绿色住宅建筑，而是构建安全、舒适和便利的住区人居环境。绿色住区的研究对象逐步从单体建筑向建筑群体、绿化和下垫面等要素转变，研究目标也由舒适的住宅建筑室内环境转变为舒适宜居的住区室外环境。

在绿色住区设计标准和规范中（《绿色建筑评价标准》，2019），住区室外环境舒适性评价被简化为要求室外物理环境达标，主要包括室外风、光、热湿等微气候环境指标，以及声环境指标满足舒适性要求。此外，根据国内外宜居住区研究（赵玉玲，2016），宜居的住区室外环境不仅需要具有良好的室外物理环境舒适度，也具有宜步行性。本节的住区室外环境舒适度研究，主要包括住区室外微气候舒适性，声环境的健康性，以及住区空间结构宜步行性三大范畴。

2.1.1 微气候环境舒适性

关于如何对城市微气候环境进行评价，如何量化表达人体在不同微气候环境下的舒适性程度，在学界始终具有广泛的关注度。据统计，近百年来已提出了百余种微气候舒适性评价指标，建立过大量用于描述热舒适和热应力的模型，其中1905—2005年间有近40种微气候舒适性指标正在或曾经被运用过（Epstein Y，2006）。

波兰科学院的Blazejczyk，曾将以温度为输出单位的热感觉指标分为三类（Blazejczyk K，2012）：第一类，综合多个气象变量的简单指标，热环境下主要包括热应力指数（Heat Stress Index，即HSI）、湿球黑球温度（Wet-bulb Globe Temperature，即WBGT）和热指数（Heat Index，即HI）等，主要用于人体热安全研究，防止极端环境下的热过劳和热损伤现象（张伟，2015）；第二类，基于稳态热量平衡模型的指标，稳态热量平衡模型假设环境条件稳定时人与环境长时间接触并达到热平衡，这类指标提出的时间较早，代表性指标包括ASHRAE（Atlanta，1997）在1923年提出的有效温度（Effective Temperature，即ET）及其修正指标标准有效温度（Standard Effective Temperature，SET）（Gagge.A.P，

1971），以及 Fanger 教授 1970 年提出的预测平均热感觉指数（Predicted Mean Vote，即 PMV）（Fanger. P，1972）等；第三类，基于动态传热模型的热舒适指标，与稳态模型不同，动态传热模型考虑人体热负荷时刻变化的影响。现阶段的室外热舒适研究主要采用动态模型指标进行评价，如德国的 Höppe 和 Mayer 在 1987 年基于慕尼黑人体热量平衡模型（Munich Energy-balance Model for Individuals，即 MEMI）提出的生理等效温度（Physiological equivalent temperature，即 PET）（Höppe. P，1999）及 Bruse 结合 ENVI-met 建立的动态生理等效温度（dPET）（Bruse M，1993），Fiala 等人在 2001 年根据体温调节多节点模型建立的通用热气候指数（Universal Thermal Climate Index，即 UTCI）（Fiala D，2001）等。

　　人体热舒适性的综合评价指标众多。微气候环境下，人体热舒适性主要受微气候环境和人为要素的综合影响，相关的主要影响因素主要有 7 个（表 2-1）。不同热舒适评价指标的具体相关参数具有一定差异（表 2-2）。其中微气候环境指标共 4 个，包括空气温度（Ta，即干球温度）、相对湿度（RH，也可为湿球温度 Tw）、风速（V）、平均辐射温度（$Tmrt$）。

决定微气候舒适性的 6 个关键参数　　　　表 2-1

来源：Epstein and Moran，2006

类别	编号	参数	符号	单位
微气候环境要素	1	空气温度（即干球温度）	Ta	℃
	2	相对湿度（或湿球温度）	RH（或 Tw）	%
	3	风速	V	m/s
	4	平均辐射温度	$Tmrt$	℃
人为要素	5	新陈代谢率	Met（或 M）	W/m²
	6	服装热阻	clo	—
	7	皮肤湿润度	im	—

热舒适性综合指标的相关参数　　　　表 2-2

来源：张伟、丁沃沃，2015 绘制

指标名称	年代	参数							
		空气温度	湿度	风速	辐射换热	服装热阻	人体代谢率	表皮温度	皮肤湿润度
WBGT	1957	√	√	√	√				

续表

指标名称	年代	参数							
		空气温度	湿度	风速	辐射换热	服装热阻	人体代谢率	表皮温度	皮肤湿润度
HI	1990	√	√						
ET	1923	√	√	√					
HSI	1955	√			√		√		
SET	1971								
PMV	1970	√	√	√	√	√	√	√	
PET	1987	√	√	√	√	√	√	√	√
UTCI	2001	√	√	√	√	√	√	√	√

其中，平均辐射温度（Mean Radiation Temperature，简称 $Tmrt$）是指一个假想的等温围合面的表面温度，它与周围环境的辐射热交换等于周围实际的非等温围合面与其之间的热交换量（Atlanta，2001），包括了所有长短波辐射通量。在夏季炎热气候下，Tmrt 是影响人体能量平衡和热舒适的重要参数。按以下公式进行计算：

$$Tmrt=[（Tg+273）4+（1.10×108V0.6）（Tg-Ta）/\varepsilon R0.4]1/4 -273 \qquad （式 2.1）$$

式中，$Tmrt$ 为平均辐射温度，单位为℃；Tg 与 Ta 分别为黑球温度和空气温度，单位为℃；v 为风速，单位为 m·s；R 为黑球半径，单位为 m（李丽，2015）。

人为要素主要受人体新陈代谢率（Metabolic Rate，即 Met）和服装热阻（clo）影响。研究中，通常需要根据研究人群的行为特征和季节特征得出这两个参数的经验值，再进行热舒适性综合指标计算。人体新陈代谢率由人体活动类型和活动强度决定（表 2-3）（Havenith G，2002），根据 ISO 8996 人体静坐或站立时的新陈代谢率约为 70 ~ 100W/m^2，以 4km/h 的速度走 35s 时的新陈代谢率为 165W/m^2，肩扛 30kg 的重物 50s 的新陈代谢率约达 250W/m^2（ISO 8996，1990）。服装热阻一般通过查表得到，在 ASHARE RP-884 和 ISO 9920 等标准均有对应表格。Franger 试验中服装热阻主要在 0.3 ~ 1.2clo 之间，通常夏季服装热阻取值为 0.3 ~ 0.6clo，而冬季取值为 0.8 ~ 1.2clo（王海英，2009）。

不同活动等级下的人体新陈代谢率　　　　　　表 2-3

来源：Havenith G，2002

活动等级	平均新陈代谢率（Met，W/m²）	活动示例
休息	65	休息
低	100	静坐 / 站立
中	165	持续的手或手臂活动
高	230	高强度活动
特别高	290	强度极高的极限活动

1. WBGT（Wet Bulb Globe Temperature）

湿球黑球温度（WBGT）是综合评价人体接触作业环境热负荷的一个基本参量，单位为℃，是国际上应用最广泛的热安全评价指标之一。国家标准《热环境根据 WBGT 指数（湿球黑球温度）对作业人员热负荷的评价》中，WBGT 综合考虑了空气温度、湿度、风速和太阳辐射的影响。WBGT 与出汗率具有良好的相关性，已成为高温作业或户外活动的主要热负荷指标（闫业超，2013）。

国际上，美国和澳大利亚等地区，根据 WBGT 指标制定室外运动训练的热安全性建议（表 2-4）（Raven P，1991）。当 WBGT 高于 28℃时，除了耐受力较强的人群，建议减少室外活动；而高于 30℃时，室外过热，不推荐进行室外活动。在国内，国家标准《城市居住区热环境设计标准》中要求居住区夏季逐时 WBGT 不能超过 33℃。

基于 WBGT 指标的室外运动训练建议　　　　　　表 2-4

来源：Raven，1991

WBGT（℃）	室外活动建议
< 18	不限
18 ~ 23	对可能增加热应力的活动保持警惕
23 ~ 28	对适应性不佳的人群，减少主动的室外活动
28 ~ 30	除了适应性良好的人群，其他所有人都应减少主动的室外活动
> 30	不可进行室外活动

2. PMV（Predicted Mean Vote）

预测平均热感觉指数（PMV）是国际通用的热舒适性评价指标之一。国内的室内环境热舒适评价主要采用 PMV 和预计不满意者的百分比（PPD）指标。PMV 热舒适模型与 4 个微气候环境要素（Ta、RH、V 和 $Tmrt$）和 2 个人为要素（Met 和 clo）影响。PMV 指标将热感觉分为 7 个等级：冷（-3）、凉（-2）、稍凉（-1）、适中（0）、稍暖（+1）、暖（+2）和热（+3）。根据国家标准（GB/T 18049—2017），供暖与空调的室内热舒适性满足热舒适度等级 I 级时，要求 $-0.5 \leqslant PMV \leqslant 0.5$，$PPD \leqslant 10\%$；热舒适度等级 II 级时，要求 $-1 \leqslant PMV \leqslant 1$，$PPD \leqslant 27\%$。

然而，已有研究指出 PMV 对于室外环境和夏季偏热环境的热舒适性会出现预测失效的问题。Nikolopoulou 等通过现场实测和软件模拟预测得出，对于室外热舒适性，PMV 与实际热感觉投票具有较大偏差（Marialena Nikolopoulou，2001）。朱颖心等指出在夏季偏热环境下，由于温度过高和缺乏对人体热适应的考虑，PMV 出现预测失效问题（朱颖心，2008）。

3. PET（Physiological Equivalent Temperature）

人体生理等效温度（PET）是在慕尼黑人体热量平衡模型（MEMI）基础上，综合考虑了人体自身生理因素以及气象要素对热舒适影响的室外热舒适评价指标，是目前常用的室外热环境的评价指标之一。PET 定义为给定环境下的生理平衡温度，数值等于典型室内环境下达到室外同等热状态所对应的气温（Höppe P，1999）。PET 指标受到微气候环境要素和人体活动、服装以及个体参数的综合影响。不同于 PMV，MERI 模型能计算给定环境下真正的热量流和人体温度（包括皮肤温度、体内温度和对应的出汗率）（闫业超，2013）。表 2-5 为 Höppe 给出的根据不同季节、天气场景下的 PET 值示例。由表可知，PET 对 $Tmrt$ 具有较高敏感度，夏季同样温度、风速和湿度环境下，人体由太阳直射（$Tmrt=60℃$）场景换到有遮阴场景（$Tmrt=30℃$）时，PET 值由 43℃骤降到 29℃；此外，室外风速值对 PET 具有显著影响，冬季风速增加时 PET 显著降低。

PET 在德国被用作评估城市或区域规划室外气象的主要评价指标之一，如柏林、斯图加特、卡塞尔和弗赖堡等城市的市环境气候图均有城市区域的 PET 值图示（任超，2012）。在温带、热带等地区的室外热环境研究显示，即使针对城市中既有建筑区域中复杂的遮阳条件下，PET 依然能够准确地预测室外环境的综合水平（Matzarakis A）。在国内，香港和台湾地区也广泛采用 PET 作为室外热舒适评价指标。

几种场景下的 PET 值 表 2-5

来源：Höppe，1999

场景	Ta（℃）	$Tmrt$（℃）	V（m/s）	VP（hPa）	PET（℃）
典型房间	21	21	0.1	12	21
冬季，晴天	−5	40	0.5	2	10
冬季，遮阴	−5	−5	5	2	−13
夏季，晴天	30	60	1	21	43
夏季，遮阴	30	30	1	21	29

4. UTCI（Universal Thermal Climate Index）

通用热气候指数（UTCI）（Fiala D，2001）是在世界气象组织（WMO）气候学委员会指导下，通过欧洲科学与技术合作计划 730 号行动将来自 23 个国家的 45 位各领域专家共同建立的基于多节点模型的综合热舒适性指标（Jendritzky，2012）。UTCI 模型不仅考虑微气候环境要素影响，也细致地考虑了人体热适应（分为人体热调节主动系统和人体内部传热被动系统）。由于 UTCI 结构复杂、考虑因素众多和预测准确性高，目前已广泛运用于全球热舒适研究领域（Blazejczyk K，2012）。

对于不同的热舒适性评价指标，Sajad Z 等在 Blazejczyk K 的研究基础上给出不同热舒适指标的热舒适性数值区间（表 2-6）（Sajad Z，2018）。此外，F. Binarti 等通过分析 31 个国际上湿热地区（Hot-Humid Regions）热舒适研究结果，得出湿热地区 UTCI 的热中性温度为 19.7 ~ 28.5℃，PET 的热中性温度为 21 ~ 30℃（Fba B）。国内研究总结的 UTCI 热舒适范围为 9 ~ 26℃，PET 的热舒适范围为 26 ~ 32℃（刘滨谊，2017）。在上海地区，UTCI 值为 26 ~ 32℃时一般也可以接受，当夏季室外 UTCI 值超过受热临界值 35.5℃（唐进时，2015），则热得难以接受；冬季 PET 的热舒适温度范围略低于常规范围，为 15 ~ 29℃（Liang Chen，2015）。

本课题组王一教授等 在上海中心区开展的室外热舒适实测与热感觉投票结果（Thermal Sensation Vote，TSV）对比研究中，通过微气象站实测结果和热感觉问卷结果的相关性分析得出，在上海地区夏季采用 UTCI 计算得到的户外热舒适结果与主观感受更为一致（R2 ≈ 0.963），冬季则采用 PET 指标更能体现使用者室外热感觉（R2 ≈ 0.814）（王一，2020）。

WGBT，PMV，PET 和 UTCI 的热感觉数值差异　　　表 2-6

来源：Blazejczyk K，2012；Sajad Z，2018

热感觉	热舒适指标（单位℃）			
	WGBT	PMV	PET	UTCI
特别冷		−3	< 4	< −27
冷		−2.5	4 ~ 8	−13 ~ −27
凉		−1.5	8 ~ 13	0 ~ −13
稍凉		−0.5	13 ~ 18	0 ~ 9
舒适	< 18	0	18 ~ 23	9 ~ 26
稍暖		0.5	23 ~ 29	
暖	18 ~ 23	1.5	29 ~ 35	26 ~ 32
热	23 ~ 28	2.5	35 ~ 41	32 ~ 38
特别热	> 28	3	> 41	> 46

　　综上，对不同空间形态下住区室外微气候环境研究中，采用基于动态传热模型，且适用于室外环境评价的 PET 和 UTCI 进行热舒适性评价。两个指标均受微气候环境和人为要素的综合影响，但指标模型具有一定差异。

2.1.2　声环境健康和舒适性

　　室外声环境评价，主要通过定量控制住区环境噪声值，以防止过大的环境噪声影响居民的听闻、干扰居民的生活和工作，妨害居民健康。室外环境噪声主要有交通运输噪声、工厂噪声、建筑施工噪声、商业噪声和社会生活噪声等。根据时间分布差异，环境噪声通常分为稳态噪声、脉冲噪声和随机分布噪声（吴硕贤，2000）。

　　早有研究证实噪声暴露（Noise Exposure）对听力、睡眠、工作效率，甚至出生率等健康问题（Passchier-Vermeer W，2000）具有影响。长时间的噪声暴露（用等效连续声压级 Leq 表征）和烦扰（Noise Annoyance）之间具有直接关联（Schultz T J，1978）。为保证声环境安全和健康，不同国家和地区均通过环境噪声评价来控制城区噪声污染。国际上对环境噪声的评价，大多采用测量一段时间内的等效连续 A 声压级 LAeq 或测量统计百分数升级 LN 作为主要评价指标。不同地区环境噪声评价量通常在 LAeq 和 LN 的基础上发展而来，而在取值时段和噪声限值具有一定差异。

关于环境噪声评价的取值时段：国际上通用的环境噪声取值时段分为昼间（Day）、晚间（Evening）和夜间（Night）三段。各个国家关于三个时段的具体时间区间具有一定差异，通常昼间是指 07：00 ~ 19：00，晚间指 19：00 ~ 23：00，夜间是指 23：00 ~ 7：00（荷兰标准）。而国内标准中，将环境噪声的取值时段简化为昼间（Day）和夜间（Night）两个时段，昼间是指 6：00 ~ 22：00，夜间是指 22：00 ~ 6：00。

关于环境噪声的限值，不同国家和地区具有显著区别（康健，2011）。世界卫生组织（WHO）对社区户外噪声的限值根据昼间和晚间（相当于国内标准的昼间时段）的 LAeq 值分为两档：中等烦扰程度时，昼间和晚间的 LAeq 不高于 50dB（A）；严重烦扰程度时，昼间和晚间的 LAeq 不高于 55dB（A）；欧盟规定住区噪声低于 55dB 为安静区域（Berglund B，1999）。

美国环境保护局布的等级文件（US EPA 1974）中，将昼 - 夜平均声级 Ldn（即 DNL，由夜间连续等效 A 声级计算得到）作为主要噪声描述量，设定 Ldn 为 55dB（A）为户外活动需要设置防护，是防止噪声干扰的边界值。

英国指定规划政策指导性说明 24（即 PPG24）按照噪声暴露等级（NEC）对环境噪声进行评级以决定特定地块是否可以进行新建住宅开发，NEC 的主要参考值即为夜间时段 8 小时的连续等效 A 声级 LAeq，8h。NEC 分为 A ~ D 四级。对于道路交通为主要噪声源时，LAeq，8h < 45dB（A）时 NEC 为 A 级地块，住宅开发可不考虑噪声影响；45dB（A）< LAeq，8h < 66dB（A），NEC 处于 B ~ C 级，需要采取降低噪声影响措施后才能进行住宅开发；而地块为 D 级时，即 LAeq，8h > 66dB（A）时，一般不可进行开发（Portal P，1994）。

在国内，根据国家标准《声环境质量标准》，环境噪声限制基于昼间连续等效声压级 Ld 和夜间连续等效声压级 Ln 分别设定限值，分成五大类声环境功能区（表 2-7）。对于住区要求高于 2 类声环境功能类别，其中住宅楼有底商时，底商部分按照 2 类区域声环境标准，即 Ld ≤ 60dB（A）且 Ln ≤ 50dB（A）；上部住宅部分则参考 1 类区域，要求 Ld ≤ 55dB（A）且 Ln ≤ 40dB（A）（苏琰，2007）。

此外，新版《绿色建筑评价标准》规定，场地内环境噪声参考按照国标《声环境质量标准》分为两档：环境噪声 ≤ 2 类（即昼间 ≤ 60dB，夜间 ≤ 50dB）得此类别满分；环境噪声处于 2 类和 3 类之间（即 60dB <昼间 ≤ 65dB，50dB <昼间 ≤ 55dB）得此类别分值半数。相对而言，国内要求较为宽松。

环境噪声限值   表 2-7

来源：声环境质量标准，2008

声环境功能区类别		时段	
		昼间（dB）	夜间（dB）
0 类		50	40
1 类		55	45
2 类		60	50
3 类		65	55
4 类	4a 类	70	55
	4b 类	70	60

根据中华人民共和国生态环境部公布的声环境调查数据（2016 年），对国内三百多个地级及以上城市进行区域声环境监测，昼间城区等效 A 声级的平均值为 54dB，昼间道路交通等效 A 声级平均值为 66.8dB（罗雪寒，2018）。国内有研究指出，城市环境中噪声 75% 来自交通噪声，而交通噪声主要来自汽车噪声，声压级多在 80 ~ 90dB（A）以上（刘思范，2015）。对于城镇住区，住区街坊附近的道路交通噪声对室外声环境具有显著影响，属于典型的随机分布噪声。城镇住区设计中需重点关注临街一侧的室外噪声值，缓解道路交通噪声的不利影响。此外，对于高层建筑，环境噪声的垂直分布研究表明，Ld 随着建筑高度的增加，呈现先增加后减少的分布特征，当建筑高度约为 22m（约 7 层）时噪声值最大（娄金秀，2014）。

此外，对于公共活动空间周边住宅需单独进行声环境测评，避免由于居民聚集、广场舞和交谈等活动产生的间歇式点声源的干扰。对于实在无法满足要求的住宅建筑，可采用调整建筑构件选型缓解噪声干扰，具体措施包括：阳台采用实体栏板，阳台顶布置穿孔板吸声构造，减少窗户面积，以及临街一侧布置对噪声不敏感的房间，如厨房、浴室、储藏室等（苏琰，2007）。

综上，城市环境噪声对居民身体健康和生理健康具有多种负面影响，长时间的噪声暴露容易产生听力受损、睡眠障碍和烦扰等问题。为保证声环境安全和健康，国际上已有大量研究建立了环境噪声评价机制。在国内，城市住区声环境评价主要采用昼间连续等效声压级 Ld 和夜间连续等效声压级 Ln 作为评价指标。

2.1.3 步行环境可达性和可见性

步行是最常见的中等强度活动，多步行对人体健康具有诸多益处（Hayashi，1999）。在当代以机动车为主导的城市环境下，改善步行环境的重要性已成为共识（Ogilvie. D，2004；孙彤宇，2012）。构建宜步行性的城市空间，是城市空间的人性化回归（孙彤宇，2017）。在此，城市空间的宜步行性，是指城市建成环境对于步行的友好程度（Abley. S，2005）。"宜步行"英译为"Walkable"，在相关研究中也有译作"可步行""步行化"等。关于城市步行环境和步行活动的组成，如何构建宜步行的城市空间，以及住区步行环境的宜步行评价内容等，已具有了广泛的研究基础。

在美国，有研究针对城市规划中机动化向步行化转变的趋势，提出成功的步行网络设计的要点在于连通性、小尺度地块、安全、人行道质量和路径环境等（Southworth M，2005）。也有学者将步行化分为四个层级：有用的步行、安全的步行、舒适的步行和有趣的步行（Jeff S，2013）。在欧洲，户外活动被分为三种类型：必要性活动、自发性活动和社会性活动（杨·盖尔，1992）。在澳大利亚，有研究将社区步行活动分为步行通行活动（Walking for Transport）和步行交往活动（Walking for Recreation）（Owen. N，2007）。按照户外活动类型分类，步行通行活动可被视作必要性活动，而步行交往活动属于自发性和社会性的户外活动。

目前，国内外关于步行环境的调查和评价的指标和体系众多，如全球步行环境指标（Global Walkability Index），美国的步行指数（Walk Score，2007）（卢银桃，2012），以及中国城市步行友好性评价（2014）等。其中，Globel Walkability Index 关注安全、便利和政策 3 个维度（刘畅，2019）；Walk Score 主要根据路网情况和设施水平进行单点或面域的公共设施步行可达性测度；而城市步行友好性评价在 Walk Score 的基础上，增加了步行环境安全、舒适、便捷和政府管理等维度的测评。空间句法研究报告中，通过英国 9 个城镇的案例研究得出，步行指数（Walkability Score）与空间税务价值（Spatialised Rateable Value）的相关性达 0.84，其中空间税务价格受当地空间结构特征影响。

此外，也有众多学者提出各类步行环境评价的量化指标。有学者通过文献综述梳理建成环境中与步行活动有关的要素，主要包括可达性、功能混合、密度、美观、步行道、街道连接度、安全性和社区类别（Saelens. B，2008）。国内有研究将城市公共空间网络的可步行问题归纳为三类尺度问题：形态尺度的空间形态问题，视觉与感知向度的空间环境易读性和视觉丰富性，以及功能尺度的活性界面和机动车流量问题（李怀敏，2007）。有学者基于关联度、均好性和可达度3 类指标评价高校校园步行环境品质，提出良好的校园步行空间设计中应不断完善不同公共区域之间的关联性，主要建筑的均好性和步行道路的可达性（刘畅，2019）。有学者指出具有"小尺度、密路网"（孙彤宇，2016）、沿街界面开放、公共空间网路化（赵玉玲，2016）等空间特征的街坊更易于开展步行活动。也有研究指出步行网络的便捷性是影响步行环境满意度评价的主要影响因素（陈泳，2012）。此外，对于住区步行环境，有学者提出宜步行的住区需着力于建立步行路径、公共空间、住宅建筑和裙房建筑之间的耦合关系，使得住区内部步行空间能够为居民提供丰富的功能和空间支持（孙彤宇，2017）；住区步行环境与城市环境连成一体，住区空间"可见即可达"（孙彤宇，2018）。

总的来说，现阶段关于城市步行环境的评价和研究主要从 3 个方向展开：1. 缓解机动交通干扰，保障步行活动安全；2. 以建筑为导向，为步行活动提供多样的空间和功能支持；3. 构建步行空间网络，提升步行活动可达性。本研究住区空间环境要素对步行环境的影响，因此重点关注第 3 个方向，即通过完善步行空间网络提升步行环境的可达性。

可达性（Accessibility）是指空间网络中各节点作用机会的大小（Hansen W.G，1959），是描述城市空间网络的重要指标（李勇，2020）。可达性主要包含两层含义：节点作为吸引点所能提供的"机会"多少和获取"机会"所需花费的时间和距离成本（庄宇，2016）。在步行空间网络研究中，良好的可达性是步行环境具有便捷性的基础。对于步行者，可达性研究分为步行网络的通行可达性和视觉可达性两种范畴。

关于步行环境可达性的量化研究，基于图论（Graph Theory）的空间句法是最常用的方法之一。空间句法（Space Syntax）（Hillier B，1984）是 20 世纪 70年代由英国伦敦大学的 Bill Hillier 和 Julienne Hanson 等提出，基于"视觉轴线"的图示法，将城市空间抽象为彼此相交的直线段，通过计算它们之间的拓扑连接，进行城市空间分析理论和方法（Bafna Sonit，2003；张愚，2004；Hillier B，1996）。在国内，自 1985 年起，已有大量研究采用空间句法进行空间形态组构的量化分析、空间与认知的关系分析，以及空间与社会经济关系等研究（段进，2015）。同时，空间句法工具已在北京、上海、成都、长春等城市或区域规划设计实践中发挥作用。自 1997 年起，每两年举办一次的国际空间句法研讨会已成为空间句法研究领域学术交流和成果展示的重要平台（王静文，2010）。

空间句法主要采用三种图形进行空间结构分析，包括轴线图（Axis Map）、线段图（Segment Map）和视域分析图（Visibility Graph）。其中，轴线图和线段图用于分析线性空间，得到的轴线图结果以深度（Depth）、整合度（Intergration）和选择度（Choice）等指标来表达空间拓扑可达性（庄宇，2016）。而视域分析图用于分析建筑内部空间、城市广场和城市区域等非线性空间，得到视线深度（Visibility Depth）、视线整合度（Visibility Intergration）、视觉聚类系数（Visual Clustering Coefficient）等（深圳大学建筑研究所，2014）。

空间句法轴线图，是按照既定规则，用直线去概括空间，将空间转译成一组由直线段组成的系统。2004 年后，采用"选用尽可能少，并尽可能长的线段来表达空间，且这些线段要彼此相交"作为直线段的生成规则（Penn A，2004）。而线段图，则是在轴线图基础上，自动生成的一种更为精细的城市空间拓扑结构。线段图基于街道网络特征，综合考虑了街道的拓扑连接、米制距离关联和角度变化等关系（金达·赛义德，2016）。通常，轴线图适用于城市尺度的机动交通空间分析，而线段图更适用于中、微观尺度的城市步行空间研究。

轴线图和线段图的结果指标中，深度（Depth）是指空间网络中各元素之间的拓扑距离，最基本的两个元素之间相距一个拓扑深度（或步数）；在城市步行空间研究中可以被解读成步行活动的成本，深度值越高，则活动成本越高，相应的活动效率越低。整合度（Intergration）是指空间系统中某一元素与其他元素之间的集聚或离散程度，衡量了一个空间作为目的地吸引到达交通的能力，反映了该空间在整个系统中的中心性；对于城市步行空间研究，整合度越高的空间，可达性越高，越容易集聚人流；空间句法中，整合度可分为全局整合度和局部整合度。选择度（Choice）是指空间系统中某一元素作为两个节点之间最短拓扑距离的频率，考察空间单元作为出行最短路径所具备的优势，反映了空间被穿行的可能性，通常选择度越高的空间，越有可能被人流穿行。对于整合度和选择度的区别，有研究指明整合度是用来度量到达性交通潜力的指标，而选择度是用来度量穿越性交通潜力的指标（金达·赛义德，2016）。

此外，整合度和选择度都是针对单一系统而言。为了直接对比不同规模系统中元素，近年空间句法研究学者基于成本效益原则，提出针对线段模型中角度距离的新标准化指标——标准化角度选择度（NACH）和标准化整合度（NAIN）

（Hillier. B，2012）：

$$NACH=\log（CH+1）/\log（TD+3）\qquad（式2.2）$$
$$NAIN=（Node\ Count+2）^{1.2}/Total\ Depth\qquad（式2.3）$$

由此，研究区域性城市步行空间的步行通行能力，通常采用线段图的选择度指标进行分析；而为了对比不同建筑布局下的空间通行能力，宜选择标准化后的选择度指标，即标准化角度选择度（NACH）作为城市步行空间路径可达性的评价指标。

与轴线图或线段图不同，空间句法的视线分析采用无线细分的栅格，将空间结构转译成小方格组成的空间系统后，以栅格之间的数学关系表达对应空间之间的视线关系。对于视线分析图，深度和整合度的概念定义与轴线图相似，而视觉聚类系数（Visual Clustering Coefficient）表达了空间边界在视觉方面的限定效果强弱。对于视域分析，最常采用的指标是全局视域整合度指标，即Visual Integration [HH]（简称VGA HH）。对于城市步行空间，通常某栅格的VGA HH值越高，则表示从全系统任意位置开始，只需较少的视线转折就能够看到该栅格，那么该栅格的位置越有利于吸引人群注视（深圳大学建筑研究所，2014）。

总体上，宜步行的住区步行环境不仅需要满足必要性的步行通行活动，也要对自发性和社会性的公共活动具有支持。对应到住区空间环境设计，不仅要求室外步行路径具有良好的可达性，也要求行人高度具有较高的视域可见性。结合空间句法理论和工具，拟采用步行路径线段模型的标准化选择度（即NACH）表达室外步行网络的路径可达性，采用视域整合度（即VGA HH）表达住区室外环境步行可见性。

2.1.4　多目标体系小结

综上所述，住区室外空间是公共活动和公共生活的主要场所。构建舒适、健康和便捷的室外环境是城市生活的共同诉求，也符合可持续社区、生态住区和新版绿标的要求。

2.2 居住社区空间环境多要素体系

基于城镇住区室外环境性能多目标体系研究可知，影响室外环境性能的住区空间环境要素众多。同时，夏热冬冷地区城镇住区呈现高层、高密度和高性能要求的总体趋势。如何根据气候和环境特征，进行合理的住区规划和设计；并在住区有限的空间内，寻求住区空间环境要素的最佳组合，从而达到室外环境性能最优状态，都是建筑师在住区设计初期即要关注和把握的关键点。

在进行住区空间环境组合设计之前，需要先基于城市环境性能目标（微气候环境、声环境和步行环境），建立住区空间环境多要素体系。已有学者尝试对城市建成环境的影响因素进行分类，Oke 将影响城市热岛效应的因子分为建筑密度和布局（Building Volume&Layout）、用地类型（Land Use Type）、绿化水体（Loss of Vegetation Cover）和交通密度（Vehicle Traffic Type）四类（OKE T R，1988）；大部分学者认为微气候离不开建筑物（Buildinggs）、绿化（Greenary）和铺装（Pavement）三类要素的分析（Wong N H，2011；Mahmoud，2011）；也有研究将城市室外热湿环境相关要素分为几何形态（Geometry）、绿化（Vegetation）、界面（Surface）和水体（Water Body）四类（Lai D，2019）。

对于不同的室外环境目标，影响要素具有一定差异：对于住区室外微气候环境，主要影响因素包括空间因素（建筑密度、容积率、朝向、架空）、景观设计（下垫面、遮阳），以及人为热源（用地性质、空调制冷、交通热排放）等（Wong. N. H，2011；周淑贞，1997）；对于住区室外声环境，影响因素主要分为噪声源（噪声类型、声压级等）和空间要素（绿视率、可视天空率、地面材质）（吴硕贤，2000）；对于住区室外步行环境，主要考虑住区室外步行路径和公共空间的空间布局，以及建筑群布局等（邓浩，2013）。此外，室外环境的舒适性和宜居性评价，也与个体行为要素和主观评价要素有关，如热舒适度与人体新陈代谢率和服装衣阻有关（Havenith. G，2002），声环境舒适性与空间交流感和拥挤度等有关（杨青，2017），步行环境可达性和可见性与步行者年龄和身体健康状态有关等。

与此同时，同一个住区空间环境设计要素对室外环境性能呈现复杂、交错的影响。有学者指出，增加住宅建筑底层架空率，可有效改善或消除住区内高层建筑背风面的风影区和静风区（杨涛，2012），能显著提升住区室外人行高度的风环境质量（唐毅，2001），如若设计不当会使交通噪声顺着建筑群间隙进入住区内部（程雨濛，2018）等。

本节主要研究建筑师可控可调整的空间环境要素对室外性能的影响，暂将个体行为要素和主观评价要素设定为固定值，并结合前人的建成环境研究基础，将影响城市环境性能的空间要素分为三大类：建筑物、绿化和界面。

2.2.1 建筑物设计要素

建筑物设计要素分为两类：建筑群体设计要素和建筑单体设计要素。其中，建筑群体设计要素是用来描述住区街坊内建筑群体的集聚程度、分布特征，以及与城市关系的设计要素，主要包括建筑密度、容积率、布局形式、围合程度、退界和开口等。单体建筑设计要素分为住宅建筑和裙房建筑两类，涉及单体建筑的平面类型、高度、架空程度等空间形态设计要素。建筑物设计要素是建筑师在设计初期主要考虑的设计便捷条件和规划设计内容。已有大量研究证实，建筑单体和群体的空间形态设计，对住区室外环境具有不同程度的影响。

1. 建筑群集聚程度

城市空间中，建筑密度和容积率等密度指标共同决定了特定区域内建筑群体的空间集聚程度（董春方，2012）。其中，建筑密度（即建筑覆盖率）是指在一定用地范围内，建筑物基底面积总和与总用地面积的比率（%）；容积率是指在一定用地及计容范围内，建筑面积总和与用地面积的比值 。

有研究团队通过软件模拟得出，上海地区不同建筑群布局下住宅建筑太阳能采集能力与容积率有关，且呈现出容积率较高时太阳能采集潜力较大的规律（孙澄宇，2014）。根据预先确定的街坊平面布局，基于遗传算法自动生成满足地区日照要求的建筑高度组合，使街坊形态达到最快最大容积率（宋小东，2004；宋小冬，2010）。在此基础上开展反向路径研究，依据北京、沈阳和上海等城市住区设计的容积率和建筑高度指标要求，采用深度学习方法开发出满足日照标准的住区建筑群自动排布工具（孙澄宇，2019）。

也有学者就容积率对街区能耗的影响得出，在保持街区建筑密度和建筑群空间布局不变时，容积率的变化对街区夏季和冬季能耗具有交错影响。具体来说随着容积率增加，建筑体形系数减小，夏季制冷负荷增加，而冬季采暖负荷增加（黄媛，2010）。

2. 建筑群布局形式

在国内，20 世纪 90 年代，彭一刚院士对建筑群的空间组合和布局进行了理论层面的系统性研究（彭一刚，1998）。对于住区建筑群布局形式，通常可分为五种基本类型：并列式、错列式、行列式、斜列式和周边式（付祥钊，2002）。高层住区中最常见的是行列式、围合式和点式三种基本布局形式。关于住区建筑群布局形式与住区室外风环境、热环境和声环境之间的关联性研究，学术研究领域和设计实践领域均已积淀了丰富的研究基础。

关于住区建筑群布局与室外声环境的关联性研究，吴硕贤院士早在 1981 年就指出防噪效果上混合式布局时最有利，当住宅建筑群平行道路时次之，若住宅建筑垂直于道路最差（吴硕贤，1981）。对于高层住区，有研究得出围合式布局有益于减弱交通噪声干扰，但受内部生活噪声影响较大；行列式布局需防止交通噪声顺着建筑群间隙进入住区内部；点群式布局开敞无遮挡，受交通噪声影响较强（程雨濛，2018）。

对于建筑群布局与室外风环境的关联性，有研究对比不同布局形式的住区室外通风水平得出，错列式、斜列式和自由式布局比行列式和周边式要更加有利于住区自然通风（付祥钊，2002）；也有研究采用 Fluent 软件模拟不同布局形式的高层住区风环境，综合室外风速比和空气龄指标得到，行列式布局的风环境指标具有均好性；点式布局空气龄最小，但风速相对最大容易产生局部强风；围合式和错列式布局的区域内风速分布差异较大（张聪聪，2014）。

关于建筑群布局对室外太阳能辐射、温湿度等热环境的影响，早有研究证实街坊形态会直接影响街坊内建筑群所接受的太阳辐射量（Givoni. B，1989），进而影响建筑群平均能耗。住区设计中，可通过改变建筑布局形式，有效增加建筑表面冬季获得的太阳辐射总量，同时改善夏季的热量吸收情况（宋德萱，2003）。有研究得出错落随机的街坊形态最有利于太阳辐射接受（廖维，2013）。有研究通过武汉地区的城市街区室外微气候实测和模拟研究得出，在建筑密度相同的条件下，围合式街块的布局更有利于降低夏季街区层峡内空气温度，其次是混合式和点式，行列式最不利（王振，2008）。也有研究通过对开放街区实测和模拟得出，在夏热冬冷地区围合式开放街区的室外热舒适度高于点式开放街区（图 2-1）（郭思彤，2019）。

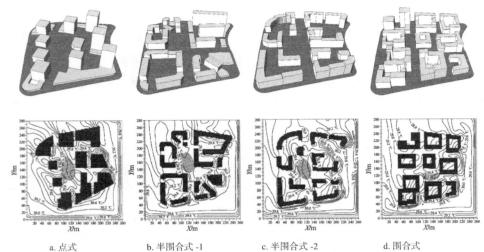

| a. 点式 | b. 半围合式 -1 | c. 半围合式 -2 | d. 围合式 |

图 2-1　四种不同街区布局形式的 15：00 时温度分布图
来源：郭思彤等，2019

　　在住区范围内，不同建筑群布局对于室外环境具有复杂、交错的影响。围合式布局可有效阻挡城市交通噪声，有利于住区内声环境健康，且夏季室外热环境较好，但风环境不稳定；而点式布局的建筑间遮挡较少，易于引导自然通风，但不利于遮挡城市噪声的干扰；行列式布局的室外风环境具有均好性，但在夏热冬冷地区行列式布局的夏季室外热舒适性较差。住区建筑布局设计中，需结合气候边界条件和场地条件选择合理类型。

　　3. 建筑群围合程度

　　城市建筑群在水平面上不同方向的围合程度，直接影响城市空间不同方位上的微气候环境（刘加平，2011）、通风效果（付祥钊，2002）和噪声传播（约瑟夫·德·基亚拉，2009）等。对应到住区，住区街坊内住宅建筑群布局形式和裙房围合程度，以及街坊建筑群开口方向和宽度，共同决定住区建筑群的围合程度。通常，住区建筑群围合程度越高，建筑群开敞程度越低。

　　其中，建筑群围合程度是指街坊沿街界面的闭合程度，由街坊内建筑外界面边长在街坊周长中占比和开口情况决定。围合程度与城市设计中建筑贴线率类似，但计算规则相对简化。贴线率是指街墙立面线长度与建筑控制线长度的比值；其中街墙立面线长度和建筑控制线长度的计算规则较为精细，当建筑底层架空高度 ≤ 10m 或外界面采用骑楼形式时，以及外墙面凹进 ≤ 2m 时，均计入街墙立面线长度（上海市规划和国土资源管理局，2016）。对于住区室外环境，街坊外界面是否有底层架空影响较大，不容忽略，由此本研究不直接沿用贴现率计算方法。

在一个典型的高层住区，建筑群的闭合程度由高层住宅建筑的布局形式和多层裙房建筑的围合程度共同决定。一方面，住宅建筑的布局形式影响建筑群围合程度，通常围合式布局的建筑群闭合程度最高，行列式居中，点式布局较为稀疏，围合程度相对最低。另一方面，裙房建筑的闭合程度对住区街坊近地面空间的围合程度具有影响，街坊四周均有裙房时围合程度最高。上文已总结了住宅建筑围合程度对住区室外环境的影响，因此本小节主要关注裙房建筑围合程度对住区室外环境的影响。早有研究指出，住区街坊的适度围合，有益于阻隔交通噪声，而围合度过高也不利于内部生活噪声的疏导（周志宇，2011）。有研究通过软件模拟得出，当住区街坊周边交通声较弱时，围合度为 0.7 时声环境最佳；随着交通声增加，围合度越高声环境越好；住区设计中可通过设置裙房增加住区围合度，随着裙房高度增加，降噪作用越显著，在不考虑规范限值的情况下，裙房超过 43.5m 后降噪作用基本消失（程雨濛，2018）。也有研究指出沿街布置 2 层裙房即可有效改善院落内部的声环境（周志宇，2011）。

此外，住区建筑群开口情况主要包括指建筑群的开口方向和开口宽度等空间形态特征。有研究通过长沙地区某高层住区的风环境模拟得出，通过将高层建筑群开口方向做小角度旋转，可减少住区内的风影区和无风区，提升夏季室外风环境舒适度（杨涛，2012）。也有研究通过模拟研究得出，随着建筑高度增加、沿街建筑群开口宽度减少，院落建筑群内部的声环境会得到明显改善，且建筑高度在 6m 以内，开口宽度在 12m 以内效果较明显，当超出确定范围时效果不明显（周志宇，2011）。

4. 天空可视因子（SVF）

在建筑和城市规划领域，天空可视因子（Sky View Factor，即 SVF），是指城市开放空间中，在不同遮挡物影响下人们视线所及的天空范围比例。其中，遮挡物包括建筑物、树或景观内的其他物体。SVF 是描述复杂建筑环境中城市结构最相关的参数之一，取决于建筑群空间形态和组合，表征天空的开放程度，对居民的公共空间舒适度、视觉心理预期和城市空间品质评价等具有影响（杨俊宴，2015）。

大量研究显示，SVF 与城市热岛强度和微气候环境具有密切联系（Oke T R，1981），与行人高度室外热舒适度和空气健康水平具有显著相关性（Kruger E L，

2011）。对于城市微气候，SVF 越小，城市热岛效应越强，其夜间热岛效应越明显（Arnfield A J，1990）；同时，SVF 与城市气温具有关联，通常 SVF 越低，城市温度越高（任超，2012）；此外，SVF 和城市气温的相关性具有昼夜差异，昼间 SVF 和气温相关性显著，而夜间 SVF 与气温相关性则大幅减弱（Hien. W. N，2010）。如图 2-2，香港地区的研究显示，当 SVF 增加 10%，日间热岛强度将增加 2.1%（Giridharan. R，2007）；也有研究通过问卷调查和现场实测调研埃及某城市公园附近的热舒适性 PET 值得出，SVF 和风速是影响热舒适度的主要原因（Mahmoud A，2011）。

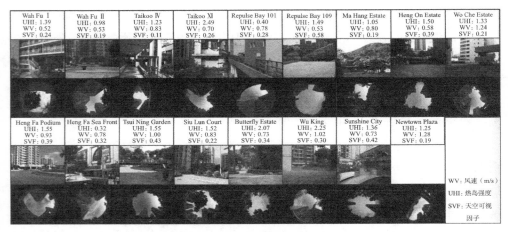

图 2-2　不同 SVF 的热岛强度差异

来源：R Giridharan, et al, 2007

　　数值上，通常大长宽比的城市峡谷具有较小的 SVF，而平坦、无遮挡的区域 SVF 较大；同时，SVF 也受到树木冠层形态和叶密度影响，一般测量点上方的树木冠层越大，叶密度越高，则 SVF 值越小。对于主要公共空间节点，节点周边建筑和植物的设计对与 SVF 数值的影响，以及 SVF 数值大小与公共空间舒适度的关联性。在夏热冬冷地区，公共空间的 SVF 值设计需兼顾冬、夏两季差异：在夏季，公共空间遮阴面积越大，SVF 越小，日间温度越低，空间舒适度越好；而在冬季，公共空间节点的开敞度越高，SVF 越大，太阳辐射得热能力越大，空间对于居民公共活动的吸引力越高。

　　然而 SVF 的数值采集方法较为复杂，一般无法直接获得特定位置的 SVF 数值，需要通过现场实测或软件模拟才能得到 SVF 值。实测采集 SVF 时，需要先通过鱼眼相机采集测点位置上空照片，再将照片导入（杨俊宴，2015）Rayman、Hemi-view 等软件计算 SVF 值；软件模拟 SVF 时，需要先在 ENVI-met 等软件对特定位置附近的建筑物和植物进行三维建模，才能计算对应位置的 SVF 数值。

5. 住宅建筑空间形态

住宅建筑空间形态，包括住宅建筑的标准层平面形式、建筑高度和建筑间距等。已有研究表明，不同的住宅建筑平面形式对于住宅建筑的绿色性能具有影响。

从平面形式上，对于高层住宅建筑，最常用的标准层平面是板式（也称条式）高层和点式高层。有研究统计 2005—2009 年间建造的 69 个上海居住建筑信息得出，居民建筑平面形式上条式（73.9%）约为点式（26.1%）的 3 倍（瞿燕，2009）。许多高层住宅建筑能耗模拟和室内舒适性研究中采用板式作为典型模型（袁智，2010）。在建筑体型系数上，为保障足够的采光和通风，点式平面往往具有较多凹凸，体形系数较大；而板式平面的外表面相对规整，且平面具有采光均好性，节能潜力较大。对于住区室外空间环境，高层点式住区紧凑度较高，在同等容积率条件下，住区室外空间完整度较高；高层板式的平面由于面宽大，建筑体量对风环境和声环境影响较大，如若处理不当，板式建筑会形成不利风廊道和声通道，影响住区室外环境。

关于建筑高度，高层建筑是指建筑高度大于 27m 的住宅建筑和建筑高度大于 24m 的非单层厂房、仓库和其他民用建筑；裙房是指在高层建筑主体投影范围外，与建筑主体相连且建筑高度不大于 24m 的附属建筑。数值上，建筑平均高度 h= 所有建筑物高度的总和 / 建筑物数量。有研究通过加拿大多伦多三个城市区域的微气候舒适模拟得出，建筑高度等城市形态要素城区的温度、太阳辐射和热岛强度具有直接影响（Wang. Y，2016）。也有研究通过软件模拟得出，在上海地区保持相同容积率和建筑布局类型条不变，建筑高度与街坊的太阳能采集效果紧密相关：在容积率为 2.0 以下范围内，随着街坊内的建筑高度增加，街坊的太阳能采集潜力随之提高（涂鹏，2016）。

对于建筑间距，住区中建筑群体之间的间距要求主要包括防火间距、日照间距和视觉健康间距等，建筑布局中以不低于各类间距中最大值进行设计。其中，防火间距是建筑间距的基准线，是防止着火建筑在一定时间内引燃相邻建筑，便于消防扑救的间隔距离；对于高层建筑，高层主体与高层主体应保持 13m 以上的防火间距，高层主体与多层主体保持 9m 以上防火间距，多层主体与多层主体之间保持 6m 以上防火间距（即 6m、9m、13m）。日照间距是指两平行建筑间的相对的两墙面之间，由前栋建筑物计算高度、太阳高度角和后栋建筑物墙面法线与太阳方位所夹的角确定的距离；为保证得到规定的日照时数，要求前后两栋建筑物间的间距不小于最小间距要求。上海地方城市规范中要求：朝向为南北向的 [指正南北向和南偏东（西）45° 以内（含 45°）]，其间距在浦西内环线以内地区不小于南侧建筑高度的 1.0 倍，在其他地区不小于 1.2 倍。此外，绿色建筑评价标准中指出，为保证住户拥有良好的户外视野，居住建筑与相邻的建筑的直接间距不宜小于 18m。由此，住宅建筑的这些要素都对室外环境具有影响。研究中选取高层住区为研究对象，防火间距不小于 13m，即为建筑群东西向间距限值。此外，典型模型设定为浦西内环线以内地区，故南北向间距取值为 1.0 倍。典型高层住宅建筑取 15 层，层高取 3m，建筑高度为 45m，则建筑群南北向间距限值为 45m。

6. 底层架空空间

国家标准中，架空层是指用结构支撑且无外围护墙体的开敞空间。住区规划设计中，底层架空空间情况主要包括架空面积比（即架空率）、架空位置和架空空间的功能设置等要素。其中，通风架空率（K，单位：%）是指架空层中，净高超过 2.5m 的可穿越式通风部分的建筑面积（Fk）占建筑基底面积（FB）的比率；可穿越式通风的架空层除了底层外，也包括 18m 高度以下各层中可穿越式通风的架空楼层的建筑面积，当一栋建筑的架空率大于 100% 时，取 k=100%。对于夏热冬冷地区，标准中要求当夏季主导风向上的建筑物迎风面宽度超过 80m 时，建筑底层的通风架空率不应小于 10%。在合肥，2013 年地方法规中要求住区应设置架空层，且架空面积不应少于居住建筑底层总面积的 20%，至 2015 年这一比例上调为 50%（合肥市规划局，2016；徐晓燕，2019）。

在新加坡，住宅建筑设计中鼓励采用底层架空设计，对于满足一定要求的架空设计赋予容积率奖励（张志君，2013）。国内有研究对广州地区高层住区风环境进行模拟研究，底层架空会改善或消除高层建筑背风面的风影区和静风区（杨涛，2012），能显著提升住区室外人行高度的风环境质量（唐毅，2001）；此外底层架空有利于降低住区室外环境温度，降温效果与绿化遮阳接近，同时为防止乔木对架空部位来流风的遮挡，架空建筑架空层周边应尽量少布置或不布置树叶稠密的乔木（李日毅，2018）。有研究对广州校园进行实测得出，采用架空设计可使夏季室外 SET* 降低 6 ~ 10℃，大幅提升室外热舒适性（Xi. T，2012）。也有研究对合肥地区三个架空率不同的住区进行问卷和行为观测得出，住区架空空间可承载多样的活动类型（图2-3），架空空间设计应与住区公共空间体系规划相结合，将架空空间设置在步行可达性较高的位置，综合考虑架空空间对"途经"和"逗留"两种行为模式的引导（徐晓燕，2019）。

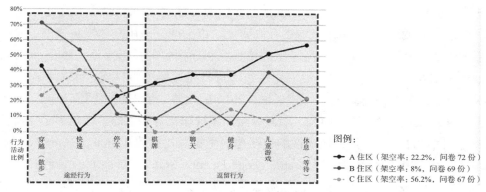

图 2-3　架空空间主要发生活动调研结果

来源：徐晓燕等，2019

2.2.2　绿化类设计要素

对于住区室外空间，不仅建筑物的空间形态和建筑群体的空间布局影响着室外环境品质，植被、绿化和水体情况也对室外微气候环境等具有重要的调节作用，同时对居民的日常体验具有直接影响。通常来说，植被可以在夜间吸收 CO_2 产生新鲜空气，茂密的植被也可产生良好的视觉体验；与此同时，高覆盖率的绿化、水体和透水铺装可通过蒸腾作用或蒸发吸热，有效降低室外热负荷。

在国内，已有 20 多种绿化类设计评价指标相继被提出，主要包括：绿地率、绿化率（绿化覆盖率）、绿量、绿量率（叶面积指数）、绿化三维量、人均绿化三维量、绿地面积、人均绿地面积、公共绿地面积、人均公共绿地面积、绿视率、复层绿色量、人均复层绿色量、绿化建设指数等（吴桂萍，2007）。居住区规划设计标准中，主要通过定量控制"人均公共绿地面积""城市绿地率""绿化覆盖率"指标和"平均斑块面积"指标，定性推荐乔木和灌木组合搭配，引导住区绿化设计。绿色建筑评价标准中，要求住区采用复层绿化方式，使用绿地率和人均集中绿地面积指标作为评分项，推荐采用下凹式绿地、雨水花园和透水铺装等绿色雨水基础设施。

国内常用设计规范中主要采用绿地率等二维面积指标来引导住区绿化设计。然而，高层住区的绿地景观设计中不仅需要关注绿地率，国内外住区设计和实践中越来越强调复层绿化、立体绿化和水体等绿化设计要素。一些国家已采用"绿色因子"和绿容率等综合指标作为绿化设计的评价基准。首先，在住区绿化设计中早有研究证实乔灌草生态效益差异较大（林波荣，2004），仅考虑二维面积指标无法保障绿化效果；其次，在高密度城市空间，采用立体绿化措施，是在保证高容积率的前提下，提高绿化覆盖程度和绿视率的关键措施（Dunnett，N，2004）；同时，有研究对湿热地区住宅组团进行微气候模拟得出，水体率与室外热环境的相关性高于绿地率（陈卓伦，2010）；此外，越来越多国家和地区开始采用基于大型植物、透水铺装、墙面绿化和屋顶绿化等要素的"绿色因子"进行绿化空间设计综合评价，代表性的包括德国生物栖地指数（Biotope Area Factor，BAF），西雅图的绿色因子（Seattle Green Factor，SGF），新加坡的绿色容积率（GnPR）（李龙萍，2016）。国内新版绿色建筑设计标准中也开始将简化版的"绿容率"作为绿色建筑创新设计的加分项。

下文将城镇住区绿化设计要素分为绿地、立体绿化和水体三类。通过综述，了解住区中绿地的覆盖程度和空间集中程度、绿地中乔木占比、立体绿化、绿容率，以及水体类型和布局等设计要素对室外环境的影响。

1. 绿地覆盖程度

绿地覆盖率（Green Coverage）对于城市温度分布和热岛效应具有直接影响（Saito I，1990）。绿地率（Greening Rate）是最常见的住区绿地覆盖程度评价指标。绿地率是指在一定用地范围内，各类绿地总面积占该用地总面积的比率(%)。住区范围内绿地主要由住区公共绿地和宅旁绿地组成。其中，公共绿地包括住区公园、小游园、组团绿地及其他的一些块状、带状化公共绿地。目前，国内不同地方对某些宅旁绿地是否计入绿地率面积具有一定差异，大致规定"距建筑外墙1.5m和道路边线1m以内的土地和地表覆土达不到一定深度的土地都不计入绿地面积"。在标准规范中，国内各地的居住区绿地率限值都在25%～35%。例如，城市居住区规划设计标准中规定高层一类（10～18层），绿地率≥35%；上海市住宅建筑绿色设计标准要求绿地率≥30%。

关于绿地率对城市建成环境的影响，一项城市街区尺度的微气候研究得出，当绿地率提高10%，街区空气温度可能会降低0.8℃（Dimoudi. A，2003）。也有研究得出城市公园的温度比无绿化区域的温度平均低 1℃（DE Bowler，2010）。在国内，早在 2001 年有研究通过实测得出，近地面（0.5m）的温度受下垫面的类型影响较大，绿地上方的温度明显低于水泥地和裸土；下午 16：00 时，草地和水泥地的近地面温差可达 10℃（王威，2001）。此外，有研究根据武汉地区街区层峡的夏季实测数据得出，绿地和混凝土地面在近地面处的共时温差达 29.1℃（王振，2008）。针对国内住区绿化设计中过于关注绿地率的现状，有学者指出由于住区容积率差异，居住人口数量不一，对绿地面积的需求量不同；因此，住区绿地率指标应按照容积率差异，设定差异化的绿地率需求底线（黄一翔，2008）。

此外，对于绿地覆盖程度，除了考虑绿地的影响，屋顶绿化和墙面垂直绿化等其他绿化形式对城市室外环境的影响也不容忽视。在景观设计等领域，通常采用绿视率来综合评价环境中各类型绿化的整体分布水平。从概念上，绿视率由日本学者青木阳 1987 年提出，是人们眼睛所看到的物体中绿色植物所占的比例；当环境绿视率高于 15% 时，自然的感觉便会增加。有研究指出通过构建绿地和连续的景观界面，有利于满足人与自然亲和的心理（金俊，2017）。也有学者通过海景房和绿色景观房的声环境评价问卷研究表明，绿色景观要比海景的作用更好，看到的绿地越多（即绿视率越高），越能起到降低噪声烦恼度的作用（Li. H. N，2012）。此外，有研究提出提高绿化率，增加绿视率，不仅影响居民的视觉舒适度，可改善住区生态环境以达到"通感"设计的需求，对提高住区声环境舒适度有所帮助（黄一如，2017）。目前，以屋顶绿化和垂直绿化为主的立体绿化措施，被视作增加绿视率的关键措施。

2. 绿地集聚程度

绿地空间设计中，不仅需要关注绿地覆盖程度，也许了解绿地的集聚程度对室外环境具有影响，主要包括绿地斑块（Green Patch）的大小、数量和空间分布情况等。对于单块绿地斑块，规范要求每块集中绿地的面积不小于 400m^2。研究领域，通常采用绿地斑块密度（Patch Density，简称 PD，也称作绿地斑块破碎度）来表达住区内绿地平均斑块面积，以此反映绿地斑块的平均分布水平。

绿地斑块密度是指建筑范围控制线以内的绿地斑块总数与建筑用地范围面积的比值（徐化成，1996）。在住区用地范围不变时，绿地斑块密度的大小仅受斑块数量影响；对于不同住区场景，绿地斑块密度可用于比较不同住区内绿地的破碎程度，计算公式为：

$$PD=10000 \times n/A \qquad \text{（式2.4）}$$

公式中，PD 是指住区绿地斑块密度，单位为 ha^{-1}，数值上相当于每 1ha 的斑块数量；n 是绿地斑块数量；A 是住区用地面积，单位为 m^2。

绿地斑块密度反映绿地景观的破碎程度，数值越大，绿地被分割破碎的程度越强，空间异质性程度越大（付晖，2016；陈利顶，1996）。大量研究证实绿地斑块密度城市环境具有影响。通常来说，在绿地总量一定的情况下，绿地斑块密度越大，绿地越破碎（陈蔚镇，2012），相应的生态效益越不利（李贞，2000）。有研究对上海地区城市住区绿地布局与降温效果进行研究得出，绿地斑块密度越大，绿地的夏季降温效果越差，当平均斑块面积低于 100 ㎡时，绿地对住区室外温度的调节作用失效（秦俊，2009）。

3. 乔木占比

住区绿化设计中常用的植物类型主要包括乔木、灌木和草地三种。在夏季，植物主要通过遮阳作用和蒸腾作用调节建筑和下垫面吸收的太阳辐射量，降低建筑物表面的温度，从而降低城市热岛效应和改善建筑物周边的微气候舒适度。要增强植物降温效果，主要通过增加植物总量和增大植物遮荫面积两种途径来实现；相对于灌木和草地，乔木在这两方面具有天然优势（张家洋，2019）。

关于不同植物类型对室外热环境的影响，大量研究证实乔木对夏季室外热环境的改善作用较好，而草坪则和灌木相差不大（林波荣，2004）。有研究表明，在非极端热环境下，树冠面积每增加 10%，空气温度降低 0.2℃（Coseo. P，2014；刘莹莹，2016）。在上海地区，有研究通过两个住区进行夏季室外微气候测量得出，不同下垫面和遮阴条件下测点的温度存在显著差异，其中绿地上测点温度明显低于其他下垫面测点，平均低 2 ~ 3℃，且环境温度越高差异越显著（刘海萍，2015）；有研究对夏季降温效果上，大乔木的降温幅度可达 2.8℃，小乔木可降低 2.0℃，而灌草结合的绿地平均降温幅度仅为 1.2℃（高凯，2009）。一项对深圳住区室外微气候的实测研究得出，住区绿地的温、湿度调控能力主要来自乔木，乔木冠层产生的遮荫作用对室外环境温度具有显著调节作用（李英汉，2011）。

关于乔木占比，国内绿色建筑评价标准中采用单位绿地面积乔木数作为衡量指标。单位绿地面积乔木数，是指每 100m² 范围内乔木的株数；上海市地标中要求城市绿地培植乔木不少于 3 株 /100m² 指标。据统计，密植树林的附加降噪量约为每 10m 降低 1dB（白静，2003）。

还有研究对乔木占比及其他绿化设计要素对住区室外环境的影响差异进行对比分析。其中，一项上海高层住区夏季室外微气候环境的实地测量和数值模拟得出，增加乔木数量，提高树冠叶密度，以及增加乔木覆盖率能够显著改善高层住区室外热舒适性，改善效果优于增加草坪覆盖率和提高铺地太阳光反射比（杨峰，2013）。也有研究对绿化乔木比例、绿化覆盖率、平均斑块面积这 3 个绿化设计因子对上海住区热环境影响进行研究得出，乔木比例对于居住区热环境的影响最高（秦俊，2014）。

4. 乔木茂密程度

有研究指出，乔木影响环境的程度取决于乔木占比和乔木的叶片密度（Foliage Density）（Theodosiou T，2003）。而乔木的叶面积指数（LAI，国内也称为绿量率）或叶面积密度（LAD）是影响乔木叶片密度，影响乔木降温效果的关键指标（Tan，Lau，KKL，2016）。

其中，如公式 2.5，LAI 是一块地上植株叶片的总面积与占地面积的比值。LAI 无量纲，是描述林分群体状况的重要参数，多通过仪器测量获得。实测中，为获得单株植物的 LAI 数值，可对各类树木长势和分布较均匀的林分群体，先使用冠层分析仪测得林分冠层的叶面积指数，再将测量的叶面积指数值除以扣除孔隙度之后的林分面积，就可得到单株树木的叶面积指数（詹慧娟，2014）。

$$LAI = 绿叶总面积 / 占地面积 \qquad （式2.5）$$

如公式 2.6，LAD 指的是单位体积内叶面积的总数。LAD 的单位为 m^2/m^3，数值与植株的形态有关，同一株植物冠层不同高度 LAD 数值通常不同。目前的研究显示，LAD 数值难以直接测得，需通过 LAI 换算得到。

$$LAD = 树冠内的总叶面积 / 树冠体积 \qquad （式2.6）$$

关于 LAD 和 LAI 的换算，通常通过树高和 LAI 计算获得建模所需的 LAD 参数，包括冠层 LAD 的最小值和最大值高度（Lalic B，2004）。然而该计算过程采用 Norman 和 Campbell 线性最小二乘法，计算过程较为复杂（Rui L，2019）。国内有研究建立了 LAI 和 LAD 的简易换算方法：首先，LAI 和 LAD 正相关，LAI 值越大，通常 LAD 数值也越大；如果将 LAI 数值分为 1 ~ 2、2 ~ 3 和 ≥ 3

三个档次，对应的 LAD 最高值约为 0.3、0.7 和 1.1（刘之欣，2018）。

一项在热湿气候条件下开展的研究表明，当 LAD 取最大值 $1.0m^2/m^3$（LAI 约为 5）时，研究区域的空气温度可降低 1.3℃（Shinzato P）。一项美国住区夏季室外微气候的研究得出，乔木冠层覆盖程度与空气温度具有线性相关性，当冠层覆盖率从 10% 增加到 25% 时，2m 高度的昼间平均温度可降低约 2.0℃（Middel. A，2015）。

5. 立体绿化

在高密度城市环境中，立体绿化在不额外占用城市用地的前提下，为紧凑的城市空间中增添了宝贵的"绿色"，同时产生了良好的环境效益、社会效益和经济效益（Dunnett，N，2004）。立体绿化通常包括屋顶绿化（Green Roofs）和垂直绿化（Vertical Greening System，VGS）两类。以垂直绿化为例，立体绿化主要通过形成遮阴、增加围护结构隔热性能、植物蒸腾散热，以及降低外表面风速共 4 种途径改善建筑室内外环境（Perez G，2011）。已有大量研究证实，立体绿化对于降低城市热岛效应，改善微气候环境和提升步行者热舒适具有积极作用（Morakinyo T E，2017）。

关于屋顶绿化，有研究通过数值模拟表明，在北京地区设置屋顶绿化可以起到显著的降温增湿作用，其中温度下降 2 ~ 3℃，湿度提升约 5%；此外，设置屋顶绿化可增加屋顶粗糙度，从而降低屋顶风速（秦文翠，2015）。如图 2-4，一项新加坡研究对某多层住宅停车场铺设屋顶绿化前后的近地面温度进行对比测试得出，铺设屋顶绿化可有效降低屋顶面温度，最高可达 18℃（Wong N H，2007）。

对于垂直绿化，有研究对阿布扎比的气候特征下的垂直绿化系统影响进行模拟研究得出，添加垂直绿化系统能后改善城市微气候环境，添加垂直绿化后制冷能耗降低 5% ~ 8%，城市气温降低 0.7 ~ 0.8℃，同时城市热岛强度（UHI）降低一半（Afshari A，2017）。在上海地区，添加垂直绿化也能显著降低建筑室内外环境温度。有研究对一栋上海地区多层办公楼加装垂直绿化系统前后的室内、外温度实测对比得出，加装垂直绿化后南向外立面夏季日平均降温 0.4℃，单日最高降低 5.5℃；北向外立面日平均降温稍低，约为 0.2℃，单日最高降温 3.3℃（Yang F，2018）。

目前，新加坡的住宅建筑设计导则和设计实践中，均将采用平台花园、屋顶绿化、阳台绿化和花架等作为提高住区绿化覆盖率（Handbook on Gross Floor area，2011），提升住区环境品质的重要措施。此外，住宅建筑的平台花园和底层架空设计中，如满足增加绿视率，用户可从公共区域方便快速到达，且周长40%以上对外开放原则，则住宅建筑设计可获得容积率奖励，赋予部分建筑面积豁免权（张志君，2013）。

图 2-4　新加坡某多层住宅停车场屋顶铺设屋顶绿化前后对比

来源：Wong，et al.，2007

6. 绿容率

不同类型绿化形式的生态效益差异巨大，大量研究表明乔木、灌木和草地对于改善夏季室外热环境的能力依次降低，且不同绿化形式的组合状态对室外环境具有影响。在此，单一绿化形式的指标不足以表达不同绿化形式的组合情况。越来越多国家和地区开始采用"绿色因子"和"绿容率"等综合指标进行绿化空间设计评价，如德国生物栖地指数（BAF），西雅图的绿色因子（SGF），新加坡的绿色容积率（GnPR），以及国内的"绿容率"等。

在新加坡，GnPR是每个绿化类型及其相应的LAI的乘积总和/总面积（Wong N H，2011），其中用于售卖的住宅用地GnPR控制值范围为3.1～4.7，比国内要求更为严格。此外，GnPR在新加坡被当作基准指标，用于绘制绿化地图以评估特定区域绿化设计，如新加坡国立大学（NUS）的GnPR地图等（任超，2012）。通过一项新加坡3层办公楼及周边50m半径区域的实测和多场景分析得出，相较于建筑高度和建筑密度等设计要素，GnPR 对于模拟地块的温度影响最大；当模拟区域 GnPR 增加 3 ~ 4，可使得办公楼全年能耗降低 3.6% ~ 4.4%（Wong N H，2011）。

2019 版《绿色建筑评价标准》中，首次将场地"绿容率"作为创新加分项纳入绿色建筑评价体系，作为绿地率的补充指标。标准中，绿容率是指场地内各类植被叶面积总量与场地面积的比值（绿色建筑评价标准，2019）；表征了场地内不同类型绿化的积聚程度；通常绿容率越高，绿化越密集。由于叶面积总量获取通常需要使用影像法或是仪器测量法采集数据（参考叶面积指数 LAI 采集方法），绿容率的完整计算较为复杂。为简化评估过程，标准中给出绿容率的简化公式（绿色建筑评价标准，2019）：

$$绿容率 = \Sigma[（乔木叶面积指数 × 乔木投影面积 × 乔木株树）+ 灌木占地面积 × 3 + 草地占地面积 × 1]/ 场地面积 \qquad （式 2.7）$$

公式中，设定冠层稀疏的乔木 LAI 按 2 取值，冠层密集的乔木 LAI 按 4 取值，乔木投影面积按苗木表数据进行计算，场地内的立体绿化均可纳入计算。由公式可知，可通过种植 LAI 较高的乔木和增加立体绿化等方式来提高绿容率。标准中，对于绿容率的计算值达 3.0，给予分值奖励，对于绿容率实测值达 3.0 的项目给予额外分值奖励。

7. 水体情况

在住区室外环境设计中，水体属于绿化景观中一部分，住区水体不仅可提高住区视觉环境，也可收集雨水、调节水文，起到吸尘、减噪，降温增湿等生态效益（刘娜娜，2006）。在住区绿化景观体系下进行水体设计时，需综合考虑水体面积、深度、形状、形态、位置和集聚状态等情况。

在日本埼玉县，一项研究通过构建缩尺模型（如图 2-5，包含 512 个边长为 1.5m 的混凝土立方体块）研究水体对近地面微气候影响得出，水体附近的气温明显低于无水体处；当水体走向平行于主导风向时，水体降温效果最佳；当水体具有较好遮阴时更有利于降温（Syafii N I，2017）。

在国内，水体率是指水体面积占绿地面积的比例。国内早有研究通过气象站观测数据和数值模拟得出，无论时夏季还是冬季，水体均具有明显的温度效应；水体对温度的影响幅度夏季大于冬季，晴天大于阴天；在 1.5m 高度上，夏季晴天正午时水体上最大降温达7℃，午夜最大升温达4.5℃（王浩，1991）。有研究对北京冬季住区不同类型下垫面进行温、湿度实测得出，水体在昼间具有明显的降温增湿效应（刘娇妹，2009）。也有研究通过软件模拟得出，在无遮阳条件下保持住区水体率不变情况时，方形水体最有利于降温；有建筑遮阳时，SVF和风速值越大，水体蒸发强度越大，降温幅度也越大；在两排建筑之间设置水体时，当水体长度与建筑间距的比值为0.4时最有利于降温（王可睿，2016）。

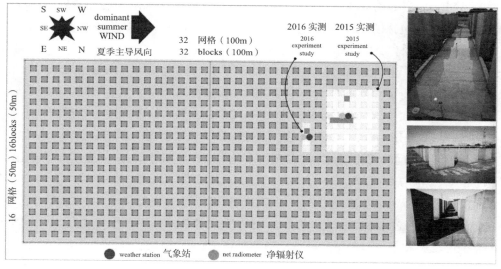

图 2-5 关于水体对微气候影响的缩尺模型

来源：Syafii N I，et al，2017

　　根据水体形态差异，住区水体可分为静态水景和动态水景等。有研究通过广州地区的两个住区夏季室外微气候现场测试得出，动态水景的降温效果优于静态水景，动态水幕墙边气温比静态水景边低0.2℃；此外，住区内水景若小且浅，则热惰性较差，对微气候的调节作用有限；为确保水景降温效果，应合理设置水体面积和深度（李日毅，2018）。此外，声景学研究中指出，在声压级低于70dB（A）的情况下，随着声压级的增大，声舒适度评价没有明显改变；通过英国谢菲尔德公园调研表明，在一定声压级范围内，采用水声可以对交通噪声进行遮蔽，从而提高声环境的舒适度评价（康健，2011）。

2.2.3　界面类设计要素

城市界面（Urban Surface）（Akbari. H，2001）通过对太阳辐射能产生吸收、反射和透射，对城市气候环境具有显著影响。一般来说，当太阳辐射到达城市界面时，一部分被界面材料吸收和储存，使得界面升温，再通过长波辐射形式散射到空气中，同时与空气产生对流交换，从而把热能传递给空气，使界面周围温度变化；另一部分被界面材质以短波辐射形式反射回城市，增加界面周边环境的整体辐射水平；当界面为半透明时（如玻璃面）还需考虑太阳辐射的透射。在此，城市界面主要包括硬质铺装（公共活动空间铺地和道路）和建筑外表面（外墙面和屋顶）；界面材料的太阳辐射反射性能、遮阴情况和透水性能对研究区域的热环境具有直接影响（Santamouris. M，2013）。在道路交通研究领域，把采用新技术和新材料使得道路界面性能发生改变，使得路面对城市环境影响降低的路面铺装，称为冷路面（Cool Pavement）（Li. H，2013）。通常，界面冷却处理措施主要包括高反射（High-Reflectance）、遮阴（Shade）或高透水（High-Preservaration）等；处理后界面在夏季表面吸收的太阳辐射明显减少，表面温度显著降低（Tran N，2009）。

下文关于界面类设计要素对住区室外环境影响，主要从室外公共活动空间的遮阴情况，硬质铺装的透水性和反射情况，以及外墙面的太阳光反射情况进行综述。

1. 遮阴情况

在国内，室外遮阳（标准中也称为遮阴）是降低住区热岛强度的主要措施之一。遮阴措施主要采用树木、花甲和构筑物等，通常采用遮阴率（即遮阴面积比）作为遮阴情况的评价基准，其中：

$$遮阴率 =S2/（S-S1）\qquad\qquad（式 2.8）$$

公式中 S 是街区面积，S1 是建筑基地面积，S2 是夏至日 14 点日照分析计算外部空间阴影区面积（金俊，2017）。国内绿色建筑设计标准中，对处于建筑阴影区外的步道、游憩场、庭院、广场等住区室外活动场地，提倡设置乔木、花架等遮阴措施，且当遮阴面积比达 30% 和 50% 给予不同的分值奖励（绿色建筑评价标准，2019）。

大量研究证实，外部空间遮阴对步行舒适度具有显著影响（金俊，2017）。有研究对台湾某校园内 12 个测点的室外热舒适度（PET）进行长达 10 年的测试和记录，并将实测结果与热感觉问卷进行对比研究得到遮阴程度对 PET 具有显著影响，遮阴程度过高（对应 SVF 过小）时易导致夏季室外热环境不舒适，而遮阴程度过低（对应 SVF 过大）时可能导致冬季室外热舒适性较差（Lin T P，2010）。在新加坡，住宅设计中也鼓励在公共活动空间设置花架等立体绿化遮阴设施，且当花架满足宽度不大于 1m，深度不小于 0.5m 要求时，获得部分建筑面积奖励（张志君，2013）。

此外，有研究在上海两个住区进行夏季室外微气候测量得出，不同下垫面和遮阴条件下测点的温度存在显著差异，有树荫遮蔽的测点比开敞草地（或有轻微遮挡）温度低（刘海萍，2015）。还有研究，通过湿热的广州地区的两个住区夏季室外微气候现场测试得出，遮阴措施可有效调节住区太阳辐射和近地面气温；在遮阳效果上，绿化遮阴优于构筑物遮阴，建筑物遮阴效果相对较弱（李日毅，2018）。

2. 铺地透水性能

在城市环境中，透水铺装可通过水分蒸发降低铺装面温度，进而通过对流换热降低近地面空气温度，改善室外人行高度的热舒适性（汪俊松，2017）；此外，提升硬质铺地和道路的透水性，可以环境雨水径流，是进行低影响开发（Low Impact Development，即 LID）和构建海绵城市的关键措施（王俊岭，2015）。

大量研究证实，透水铺装的降温效果受铺装构造（包含铺装结构、材料和孔隙率等）、含水量和气象环境条件等影响。如图 2-6 所示，按照构造差异，透水铺装（Water-holding Pavements）通常可分为四类：格栅透水铺装（Porous Pavements）、缝隙透水铺装（permeable Pavements）、渗透透水铺装（Pervious Pavements）和保水铺装（Water-Retaining Pavements）（Mullaney J，2014；Qin Y，2015）。国内现行规范中，均要求住区等建成（城市居住区规划设计标准，2018；绿色建筑评价标，2019）。

而透水铺装含水量，直接影响蒸发降温效果。有研究对东京地区保水路面进行淋水实测得出，当铺装含水量重组时，白天铺装面温度可降低 8℃，夜晚降低 3℃（Yamagata. H，2008）。然而，在太阳辐射强烈的夏季，干燥的透水铺装由于表面孔隙率较大、粗糙度大，铺装表面温度上升速度甚至高于普通沥青路面（Li. H，2013）。

种类	原理	代表类型	范例	相关标准
格栅透水铺装	塑料格栅或普通混凝土格栅之间填充碎石、沙、植物等形成水分通道	混凝土格栅植草砖铺装、塑料格栅沙石铺装		NY/T 1253—2006《植草砖》
缝隙透水铺装	利用铺装材料之间的缝隙形成透水通道	缝隙透水铺装	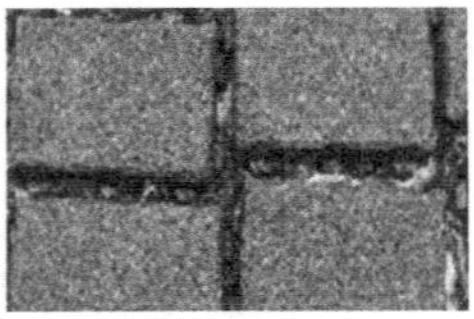	暂缺相关标准
渗透透水铺装	利用材料内部贯通孔隙形成透水通道	透水砖铺装、透水沥青铺装、透水混凝土铺装		CJJ/T 135—2009《透水水泥混凝土路面技术规程》 CJJ/T 190—2012《透水沥青路面技术规程》 CJJ/T 188—2012《透水砖路面技术规程》 GB/T 25993—2010《透水路面砖和透水路面板》
保水铺装	面层材料内部填充多孔亲水材料，水分能够持久地保存在面层内部，超过面层保水能力的水分则向下层渗透	保水沥青、保水混凝土铺装		暂缺相关标准

图 2-6　四种透水铺装

来源：汪俊松等，2017

对于住区，有研究对广州地区住区室外热环境进行调研和模拟得到，采用透水铺装可有效降低住区热岛强度，影响幅度为 0.2 ~ 0.5℃；并且透水铺装面积越大，住区热岛强度越低；此外，集中设置的透水铺装降温效果优于分散布置（刘晓晖，2012）。

3. 铺地反射情况

在城市尺度上，铺地面（包括公共活动空间铺地和道路，即 Pavements）是城市肌理（Urban Fabric）的主要组成部分（Gaitani N，2007），被认为是产生热岛效应的主要原因（Santamouris M，2013）。在美国，有研究估算铺装面积约占城市肌理的 29%；在英国不同城市，铺装面积占比约为 29% ~ 39%（Akbari. H，

2003）。铺装表面对太阳辐射的吸收和反射程度，对周边环境的气温（Ta）和平均辐射温度（$Tmrt$）水平产生差异化的影响。

通常，提高铺装的太阳光反射比，可减少铺装吸收的太阳辐射，从而降低铺装表面和周边环境的 Ta 值（Doulos. L，2004）。如图 2-7 所示，一项美国加州的研究通过构建数组大小相同，而材质和反射比不同的铺地模型，测试夏季典型日铺地表面温度得到。在试验范围内不同材质均呈现反射率越高，表面温度越低的规律；此外，沥青铺地的温度显著高于混凝土铺装和广场砖（Li. H，2013）。有研究通过实测得出，在晴朗温暖的情况下，白色外表面（反射比 =0.72）的温度比黑色外表面（反射比 =0.08）低 45K（约 7.2℃）（Taha，H，1992）。

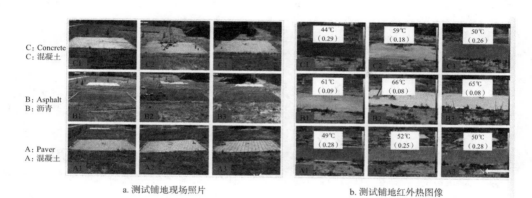

a. 测试铺地现场照片　　　　　　　　　　　　b. 测试铺地红外热图像

图 2-7　铺地材质和反射比不同的铺地模型

来源：H Li，et al，2013

然而，提高铺装太阳光反射比时，会使铺装周边空间被反射的短波辐射增加，整体辐射水平提高，表现为周边环境的 $Tmrt$ 值增加（Lai D，2019）。也有研究指出当铺装的太阳光反射比从 0.1 提高到 0.5 时，周边环境的 $Tmrt$ 最高增加 10.3K（约）（Taleghani M，2017）。因此，有研究通过上海高层住区的实地测量和数值模拟得出，一定范围内提高住区硬质铺地的太阳光反射率有利于改善住区室外热舒适性，但需要控制在合理区间，否则肯定会同时提高行人高度的辐射温度（杨峰，2013）。

4. 建筑外表面反射情况

建筑外表面反射比对周边微气候环境的影响原理，与铺装相似。在城市层峡中，太阳辐射到达建筑外墙面和屋顶面后，被建筑外表面吸收、反射和多重反射，加剧了层峡内的热岛效应（梁榀，2016）。在高层住区，建筑外墙面和路面的颜色、材质、反射率和粗糙度对室内环境和室外近地面微气候产生直接影响，也对建筑能耗产生间接影响（李英，2009）。

有研究指出，夏季城市建筑外表面温度最高可达 60℃；对西安地区不同外墙面类型的建筑室内外温度进行试验测试得出，外墙面反射比从 0.21（光滑水泥面）提高到 0.86（白色涂料面）时，室内温度最高可降低 4.7℃（陈志，2005）。也有研究根据武汉地区街区层峡的夏季实测数据，得出具有不同太阳光反射比的铺装和外墙面周边温度具有显著性差异；其中，木铺地、裸土、普通大理石铺地、水泥花砖、混凝土地面的近地面空气温度依次增加；此外，黄色大理石墙面、毛石墙面、水刷石墙面、混凝土墙面、玻璃立面、铝合金墙面的表面温度依次增加，黄色大理石墙面和铝合金墙面的共时温度差最大可以达 5.2℃（王振，2008）。

2.2.4　多要素体系小结

住区空间环境是一个复杂的多变量系统。大量研究证实住区的建筑物、绿化和界面要素设计与室外环境性能息息相关。同时，同一个住区空间环境要素体系往往对于住区室外环境性能呈现交错影响。上文对住区空间环境相关的三类室外环境性能（室外微气候环境、室外声环境和室外步行环境）和三类空间环境设计要素（建筑物设计要素、绿化设计要素和界面设计要素）分类进行文献梳理，初步建立各项性能目标和设计要素之间的关联性。在此基础上，从众多文献中筛选出 25 篇涉及多目标或多要素分析的研究（表 2-8）。

多要素多目标文献整理

表2-8

来源：作者整理

文献来源	城市	研究对象	研究方法	模拟软件	要素体系				目标体系			
					建筑物类	绿化类	界面类	其他	微气候环境	声环境	步行环境	其他
李麟学等，2011	—	城市住区	文献和案例研究	—	建筑群布局形式、空间形态特征	植被、水体	建筑外表面形态		室外风环境、热环境	室外声环境		室外光环境
丁沃沃等，2012	—	城市	文献研究	—	SVF、城市粗糙度、城市肌理指标	屋顶绿化			室外热舒适度、V、空气龄			
王静等，2014	—	—	案例研究	—	空间组织、造型设计		立面设计		室外热环境、风环境			室外光环境
杨青等，2017	天津	高层住区	实测和问卷调查	—	SVF	绿视率、绿化形式	铺装材质、建筑外立面材质和色彩		Ta, RH, V	L_{aeq}		空间感受
吴杰等，2018	—	住区	数值模拟	Rhino&GP	建筑群三维形态和布局、SVF	阴影率			UHT, Ta, V	环境噪声	可视度	日照时数
吴杰等，2016	广州	高层住区	实测	—	SVF	LAI	阴影率		UHI (Point), Ta			

续表

文献来源	城市	研究对象	研究方法	模拟软件	要素体系					目标体系			
					建筑物类	绿化类	界面类	其他		微气候环境	声环境	步行环境	其他
杨峰等, 2013	上海	高层住区	实测和数值模拟	Envimet		下垫面类型、乔木数量、LAI	硬质铺装反射率			PET, Ta, $Tmrt$			
郭思彤等, 2019	上海	高层住区	数值模拟	Envimet	建筑群布局形式	垂直绿化、屋顶绿化			UTCT、PET、Ta、RH、$Tmrt$、V			
李日毅等, 2018	广州	高层住区	实测	/	底层架空率	下垫面类型、乔木情况、水体情况	遮阴形式		Ta、RH、V			
甘义猛等, 2016	河南	住区	实测	/	建筑高度、SVF	三维绿量、绿地垂直结构类型			Ta、RH			
杨涛等, 2012	长沙	高层住区	数值模拟	Fluent	总平面开口方向、围合程度				V、ω			
邓寄豫等, 2016	南京	商业区	数值模拟	STEVE Tool	层峡高宽比、SVF、街区开敞程度				Ta、PET			

续表

文献来源	城市	研究对象	研究方法	模拟软件	要素体系				目标体系			
					建筑物类	绿化类	界面类	其他	微气候环境	声环境	步行环境	其他
唐毅等，2001	广州	高层住区	数值模拟	PHOE NICS	建筑群布局形式、建筑高度、架空情况				V、ω			
周志宇等，2011	哈尔滨	多层街区	实测和数值模拟	CadnaA	建筑高度、建筑群开口宽度、退界距离					L_{Aeq}、L_{10}、L_{50}、L_{90}		
龙瀛等，2021	50个城市	城市	POI数据	百度API	建筑高宽比	街道绿化		过街设施、步行道宽度等			步行环境指数	
陈泳等，2016	上海	生活街区	问卷调查	/		下垫面类型(硬质地面和公共绿地)	街道界面功能和形态	路网密度、环境安全整洁等			步行频率	
徐晓燕等，2019	合肥	高层住区	问卷和行为观测	Dept hmap	底层架空率、架空布局特征						步行整合度、途经和逗留人数	
Akbari H.，2001	洛杉矶	城市	文献和数值模拟	DOE		乔木和灌木面积	建筑屋顶和地面反射比		UHI、Ta			能耗和污染物分布

续表

文献来源	城市	研究对象	研究方法	模拟软件	要素体系				目标体系			
					建筑物类	绿化类	界面类	其他	微气候环境	声环境	步行环境	其他
Gaitani N., 2007	雅典	城市	实测和问卷调查	/		乔木种类、水体面积	城市界面反射比和散射比		Comfa、TS-Givoni、Ta、RH、SR、V			
AHA Mahmoud, 2011	开罗	城市公园	实测和问卷调查	/	SVF	植被类型、水体面积	下垫面		TSV、PET、Ta、RH、$Tmrt$、V			
Wong N H., 2011	新加坡	多层办公	数值模拟	STEVE tool	SVF、建筑高度、建筑密度	GnPR	铺装面积比		Ta、SR			能耗
TianyuXi, 2012	广州	校园	实测和问卷调查	/	底层架空、建筑群布局、SVF		下垫面		Ta、RH、V、$Tmrt$、SET*			
Giridharan, et al. 2016	香港	高层住区	实测	/	SVF、建筑高度、FAR	植被类型	界面反射比	海拔高度	UHI、SR、V			
Wang Y., 2016	多伦多	城市区域	数值模拟	Envimet	建筑高度、建筑密度、SVF	植被种类、面积布局	下垫面和建筑屋顶类型、反射比		PET、Ta、$Tmrt$			

续表

文献来源	城市	研究对象	研究方法	模拟软件	要素体系				目标体系			
					建筑物类	绿化类	界面类	其他	微气候环境	声环境	步行环境	其他
Talegh amiM, 2018	/	/	文献研究	/		大面积绿地、乔木数量、屋顶绿化、垂直绿化	铺装反射比		UHI			

居住社区绿色性能反推设计新方法
A New Retrograde Method Of Green Performance For Residential Community

3.1 基于多性能目标的街坊模型自动生成与优化方法

3.1.1 目标：城市设计中基于绿色性能的街坊布局自动优化

1. 城市设计中的重要约束——街坊尺度下的绿色性能

绿色城市设计是城市规划设计领域面对全球环境剧烈变迁，开始考虑城市空间与自然环境协调发展问题的转变，并探索基于环境与整体优先的设计思想（王建国，2011）。它旨在塑造能可持续适应城市动态变化的空间模式，并尽可能减小城市演替对自然环境造成的不利影响。城镇住区、街区与建筑等不同尺度下的设计均应遵循相应的设计原则与方法，并综合应用绿色设计与建造技术（庄宇，2018）。通过调整建筑布局、朝向、表面材料等因素，优化城市整体的生态性能与建筑单体的微气候环境（杨峰，2013）。

不同尺度下的绿色性能相互之间存在一定的约束关系，初期的街坊尺度下的绿色性能是后期单体建筑设计绿色性能的"先天条件"。目前的居住建筑设计中往往存在重视建筑单体绿色性能达标，而忽视建筑群布局绿色性能优化。由此，在建筑布局的绿色性能没有充分优化的情况下，建筑单体设计往往要采取更多的"措施"来弥补各种"先天制约"，即设计成果的质量与随后引发的各种建造成本都受其拖累。所以，在设计初期阶段的布局设计如果能够将绿色性能纳入考量，可以提高随后单体设计的"先天条件"，最终有助于提高整体设计质量。

2. 绿色性能自动优化的前提——规划指标到街坊模型的自动生成

绿色性能计算需要三维模型的支撑。在城市设计初期，一般由人工根据指标进行街坊模型的转译。在由指标转译为三维模型的过程中涉及两个子问题，首先是一组指标是否对应多种可能的城市空间。其结论是肯定的，因此需要性能尺作为筛选城市空间布局的标准。其次，在区域总量确定的情况下，如何调节分配各个地块的指标，从而找到各地块对应的指标组合。该问题的解决方法是进行多次尝试。在传统的工作流程中对于上述问题一般采取人工多次试错的方法，这些过程都必然包括从抽象的指标到具体的城市三维模型的建模工作（孙澄宇，2017）。由于手动流程巨大的工作量，一方面布局建模的效率低下，所以很难快速产生各种方案的比较，另一方面布局结果的局限性也很大，导致各种性能分析与多轮迭代优化的可行性很低。因此，从指标到模型的自动化转译是街坊性能充分优化的前提，如何基于规划指标批量生成城市三维模型对于寻找最佳的指标组合和城市空间而言是十分必要的。

3. 设计情景中的需要——多性能目标的生成与优化

随着设计软件的不断发展，很多参数化建模软件已经实现了与主流性能分析软件的数据对接，降低了性能分析计算的操作难度，让设计师进行性能优化设计成为可能。但目前在建筑群布局设计的推敲过程中普遍存在一种两难的选择：要么断断续续推进设计思维，而纳入定量化的绿色性能因素；要么保全思维的流畅性，将绿色性能因素停留在定性水平。实际情况下，设计者都选择了后者。此时，绿色性能指标便沦为了一种对根据其他因素已经基本确定的布局方案的被动描述，而失去了成为在设计思维推演中，与其他各因素共同相互作用的主动诱因。因此，将环境物理性能的自动优化求解与街坊三维模型的自动生成相衔接有助于绿色城市设计实践。

基于上述考虑，本节通过参数化编程实现了基于多性能目标的街坊自动生成与优化方法。该方法一方面设计开发面向实际的街坊自动生成工具，在参数控制下生成符合城市设计指标以及技术规范要求的多种合理建筑布局形态，另一方面结合性能分析平台和多目标优化算法对这些自动生成的街坊模型进行性能分析，并搜索能实现较好日照辐射性能和风环境性能的建筑布局形态。其实现了基于规划指标的街坊自动生成系统和基于日照辐射与风环境性能导向的城市设计及指标优化流程，弥补了自动生成算法、性能分析平台、多目标优化算法和深度强化学习算法间的数据传输裂缝，能够在今后的城市设计过程中为规划设计人员提供借鉴和参考。

3.1.2 相关研究：城市设计中的性能分析与优化探索

1. 日照辐射性能导向的分析平台与相关案例

在参数化设计优化过程中，建筑师不需要人为进行性能计算，其主要工作是调整软件参数并匹配输入数据，然后由性能分析软件计算出具体结果。目前能进行日照辐射分析的软件主要有以下几种。

（1）Ecotect & Geco

Ecotect 是 Autodesk 公司旗下的一款可持续性建筑性能分析软件。在 Ecotect 中可以调节时间段、地域气候和计算参数，并对建筑进行逐时日照辐射得热分析，其结果可通过着色网格实时显示。Geco 是 Ecotect 在 Grasshopper 平台的扩展插件，能够将 Grasshopper 中的参数模型与 Ecotect 的分析功能进行数据对接。通过 Geco 插件，使用者无需导出和导入模型即可在 Grasshopper 中便捷地进行性能分析并获取计算结果。

有的学者利用 Grasshopper 平台生成参数模型（图 3-1），并以 Geco 驱动 Ecotect 来完成日照辐射量计算，完成对城市设计方案的太阳能采集能力的定量化评估（孙澄宇，2011）。该研究实现了基于日照辐射的城市设计方案对比评价，为后续设计提供了新的视角。

图 3-1　Geco 驱动 Ecotect 进行日照辐射量计算的结果

来源：孙澄宇，2011.

（2）Radiance

Radiance 是美国能源部开发的建筑采光性能和照明模拟软件。该软件采用了蒙特卡洛算法进行优化的反向光线追踪技术，目前被广泛运用在建筑采光性能分析中，生成的图像效果可媲美专业的渲染软件。

Ecotect 也可通过接口对 Radiance 进行输出和控制，根据计算结果的数据贴图对方案进行详细定量分析（图 3-2）。Radiance 除了可以分析采光系数和日照辐射得热量，还可以分析平均辐射温度以及太阳曝辐量等（周白冰，2017）。

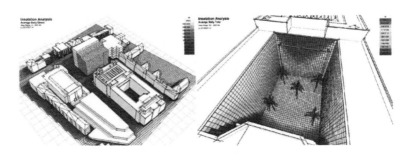

图 3-2　Radiance 计算日照辐射得热量结果

来源：http://www.gbwindows.cn/news/201405/4805.html

（3）DeST

DeST 是由清华大学开发的一款建筑环境模拟软件，它可对天空、地面以及建筑外立面的太阳光反射建立计算模型，实现较为全面的建筑外立面日照辐射得热量计算，为建筑环境性能的模拟分析和性能评价提供便利（李旻阳，2016）。

（4）Ladybug

Ladybug 是一款基于 Grasshopper 平台的性能分析插件，通过导入气候数据对日照、热辐射以及舒适度等性能进行分析，并可自定义生成的交互式可视化结果。有的学者以严寒地区的非标准建筑作为优化对象，将 Ladybug 作为性能模拟平台，以建筑外立面的日照辐射得热量作为性能指标，以降低夏季辐射得热量和提高冬季辐射得热量作为优化目标，以 Octopus 作为多目标优化算法进行了建筑形态的多目标优化研究（图 3-3）（袁栋，2018）。

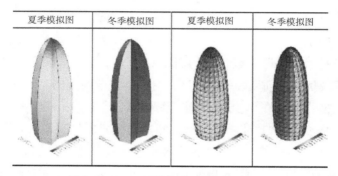

| 夏季模拟图 | 冬季模拟图 | 夏季模拟图 | 冬季模拟图 |

图 3-3　Ladybug 计算日照辐射得热量结果

来源：袁栋，2018.

2. 风环境性能导向的分析平台与相关案例

CFD 作为流体动力学、数值数学和计算机科学相结合的综合学科，其最后的应用产物是 CFD 软件。目前国际上常用的 CFD 软件有 Fluent、Phoenics、ENVI-MET、OpenFOAM、Airpak、AUTODESK CFD、CFX 等。下面介绍国内较为常用的几种 CFD 软件。

（1）Phoenics

Phoenics 是由英国 CHAM 公司开发的通用 CFD 软件，有着便捷的彩色图形交互界面，可以直接读入 STL 格式模型并自动生成网格，其缺点在于网格较为单一粗糙。Phoenics 的开放性较好，可以通过 FORTRAN 语言进行二次开发。

有学者利用 Phoenics 对深圳市滨河街区进行了风环境分析评估（图 3-4），并提出了基于风环境优化的建筑布局策略（王晶，2012）。有学者利用 Phoenics 分析了徐州高层住区建筑布局对室外风环境的影响，并进行了优化策略的模拟验证（李佳珺，2017）。

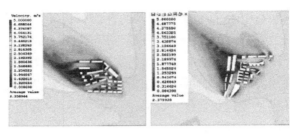

图 3-4　Phoenics 风环境模拟

来源：王晶，2012.

（2）FLUENT

FLUENT 是目前国际上较主流的商用 CFD 软件，有丰富的物理模型、先进的数值方法以及优秀的前后处理设计。针对各种复杂的流体问题，FLUENT 会采用不同的离散格式和数值方法，从而使计算速度、稳定性和精度等达到最佳组合。

有学者利用 FLUENT 对哈尔滨市不同布局模式的风环境进行了数值模拟和对比，基于风速比分析了各布局模式下风环境优劣（邵腾，2012）。还有学者开发了 Rhino、GH 平台和 FLUENT 的对接插件（图 3-5），使建筑师和研究人员能方便地将 FLUENT 运用于设计研究工作（谭子龙，2016）。通过 FLUENT 对建筑密度、布局和风向等因素与风环境的关系进行量化研究，并通过行人高度的风速比和空气龄分布对室外风环境进行评价（张聪聪，2014）。

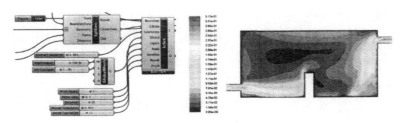

图 3-5　FLUENT 对接 GH 插件（左），FLUENT 风环境模拟（右）

来源：谭子龙，2016.

（3）OpenFOAM

OpenFOAM 是自 2004 年以来由 OpenCFD 公司发布和开发的免费开源 CFD 软件。OpenFOAM 完全由 C++ 编写并在 Linux 下运行，可以解决从复杂的流体流动，包括化学反应、湍流和热传递，到声学、固体力学和电磁学的诸多问题。目前，OpenFOAM 是目前经过最严格验证的开源 CFD 引擎，能够运行多种先进的模拟和湍流模型（从简单的 RAS 到密集的 LES）。

有的学者采用 OpenFOAM 和 FLUENT 对相同网格和工况的建筑结构模型进行风环境数值模拟，并对 OpenFOAM 进行了二次开发（图 3-6）。通过对比分析计算结果发现 OpenFOAM 模拟结果与风洞试验的结果相吻合（张洪华，2013）。

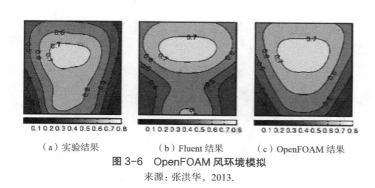

（a）实验结果　　　　　　（b）Fluent 结果　　　（c）OpenFOAM 结果

图 3-6　OpenFOAM 风环境模拟

来源：张洪华，2013.

3. 基于指标和性能的街坊模型自动生成优化相关案例

以日照时数标准、建筑体量值和建筑间距规范作为约束条件，对高层住宅自动布局问题进行了研究，通过 Geco 和 Ecotect 性能分析软件对 1m 间距的日照时数测点的分析结果作为优化算法的指标（图 3-7）。选取住宅位置，住宅朝向以及建筑层数作为优化调整的变量，将建筑体量指标和日照时数作为优化目标，通过 Rhino & Grasshopper 平台的遗传算法与退火算法对自遮挡、遮挡和综合遮挡三种典型的高层日照排布问题进行优化布局实验。尽管受分析优化时长较长的限制，该研究实现了将参数化建模软件与性能分析软件作为一个整体进行同步运算的自动优化设计方法（高菲，2014）。

针对多规则约束问题，也有研究基于帕累托最优的优化工具尝试进行多目标函数优化。比如针对居住区强排问题中，利用 Rhino & Grasshopper 平台上的 opossum 插件，即基于帕累托最优的 RBFOpt 机器学习无导数优化工具尝试进行多目标函数优化（图 3-8 ）。面对实际设计工作中的多重约束条件，比如容积率、防火间距、绿化率、日照等指标，通过调整不同目标函数的相应权重值比例来生成比较好的结果。但当限制条件较为复杂时，目标函数个数较多会导致数据维度增加，解空间异常复杂而收敛速度也会大大减慢。此外，对于多函数的权重比例调整也要求使用者具备一定的经验以达到较好的效果（宋靖华，2018 ）。

还有学者基于多主体模拟的 NetLogo 平台，进行日照约束下的居住建筑自动分布研究（刘慧杰，2009 ），基于日照间距系数和累计阴影时间两种约束模式，通过在用地范围内根据寻位逻辑移动智能主体实现建筑自动排布（图 3-9 ）。南京大学的王莹在刘慧杰的基础上加入了建筑密度与容积率等约束条件，同时增加了智能单体的寻位逻辑种类，但其用地范围仍然是理想地块。虽然 NetLogo 只是二维平台，但二者基于多主体模拟的框架，用简单的数理知识建立数字化模型，给建筑学中许多无法简单定量处理的问题提供了新思路（刘慧杰，2009 ）。

类型 优化 结果	板式住宅遮挡实验	点式住宅遮挡实验	混合住宅类型遮挡实验
	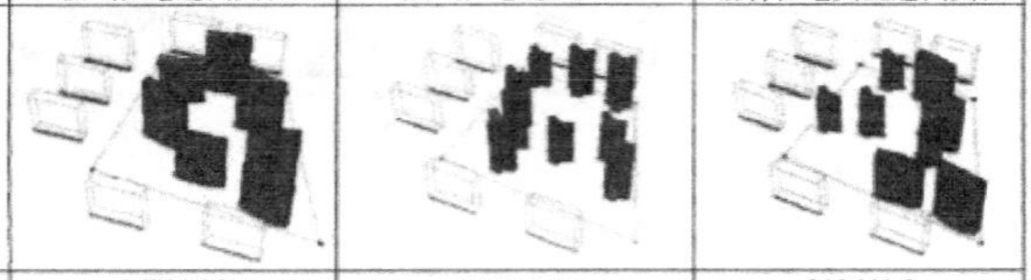		
V	367006.0	252331.7	219641.9
r	2.9	2.0	1.7

图 3-7　基于日照影响的高层住宅自动布局

来源：高菲，2014.

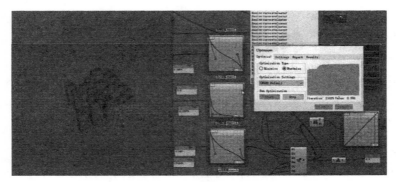

图 3-8　基于生成式设计的居住区生成强排方案

来源：宋靖华，2018.

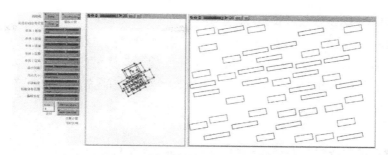

图 3-9　基于多主体模拟的日照约束下的居住建筑自动分布实验

来源：刘慧杰，2009.

3.1.3　思路与方法：基于多性能目标的自动化过程

1. 自动化思路

本系统的主要思路是通过街坊自动生成系统、性能分析模块和多目标优化模块三大部分，构建成为基于多性能目标的街坊模型自动生成与优化系统，自动化过程的重点在于各个环节的程序算法实现、数据通信与操作流程对接（图 3-10）。

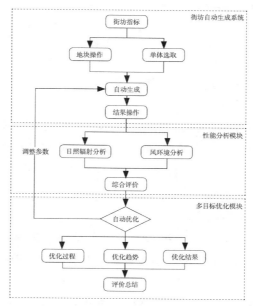

图 3-10　自动化思路图

来源：作者自绘

2. 街坊模型自动生成系统的开发方法

在自动生成部分，基于 Rhino + Grasshopper 平台，利用 GhPython 插件开发了街坊模型自动生成系统（Penguin），从而实现建筑模型的自动生成。作为后续性能分析和优化评价环节的基础，其生成参数组合应能描述各种建筑布局特征，并在符合基本规范指标的前提下囊括尽可能大的解搜索空间。

Penguin 是利用 GhPython 开发的街坊自动生成系统，能够根据地块、单体和指标参数自动生成建筑布局和模型。Penguin 由 4 个模块共计 16 个电池运算器组成，各模块分别负责完成自动生成环节的地块操作、单体选取、自动生成和结果操作（图 3-11）。在其他自动布局优化研究中，建筑布局的位置一般选择在地块内随机排布再根据间距规范等进行合理性判定，或者通过限定某种布局模式进行分类讨论。前种方法增加了许多不符合实际设计特征的解搜索空间，降低了计算效率。后者则将优化搜索限定在了较小范围内，在面向实际设计的泛用性方面有所不足。

图 3-11　Penguin 街坊自动生成系统
来源：GhPython 插件

3. 性能分析平台与方法

（1）日照辐射分析平台与方法

Ladybug 是一款基于 Grasshopper 平台的性能分析插件，该插件提供了高效直观的操作流程。首先将标准的 EnergyPlus Weather 文件（.EPW）导入 Grasshopper。它可以提供各种 2D 和 3D 交互式气候分析图形，用来支持设计早期阶段的决策过程（图 3-12）。

（2）风环境模拟平台与方法

Butterfly 是一个 Grasshopper 插件，同时也是一个 Python 库，主要用于使用 OpenFOAM 创建和运行计算流体动力学（CFD）模拟。Butterfly 可以快速将模型导出到 OpenFOAM，并运行几种常用的气流模拟，包括了用于模拟城市风力模式的室外模拟（图 3-13）。OpenFOAM 的缺点在于所有的设定都必须用代码进行编译，而且没有可视化的窗口界面，对于建筑师而言很难应用。OpenFOAM +

Butterfly 的建筑风环境分析系统则极大地降低了建筑师进行风环境分析的操作难度，相较一般的手动建模后使用 CFD 软件分析也更具优势。一方面在 Rhino 和 Grasshopper 平台可以轻松实现非线性的复杂模型，通过修改参数变量也可以任意调整设计，避免反复建模。另一方面在结合 Grasshopper 的优化插件后可以对大量设计形式进行性能分析和迭代优化，并从中选择符合设计目标的最优结果，而不是简单地在三四个方案中进行比较挑选。

图 3-12　Ladybug 功能类型
来源：https://www.ladybug.tools/ladybug.html

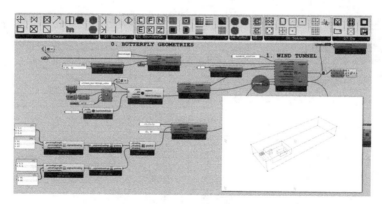

图 3-13　Butterfly 风环境模拟界面
来源：https://github.com/ladybug-tools/butterfly/wiki/

4. 多目标优化平台与方法

（1）多目标优化平台

Octopus 是一款将进化算法应用于参数化设计和解搜索的 Grasshopper 插件。它是由奥地利维也纳应用技术大学与德国 Bollinger+Grohmann Engineers 事务所开发的系列软件之一。Octopus 将进化算法与帕累托最优原理相结合，允许一次搜索多个目标，在每个目标之间产生一系列权衡优化的解决方案。相较Grasshopper 自带的进化算法工具 Galapagos，在面对实际设计中的复杂多约束问题，多目标优化的 Octopus 比单目标优化的 Galapagos 在解搜索的维度以及精确性上更具优势。Octopus 的 G 接口是参数变量的输入端口（图 3-14），可以连接Slider（滑块）或者 Galapagos 的 Gene Pool（基因池）。O 端口是优化目标变量的输入端口，可以连接多个变量且没有上限。不同于 Galapagos 可以设置优化目标趋近于最大、最小值或者某个确定数值，Octopus 基于帕累托最优原理默认搜索趋近所有目标值最小的结果。

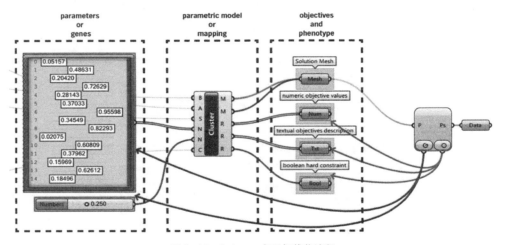

图 3-14　Octopus 多目标优化流程

来源：https://www.food4rhino.com/

（2）基因组与优化目标

Octopus 的 G 接口基因组参数的输入，可以连接 Penguin 运算器的多个输入参数的 Number Slider。基因组数量太小则解空间受限，优化结果未必最优，基因组数量过多则会导致解空间维度变高，搜索优化效率降低。本系统选择了Penguin 自动生成系统中的建筑密度、错位程度、朝向角度和高低落差四个参数组成基因组。这些参数对生成建筑布局的影响较为明显，同时也是实际建筑项目中出现频率较多的设计特征，能包含较为全面的布局可能性。

Octopus 的 O 端口可以连接多个优化目标变量，并根据帕累托最优原理形成对不同建筑布局性能优劣的评价标准。针对日照辐射性能，实验基地所在夏热冬冷地区的气候特征是夏季高温冬季寒冷。建筑布局宜尽量降低夏季接受的日照辐射，增加冬季接受的日照辐射。因此分别将 Ladybug 的 RadiationAnalysis 运算器的在夏季分析时段与冬季分析时段的日照辐射总量 Total Radiation 作为评价对象。其中夏季辐射总量 Rs 应越小越好，冬季辐射总量 Rw 应越大越好，因此在 Octopus 优化中需要将 Rw 转换为负数 -Rw 作为优化目标。

对于夏热冬冷地区的居住社区而言，在建筑布局的风环境上通常以降温为主，要能通过空间布局引导夏季主导风向朝向建筑，充分利用自然通风并促进夏季被动式降温。夏季如果通风不畅、风速过慢会影响室外散热和污染物消散，因此将所有测试点风速比中小于 1.05 的百分比 Ps 作为夏季风环境的优化目标。在冬季，当风速 >5m/s 时会影响人的正常室外活动，但由于风速的模拟结果受到入流风速的影响，因此将所有测试点风速比中大于 2 的百分比 Pw 作为冬季风环境的优化目标。

3.1.4 技术详解：街坊模型自动生成系统

1. 街坊模型自动生成系统的基本架构

（1）系统架构

街坊自动生成系统将总体流程中的各项功能划分为四个大模块（图 3-15），分别为地块操作、单体选择、自动生成与结果操作。每个大模块继续细分出若干运算器，每个运算器对应不同类型的操作功能。使用者可以根据实际需求在各大模块中自由选择需要的运算器操作地块指标，选择建筑单体并进行模型的自动生成。在生成结果后可以检验指标，导出生成数据进行统计，并输出生成的模型。

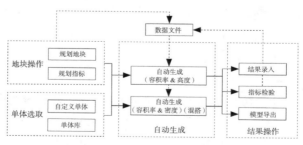

图 3-15 街坊自动生成系统架构

来源：作者自绘

（2）模块类型与操作流程

街坊自动生成系统的四大模块分别对应了地块操作、单体选择、自动生成与结果操作四项操作步骤流程。同时各个模块细分的运算器也可以对应"参数化"和"交互式"特征划分为两种功能类型（图3-16）。"交互式"功能主要实现各项基本的设置操作和生成运算。"参数化"功能则负责将运算及操作中的相关生成信息与数据文件对接，进行数据导入、修改和导出等操作。

图3-16　街坊自动生成系统模块类型
来源：作者自绘

本生成系统也试图实现设计流程中的"可重复"和"动态化"特性，整体操作流程不是一步到位，而是遵循一个可多次重复使用的通用流程框架，再在该框架内进行动态化的个性化调整。结合 Grasshopper 处理问题的逻辑特点，本研究设置了四个步骤，实际编写图形脚本中不同的操作流程都是在这四个步骤中按实际需求设置而来的。

街坊自动生成系统三种常用的模块流程（图3-17），其中流程 A 包含了将生成过程与数据文件对接所需要的运算器，流程 B 是依靠 Grasshopper 的交互操作来完成最简单的生成流程，流程 C 展示了自定义修改数据文件以及单体库从而控制生成。

（3）模块运算器

以下所示为当前街坊自动生成系统版本中各个模块下的运算器所对应的电池图标（图3-18）。这16个运算器都按 Grasshopper 的插件开发要求设置了英文名称。其中与地块操作相关的是 MatchInfo（地块指标匹配）、WriteCSV（写入数据文件）、ReadCSV（读取数据文件）。与单体选取相关的是 UnitInfo（设定建

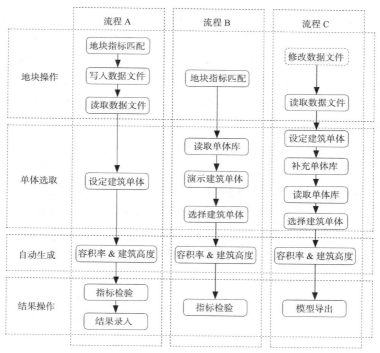

图 3-17 街坊自动生成系统模块流程

来源：作者自绘

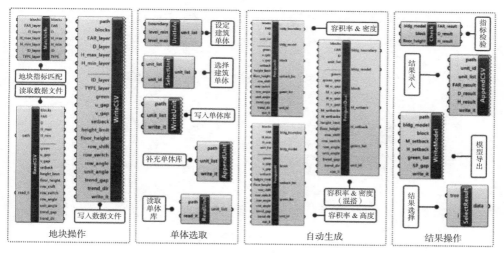

图 3-18 街坊自动生成系统运算器

来源：Penguin 自动生成系统

筑单体）、DisplayUnit（演示建筑单体）、SelectUnit（选择建筑单体）、WriteUnit（写入单体库）、AppendUnit（补充单体库）、ReadUnit（读取单体库）。自动生成相关的是 PenguinD（容积率 & 建筑密度）、PenguinH（容积率 & 建筑高度）和 PenguinDual（容积率 & 建筑密度 / 混搭）。结果操作模块下包括 Check（指标检验）、SelectResult（结果选择）、AppendCSV（结果录入）、WriteModel（模型导出）。这些运算器具有 GH 运算器的基本特性，下面将介绍这些运算器的相关参数和使用方法。

2. 街坊模型自动生成系统的地块操作

（1）MatchInfo 运算器（地块指标匹配）

在街坊自动生成系统中 MatchInfo 运算器（全称 Match Blocks Information 运算器）负责从 CAD 文件中读取地块曲线与指标信息并将各地块与其指标识别对应起来，MatchInfo 运算器的电池图标，左侧为图标显示模式，右侧为文字显示模式（图 3-19）。

MatchInfo 运算器的使用较为简单，通过 Grasshopper 的 Curve 运算器选取地块曲线，在 Panel 运算器中输入 CAD 文件中对应的指标图层名称后与输入端对应连接即可（图 3-20）。

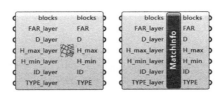

图 3-19　MatchInfo 运算器

来源：MatchInfo 运算器

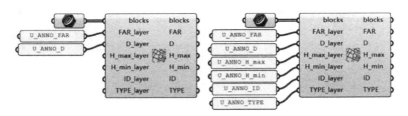

图 3-20　MatchInfo 运算器使用方法

来源：MatchInfo 运算器

（2）WriteCSV 运算器（写入数据文件）

在地块操作模块中 WriteCSV 运算器（全称 Write Blocks CSV 运算器）负责将地块曲线、指标信息以及其他参数分析处理后写入外部的 CSV 格式文件，因此只有输入端，没有输出端。图 3-21 所示为 WriteCSV 运算器的电池图标。

WriteCSV 运算器不同于一般的 Grasshopper 运算器，需要使用 Toggle 运算器作为控制其运作的开关。一般的 Grasshopper 运算器在输入端有任何新增、减少或者修改变化时都会重新运行运算器并实时更新结果，这一设计也是 Grasshopper 交互式建模的基础。但由于 WriteCSV 需要将输入数据整合后写入外部的文件，因而必须在所有输入端连接确认后进行写入操作。通过 Toggle 运算器连接输入端最下方的 write_it 接口，在输入值为 False 时运算器不会进行运算，而使用者手动调整 Toggle 值为 True 后才会将输入数据写入数据文件（图 3-22）。

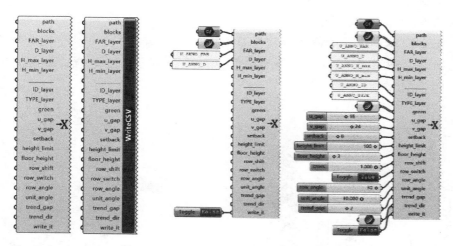

图 3-21　WriteCSV 运算器
来源：WriteCSV 运算器

图 3-22　WriteCSV 运算器使用方法
来源：WriteCSV 运算器

同时，WriteCSV 运算器输入端以"————————"为界线分为了上下两部分，上部分包括了数据文件路径、地块曲线和生成指标这些生成所必要的输入参数，下部分则包括了其他规范指标和设计因素等自定义输入参数。上部分输入值缺失会导致该运算器运作报错或之后的生成失败，下部分输入值缺失则会通过代码中的预设值进行替代，不会影响运算器的正常运作。使用者可以根据项目不同自行设置控制参数。

　　此外，由于选取进 Grasshopper 的曲线等物件会被赋予另外的 Guid（Rhino 物件 ID 编号），所以其他运算器从数据文件中读取这些 Guid 后无法在 Rhino 中找到对应模型。因此地块曲线与集中绿地都会被转换成点云物件添加进 Rhino 模型文件和数据文件。同理，trend_dir，即建筑高低落差的朝向趋势也需要将复数的点和曲线转换为单一的点云物件进行存储。因此，在使用 WriteCSV 运算器后，原模型中会增加数据文件所对应的点云模型，需要保存 Rhino 模型文件发生的更改才能使数据文件中记录的 Guid 信息与模型相对应，在下次使用时才会仍然有效。

　　（3）ReadCSV 运算器（读取数据文件）

　　在地块操作模块中 ReadCSV 运算器（全称 Read Blocks CSV 运算器）负责将地块曲线、指标信息以及其他参数从外部的 CSV 格式数据文件中读取进 Grasshopper，因此也通常与 WriteCSV 运算器搭配使用。图 3-23 所示为 ReadCSV 运算器的电池图标。

　　ReadCSV 运算器的使用也较为简单，path 输入端连接 File Path 运算器并设置数据文件路径，read_it 输入端连接 Toggle 运算器设置为 True 即可实现读取（图 3-24）。

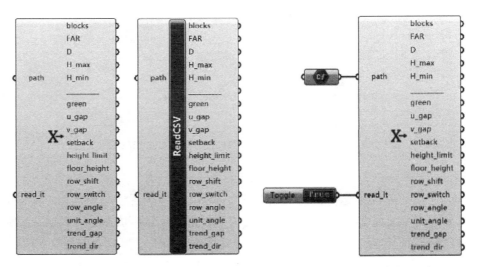

图 3-23　ReadCSV 运算器
来源：ReadCSV 运算器

图 3-24　ReadCSV 运算器使用方法
来源：ReadCSV 运算器

3. 街坊模型自动生成系统的单体选取

（1）UnitInfo 运算器（设定建筑单体）

在单体选取模块中 UnitInfo 运算器（全称 Building Unit Information 运算器）能够实现自定义建筑单体，通过输入建筑底部轮廓和层数范围得到符合自动生成系统格式要求的新单体。图 3-25 所示为 UnitInfo 运算器的电池图标。

使用 UnitInfo 运算器设定单个建筑单体时较为简单，分别在输入端输入建筑轮廓曲线、层数范围上下限的数值即可。当同时设定多个单体时，对应在 boundary 输入的多条曲线，level_min 和 level_max 也需要同时输入多个层数值，即多个数值组成的 list 列表（图 3-26）。列表中的层数值应按序对应 boundary 输入端的曲线列表顺序。也可以使用 Galapagos 的基因组运算器设置不同的层数范围。

图 3-25　UnitInfo 运算器
来源：UnitInfo 运算器

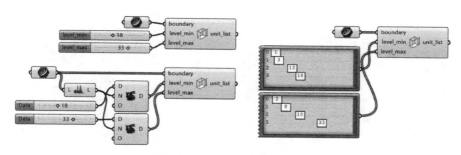

图 3-26　UnitInfo 运算器使用方法
来源：UnitInfo 运算器

（2）WriteUnit 运算器（写入单体库）

在单体选取模块中 WriteUnit 运算器（全称 Write Building Unit CSV 运算器）用来生成新的单体库文件或覆盖重写原单体库。根据不同类型的项目，使用者可以制作新的单体库来解决相应的模型生成问题。WriteUnit 运算器的电池图标，由于是写入外部单体库文件，运算器也仅需要输入端，没有输出端（图 3-27）。

使用 WriteUnit 运算器写入单体库时先连接 File Path 电池与 path 接口输入单

体库文件路径，unit_list 接口可以连接 UnitInfo、SelectUnit 等运算器输出的 unit_list 单体数据（图 3-28）。设置 Toggle 电池输入 write_it 接口 True 值即可将单体数据写入单体库文件。需要生成新的单体库时需要先新建 .csv 格式文件并将其文件路径输入 path 接口。

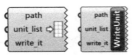

图 3-27　WriteUnit 运算器
来源：WriteUnit 运算器

图 3-28　WriteUnit 运算器使用方法
来源：WriteUnit 运算器

（3）AppendUnit 运算器（补充单体库）

在单体选取模块中 AppendUnit 运算器（全称 Append Building Unit CSV 运算器）用来在现有单体库中补充新的建筑单体。使用者可以根据自身需要不断完善单体库从而更高效地实现生成操作。AppendUnit 运算器的电池图标，由于功能与 WriteUnit 类似，运算器同样仅有输入端，没有输出端（图 3-29）。

由于功能和输入接口都类似，使用 AppendUnit 与 WriteUnit 运算器的方法也大致相同，输入 path 和 unit_list 数据后打开 write_it 开关即可（图 3-30）。

图 3-29　AppendUnit 运算器
来源：AppendUnit 运算器

图 3-30　AppendUnit 运算器使用方法
来源：AppendUnit 运算器

（4）ReadUnit 运算器（读取单体库）

在单体选取模块中 ReadUnit 运算器（全称 Read Building Unit CSV 运算器）可以读取现有单体库中的建筑单体数据。使用单体库中的单体进行生成无需再手动设定建筑单体，同时一个类型全面的单体库也能实现更好的生成效果。图 3-31 所示为 ReadUnit 运算器的电池图标。

使用 ReadUnit 运算器读取单体库文件时，首先将单体库文件路径输入 path 接口，再设置连接 read_it 接口的 Toggle 电池为 True 即可（图 3-32）。需要注意的是，当对单体库进行补充或修改后，ReadUnit 运算器不会自动更新单体数据。这时可以双击两次 Toggle 电池再次输入 True 值，ReadUnit 运算器会重新运行并读取更改后的单体库数据。

图 3-31　ReadUnit 运算器
来源：ReadUnit 运算器

图 3-32　ReadUnit 运算器使用方法
来源：ReadUnit 运算器

（5）SelectUnit 运算器（选择建筑单体）

在单体选取模块中 SelectUnit 运算器（全称 Select Building Unit 运算器）用来在多个建筑单体中选择需要的一个或多个单体。图 3-33 所示为 SelectUnit 运算器的电池图标。

SelectUnit 运算器的 unit_list 输入端可以连接 Unit_Info 运算器的输出，也可以连接 ReadUnit 运算器的输出，只要符合 unit_list 的格式即可。其 unit_id 输入端可以连接 Number Slider 电池确定某个编号值，也可以连接 Panel 电池手动输入多个编号值来选择多个单体。Panel 面板中输入的多个编号之间可以通过换行或者逗号进行分隔（图 3-34）。

图 3-33　SelectUnit 运算器
来源：SelectUnit 运算器

图 3-34　SelectUnit 运算器使用方法
来源：SelectUnit 运算器

4. 街坊模型自动生成系统的自动生成

街坊自动生成系统的自动生成模块由 PenguinH（容积率 & 建筑高度）、PenguinD（容积率 & 建筑密度）和 PenguinDual（容积率 & 建筑密度 / 混搭）三种运算器组成，是自动生成系统的核心功能。在完成地块操作和单体选取后，即可根据指标组合选择 PenguinH 或者 PenguinD、PenguinDual 进行自动生成的操作。两种运算器在代码结构上大体相同，主要区别在于输入端的指标组合不同以及其所导致的指标相关计算逻辑上的局部差异。因此在本章节中对这两种运算器一并进行说明，图 3-35 左侧为 PenguinH，右侧为 PenguinD 运算器的电池图标，以及 PenguinDual 运算器的电池图标（图 3-36）。

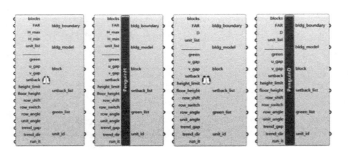

图 3-35　PenguinH 运算器（左），PenguinD 运算器（右）
来源：PenguinH 运算器

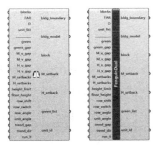

图 3-36　PenguinDual 运算器
来源：PenguinDual 运算器

　　使用者首先需要根据指标组合选择 PenguinH 或者 PenguinD 进行自动生成的操作。如果根据容积率和建筑高度进行生成就使用 PenguinH，根据容积率和建筑密度则选择 PenguinD。在完成地块操作和单体选取后，将相应参数接入的输入端。对于"＿＿＿＿＿＿"以下的参数，可以根据需要进行设定。最后连接 Toggle 电池与 run_it 接口，并输入 True 即可进行自动生成运算。

　　（1）常规使用方法

　　PenguinH 或 PenguinD 运算器的常规使用方法（图 3-37），输入端"＿＿＿＿＿＿"以上的参数与地块操作和单体选取模块的运算器相连接，以下的参数则通过 Grasshopper 中 Parameter 模块的电池进行设定。例如 green（集中绿地）等模型参数一般与 Curve 电池或 Point 电池连接，u_gap（东西向间距）等数值类参数一般与 Number Slider 电池连接，而 run_it（运行开关）等控制参数一般与 Toggle 电池相连。输入端的各参数按照来源可以分为规范参数与设计参数两类。FAR 与 u_gap 等参数通常根据项目指标和规范标准确定，属于较难进行调整的规范参数。而 row_angle 和 trend_dir 等设计参数与实践中常使用的设计手法相对应，例如 row_shift 可以实现建筑之间的错位并获得更好的视线，row_angle 可以调整建筑排布的朝向，trend_dir 可以实现南低北高的高度配置策略等。通过调整这些设计参数可以更精确地控制生成效果，从而符合设计师的预期目标。

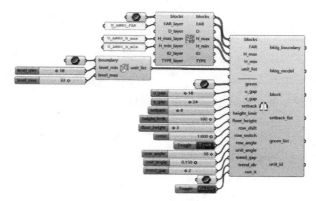

图 3-37　Penguin 运算器常规使用方法

来源：PenguinDual 运算器

（2）简便使用方法

图 3-38 为手动设置地块指标进行自动生成的简便使用方法。FAR 和 D 接口除了连接地块操作模块的输出结果，也支持直接连接 Number Slider 电池进行指标设置。在输入端"＿＿＿＿＿＿"以下参数没有输入的情况下，运算器会根据预设的默认值进行生成运算。其中 green 默认值为 Null，没有集中绿地，u_gap 为 18，v_gap 为 24，setback 为 8，height_limit 为 150，floor_height 为 3，row_shift 为 0，即没有错位，row_switch 为 False，row_angle 和 unit_angle 均为 0，trend_gap 为 1，trend_dir 为 Null，默认趋势为南低北高。

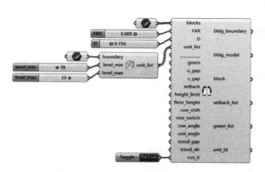

图 3-38　Penguin 运算器简便使用方法

来源：PenguinDual 运算器

（3）数据文件使用方法

还有完全通过读取外部数据进行自动生成的使用方法（图 3-39）。如果有数据文件存储了地块指标等相关数据，可以使用 ReadCSV 运算器读取后与 PenguinH 或 PenguinD 的输入端对应连接。同理，如果有单体数据库文件存储了建筑单体数据，也可以使用 ReadUnit 运算器读取后输入。使用者可以通过 Excel 等软件快速地编辑地块与单体信息，并对指标及参数进行细微调整。在需要处理大量地块的生成任务中，利用数据文件控制自动生成会更有效率。

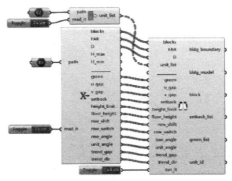

图 3-39　Penguin 运算器数据文件使用方法
来源：PenguinDual 运算器

5. 街坊模型自动生成系统的结果操作

（1）Check 运算器（指标检验）

在结果操作模块中 Check 运算器（全称 Check Generation Result 运算器）负责根据 PenguinH 或 PenguinD 运算器生成的模型结果计算实际得到的容积率、建筑密度以及建筑高度。图 3-40 所示为 Check 运算器的电池图标。

图 3-40　Check 运算器
来源：Check 运算器

Check 运算器的使用方法较为简单，分别在输入端接入建筑模型、地块曲线以及层高数值即可（图 3-41）。在与 PenguinH 或 PenguinD 运算器配合使用的情

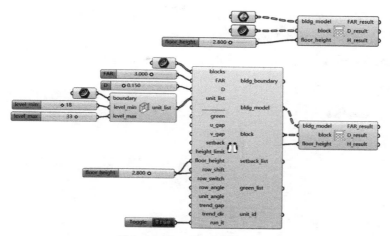

图 3-41　Check 运算器使用方法

来源：Check 运算器

况下，其输出结果的树形数据结构也会与输入相一致。在后续写入结果操作中需要根据该树形数据结构识别不同的地块项目并将结果一一对应。

（2）AppendCSV 运算器（结果录入）

在结果操作模块中 AppendCSV 运算器（全称 Append Result CSV 运算器）负责将自动生成结果的实际指标、单体信息以及模型数据写入外部的 CSV 数据文件，因此也只有输入端，没有输出端。图 3-42 所示为 AppendCSV 运算器的电池图标。

图 3-42　AppendCSV 运算器

来源：AppendCSV 运算器

使用 AppendCSV 运算器录入生成结果需要从多个运算器继承参数数据（图 3-43）。首先 path 参数应与 ReadCSV 运算器读取的文件路径相同。建筑单体的 unit_id 参数从自动生成模块继承，unit_list 参数则应与自动生成模块的输入相同。

实际的 FAR_result 等结果指标可以从 Check 运算器继承。最后在 write_it 输入端输入 True 即可录入生成结果数据。当调整参数重新生成结果后，也可以使用 AppendCSV 运算器重新录入，新的结果会覆盖原有数据。

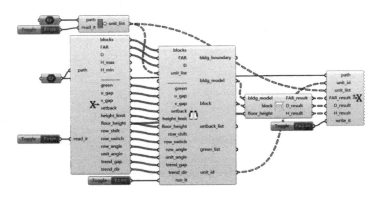

图 3-43　AppendCSV 运算器使用方法
来源：AppendCSV 运算器

（3）WriteModel 运算器（模型导出）

在结果操作模块中 WriteModel 运算器（全称 Write Model CSV 运算器）可以将生成的模型结果与地块曲线等导出为 CSV 格式文件，故同理只有输入端。其作用是为支持外部程序或脚本读取生成的模型进行后续开发操作，避免了自行开发程序来读取特定格式模型文件的工作量。图 3-44 所示为 WriteModel 运算器的电池图标。

图 3-44　WriteModel 运算器
来源：WriteModel 运算器

WriteModel 运算器的输入参数一般从 PenguinH 或 PenguinD 运算器继承，其余的退线距离以及日照时数测量点间距参数可以使用 Number Slider 电池进行自定义设置（图 3-45）。其路径参数与其他运算器较为不同，WriteModel 的

path 需要指定 Folder（文件夹）路径，而其他运算器的 path 参数需要指定的是 File（文件）路径。最后在 write_it 接口连接 Toggle 电池输入 True 值即可完成导出模型操作。

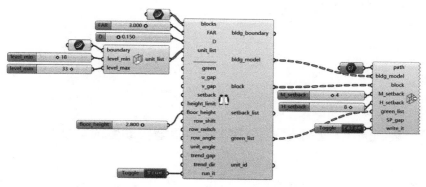

图 3-45　WriteModel 运算器使用方法
来源：WriteModel 运算器

（4）SelectResult 运算器（结果选择）

在结果操作模块中 SelectResult 运算器（全称 Select Dual Result 运算器）可以对 PenguinDual 运算器生成的多个解集进行筛选。其作用是从 bldg_model 等数据中得到单个指定结果。图 3-46 所示为 SelectResult 运算器的电池图标。

图 3-46　SelectResult 运算器
来源：SelectResult 运算器

SelectResult 运算器的 tree 输入参数一般从 PenguinDual 运算器继承，可以连接 bldg_boundary、bldg_model 和 unit_id 的输出结果（图 3-47）。i 参数即选择的结果编号可以使用 Number Slider 电池进行自定义设置。

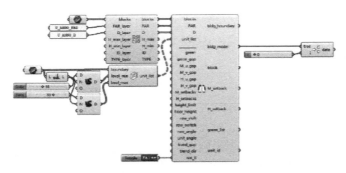

图 3-47　SelectResult 运算器使用方法

来源：SelectResult 运算器

3.1.5　案例演示：上海昱丽家园地块的模型自动生成与优化

1. 项目概述

根据给定的实验地块轮廓与容积率指标，使用 Penguin 街坊自动生成系统调整建筑密度、建筑错位、朝向角度和旋转角度四种参数，生成基于行列式且符合建筑间距的建筑布局。针对日照时数符合规范要求；立面日照辐射得热量夏季较少，冬季较多；风环境分析各测试点的风速比系数，夏季小于 1.05 的百分比较小，冬季大于 2 的百分比较小，寻找夏冬两季综合性能优化更好的指标组合与建筑布局。

2. 优化过程

（1）Penguin 自动生成

居住社区的地块规模和形状各异，有相对规整的，也有边界复杂的。为了验证本研究开发的 Penguin 街坊自动生成系统的通用性和普遍性，实验选取了实际建成的较复杂形状地块作为基地进行研究。实验地块形状为倒置的凸字形，是较为规整的四边形地块划分出配套设施后形成的边界。地块东西向长约 300m，南北向长约 200m（图 3-48）。通过 Grasshopper 拾取地块曲线，MatchInfo（地块指标匹配）运算器会根据指标文字所在的图层名自动拾取指标并与地块进行匹配。

实验选取了地块现有的板式高层住宅作为建筑原型，并使用 UnitInfo（设定建筑单体）运算器进行了建筑单体的参数设定并输出符合街坊自动生成系统格式要求的建筑单体数据（图 3-49）。

实验选取 PenguinD 运算器自动生成建筑布局，将地块操作与单体选取的结

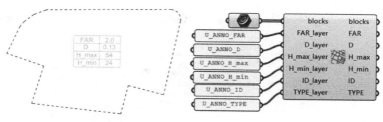

图 3-48　实验地块（左），GH 运算器（右）
来源：GH 运算器

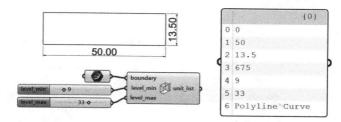

图 3-49　建筑单体平面（左上），GH 运算器（左下），单体数据（右）
来源：GH 运算器

果输入运算器，并通过 Number Slider 等电池运算器设置规范指标和设计布局参数（图 3-50）。由于在优化评价环节需要多个控制参数作为基因皿来获得尽可能大的解搜索空间，因此建筑密度 D 也使用 Number Slider 进行自定义，取值范围为 0.07 ~ 0.15。根据《上海市城市规划管理技术规定》中关于建筑间距与建筑退让的规定：高层居住建筑南北向平行布置时，建筑间距不小于南侧高层建筑高度的 0.5 倍，且其最小值浦西内环线以内地区为 24m，其他地区为 30m；高层居住建筑的山墙与高、多、低层居住建筑的山墙间距不小于 13m；沿建筑基地边界的高层建筑，其离界距离最小值浦西内环线以内地区为 12m，其他地区为 15m。因此 u_gap（东西向间距）参数设置为 13m，v_gap（南北向间距）参数设置为 30m，setback（退界距离）设置为 15m。

此外，row_shift（建筑错位）的取值范围为 0-1，取值越大则错位程度越明显；row_angle（朝向角度）和 unit_angle（旋转角度）根据《被动式太阳能建筑技术规范》JGJ/T 267—2012 中关于建筑朝向的条文，取值范围为 ±30°；trend_gap（高低落差）取值范围为 1 ~ 5 层。如表 3-1 所示是通过调整各项控制参数生成的模型示意。

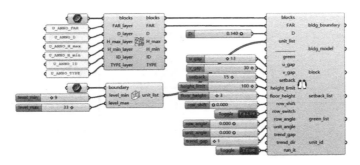

图 3-50　Penguin 自动生成电池图
来源：Penguin

Penguin 自动生成结果示意　　　　　表 3-1

来源：作者自绘

参变量	D 0.140 / row_shift 0.000 / row_angle 0.000 / trend_gap 1	D 0.100 / row_shift 0.000 / row_angle 0.000 / trend_gap 1
自动生成模型		
参变量	D 0.115 / row_shift 0.000 / row_angle 19.160 / trend_gap 1	D 0.101 / row_shift 0.000 / row_angle -20.000 / trend_gap 1
自动生成模型		
参变量	D 0.096 / row_shift 0.491 / row_angle 0.000 / trend_gap 5	D 0.096 / row_shift 0.410 / row_angle 19.898 / trend_gap 5
自动生成模型		

（2）日照辐射性能分析计算

使用 Ladybug 的日照辐射分析模块（图 3-51），通过 Analysis Period 运算器设置需要计算的时间段，夏季分析时段为 7 月 1 日至 9 月 30 日全天，冬季分析时段为 12 月 1 日至 2 月 28 日全天。连接 cumulative Sky Mtx 和 Analysis Period 结果至 Select Sky Mtx 运算器提取相应时间段的天空日照辐射数据。

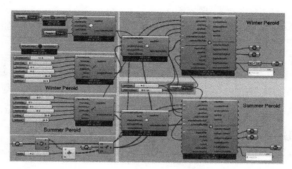

图 3-51　Ladybug 日照辐射分析模块
来源：Ladybug

Radiation Analysis 需要输入两类模型，一类是需要进行日照辐射分析的模型（_geometry），另一类是会对被测物体造成遮挡的周边建筑模型（context_）。本研究只计算建筑立面部分的日照辐射得热量，因此首先设计电池组炸开模型并提取 4 个立面的 surface 模型。如表 3-2 所示为日照辐射性能分析的具体参数输入。

Ladybug 日照辐射性能分析输入端一览表　　　　　　表 3-2

来源：作者自绘

运算器	参数	输入值
Ladybug_Open EPW Weather File	_open	CHN_Shanghai. Shanghai.583620_CSWD.epw
Ladybug_Analysis Period （夏季）	_fromMonth_	7
	fromDay	1
	toMonth	9
	toDay	30
Ladybug_Analysis Period （冬季）	_fromMonth_	12
	fromDay	1

续表

运算器	参数	输入值
Ladybug_Analysis Period（冬季）	_toMonth_	2
	toDay	28
Ladybug_Radiation Analysis	_geometry	List Item
	context_	Merge
	gridSize	5
	_disFrom_Base	0.1

（3）风环境性能分析计算

首先使用 Create Butterfly Geometry 运算器生成特定格式的 BFGeometries（图 3-52）（Butterfly 格式几何物体）。将 Penguin 自动生成的模型与周边建筑模型输入给 Create Butterfly Geometry 运算器的 _geo 参数。

使用 Create Case From Tunnel 运算器生成风洞以及 OpenFOAM 项目文件（图 3-53）。连接上一步生成的 BFGeometries 至相应参数接口，并在 _name 参数设置项目名称。连接如图所示 Refinement Region 模块与 refRegions_ 参数进行精细化区域设定（图 3-54）。使用 Butterfly 的 Wind Vector 运算器和 Tunnel Params 运算器设置初始的风向风速以及风洞参数。

图 3-52　Butterfly 风环境分析物体模型模块
来源：Butterfly

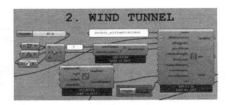

图 3-53　Butterfly 风环境分析风洞模型模块
来源：Butterfly

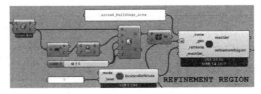

图 3-54　Butterfly 风环境分析优化区域模块
来源：Butterfly

　　对于风速与风向的设置，本研究根据《民用建筑绿色性能计算标准》JGJ/
T449－2018 中室外气象计算参数表确定相应的风速及风向参数。此处实验基地
位于上海，测试风向选择夏季盛行风向 SE 东南风、冬季盛行风向 NW 西北风和
平均风速 3m/s（图 3-55）。

省 / 直辖市 / 自治区	市 / 区 / 自治州	夏季盛行风（最多风向）		冬季盛行风（最多风向）		热岛计算参数	
		风向	平均风速（m/s）	风向	平均风速（m/s）	室外温度（℃）	水平总辐射照度（W/m²）
北京	北京	SW	3.0	N	4.7	29.7	354
天津	天津	S	2.4	N	4.8	29.8	375
上海	上海	SE	3.0	NW	3.0	31.2	285

图 3-55　室外气象计算参数
来源：JGJ/T449-2018，民用建筑绿色性能计算标准 [S].

　　使用 blockMesh 运算器和 snappyHexMesh 运算器调用 OpenFOAM 的相应函
数功能对风洞及分析物体进行网格划分（图 3-56）。

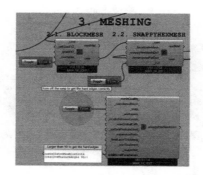

图 3-56　Butterfly 风环境分析网格细分模块
来源：Butterfly

　　Butterfly 默认网格划分模式为非结构网格，本研究选择默认模式进行实验。
如图所示为风洞模型的网格划分结果示意（图 3-57）。

　　使用 Solution 运算器继承上述步骤产生的 case 项目文件，并调用 OpenFOAM
运行相应的风环境模拟模块（图 3-58）。通过 Analysis Points 模块设置测试点
（图 3-59）。设置 interval 参数控制更新数据的时间间隔，此处为了后续优化算法

不被运算中的数据更新干扰，设置为 interval 为 –1 使运算器在完成全部运算后再更新数据。如表 3-3 所示为风环境性能分析的具体参数输入。

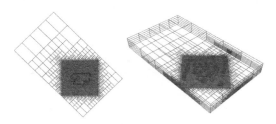

图 3-57　Butterfly 风环境分析网格细分示意
来源：Butterfly

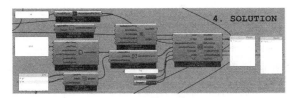

图 3-58　Butterfly 风环境分析模拟计算模块
来源：Butterfly

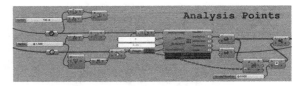

图 3-59　Butterfly 风环境分析测试点模块
来源：Butterfly

Butterfly 风环境性能分析输入端一览表　　　　　　　　表 3-3

来源：作者自绘

运算器	参数	输入值
Butterfly_Create Butterfly Geometry	refineLevels_	（4，4）
Butterfly_Wind Vector	_windSpeed	3.0
	windDirection	（–0.707，0.707，0）
Butterfly_LocationRefinementMode	_level	5

续表

运算器	参数	输入值
Butterfly_ decompose ParDict scoth	_numOfCpus_	4
Butterfly_controlDict	_endTime_	100
Butterfly_probes	_points	Honeybee_ GenerateTestPoints
	fields	P, U
Honeybee_ GenerateTestPoints	_gridSize	5
	_distBaseSrf	0.01
Butterfly_Solution	_recipe	Butterfly_SteadyIncomp
	interval	−1

（4）综合评价优化目标

实验共设置 4 个优化目标，分别是夏季立面日照辐射得热量、冬季立面日照辐射得热量、夏季风速比结果中小于 1.05 的百分比以及冬季风速比结果中大于 2 的百分比。需要注意的是，由于 Octopus 优化只能趋近最小值，因此夏季辐射总量的结果 Rs 可以直接采用，冬季辐射总量的结果 Rw 需要转换为负数 -Rw 作为优化目标。

（5）多目标自动优化

将上述的 4 个优化目标 Rs、Rw、Ps 和 Pw 连接到 Octopus 的 O 输入端接口，将建筑密度 D、错位程度 row_shift、布局朝向 row_angle 以及高度落差 trend_gap 四个参数作为基因组连接到 Octopus 的 G 输入端接口，从而形成循环迭代的优化流程（图 3-60）。

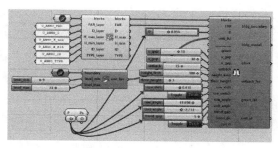

图 3-60　Octopus 输入端示意

来源：Octopus

双击 Octopus 运算器打开优化算法界面，可以对优化参数进行设定。通过调整迭代代数、变异机率的参数以获得较理想的精英解和非精英解分布，具体设置如表 3-4 所示。

Octopus 输入参数一览表　　　　　　　　表 3-4

来源：作者自绘

参数	输入值
Genome	NumberSlider_D
	NumberSlider_row_shift
	NumberSlider_row_angle
	NumberSlider_trend_gap
Octopus	totalRadiation（Summer）
	-totalRadiation（Winter）
	Ps
	Pw
Elitism	0.500
Mut. Probability	0.200
Mutation Rate	0.900
Crossover Rate	0.800
Population Size	50
Max. Generation	50
Record Interval	1
Save Interval	1

在设定 Octopus 运算器的优化参数后，点击界面中的 Start 开始优化计算。实验中最大优化代数为 50 代，当运算至 50 代时运算器会自动停止。图 3-61 所示为 Octopus 优化的解空间结果。经过 50 代的多目标优化，输出的帕累托前沿解在解空间中呈现收敛关系。在 Octopus 的迭代优化运算中，每一代都会运算与种群数量相同的解。本次优化实验相当于进行了 $50 \times 50 \times 2 = 5000$ 次的日照辐射分析和风环境模拟，因此整体耗时较长，随着神经网络的发展，之后也可以尝试用神经网络推理预测代替流体动力学有限元计算分析，以缩短迭代优化时间。

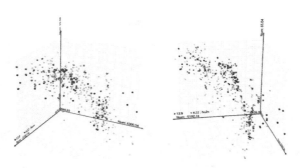

图 3-61　Octopus 优化解空间示意
来源：Octopus

（6）日照约束下基于深度强化学习框架的布局优化

通过 WriteModel（模型导出）运算器导出优化后的模型为 CSV 格式文件（图 3-62），使用日照标准约束下基于深度强化学习框架的高层建筑群自动布局方法进行基于日照时数标准的布局优化，再将优化结果重新进行性能分析与多目标优化得到最优解，具体流程同上述步骤类似，因此这里不再赘述。

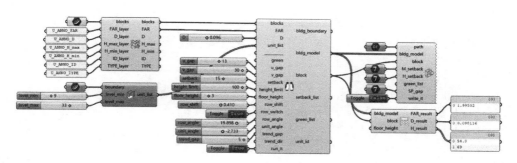

图 3-62　Penguin 模型导出电池图
来源：Penguin

3. 成果的筛选与分析

（1）基于 Penguin 自动生成布局的实验数据

1）参照组实验数据

为了分析比较优化效果，首先在早期代数中随机选取了数种不同密度的建筑布局作为参照组。具体的建筑布局、日照辐射与风环境分析结果详见表 3-5。

参照组实验结果 表3-5

来源：作者自绘

			夏季日照辐射模拟图	冬季日照辐射模拟图
1	基因组	建筑密度 D=0.121		
		错位程度 row_shift=0.98		
		朝向角度 row_angle=-25.1		
		高度落差 trend_gap=1		
	优化目标	夏季累计日照辐射得热量 Rs=7.1807E+06kWh	夏季风环境模拟图	冬季风环境模拟图
		冬季累计日照辐射得热量 Rw=6.4578E+06kWh		
		夏季风速比指标 Ps=64.33%		
		冬季风速比指标 Pw=3.92%		
2	基因组	建筑密度 D=0.147	夏季日照辐射模拟图	冬季日照辐射模拟图
		错位程度 row_shift=0.28		
		朝向角度 row_angle=27.837		
		高度落差 trend_gap=3		
	优化目标	夏季累计日照辐射得热量 Rs=6.9944E+06kWh	夏季风环境模拟图	冬季风环境模拟图
		冬季累计日照辐射得热量 Rw=6.1300E+06kWh		
		夏季风速比指标 Ps=72.55%		
		冬季风速比指标 Pw=3.63%		

续表

3	基因组	建筑密度 D=0.07	夏季日照辐射模拟图	冬季日照辐射模拟图
		错位程度 row_shift=0.03		
		朝向角度 row_angle=1.193		
		高度落差 trend_gap=5		
	优化目标	夏季累计日照辐射得热量 Rs=7.2072E+06kWh	夏季风环境模拟图	冬季风环境模拟图
		冬季累计日照辐射得热量 Rw=7.5318E+06kWh		
		夏季风速比指标 Ps=55.92%		
		冬季风速比指标 Pw=9.34%		

2）帕累托前沿解实验数据

为了检验实验优化的结果，本研究在得到的帕累托前沿解进行筛选并提取 5 个解通过列表形式展示其基因组与优化目标。解在空间中距离原点距离越近，则说明指标优化较好。通过表格整理前沿解所对应的生成参数基因组、夏冬季的累计日照辐射得热量、夏冬季风环境分析中风速比的百分比指标以及具体的建筑布局进行对比分析，优化筛选的结果可详见表3-6。

帕累托前沿解实验结果　　　　　　　　　　　　　表 3-6

来源：作者自绘

1	基因组	建筑密度 D=0.123	夏季日照辐射模拟图	冬季日照辐射模拟图
		错位程度 row_shift=0		
		朝向角度 row_angle=−5.56		
		高度落差 trend_gap=3		

续表

			夏季风环境模拟图	冬季风环境模拟图
1	优化目标	夏季累计日照辐射得热量 Rs=6.8918E+06kWh 冬季累计日照辐射得热量 Rw=6.7044E+06kWh 夏季风速比指标 Ps=64.05% 冬季风速比指标 Pw=3.03%		
2	基因组	建筑密度 D=0.105 错位程度 row_shift=0 朝向角度 row_angle=0.5 高度落差 trend_gap=4	夏季日照辐射模拟图 	冬季日照辐射模拟图
	优化目标	夏季累计日照辐射得热量 Rs=7.1369E+06kWh 冬季累计日照辐射得热量 Rw=7.2727E+06kWh 夏季风速比指标 Ps=61.81% 冬季风速比指标 Pw=3.44%	夏季风环境模拟图 	冬季风环境模拟图
3	基因组	建筑密度 D=0.113 错位程度 row_shift=0.535 朝向角度 row_angle=0.9 高度落差 trend_gap=4	夏季日照辐射模拟图 	冬季日照辐射模拟图

续表

3	优化目标	夏季累计日照辐射得热量 Rs=6.8969E+06kWh	夏季风环境模拟图	冬季风环境模拟图
		冬季累计日照辐射得热量 Rw=7.0867E+06kWh		
		夏季风速比指标 Ps=61.06%		
		冬季风速比指标 Pw=3.45%		
4	基因组	建筑密度 D=0.123	夏季日照辐射模拟图	冬季日照辐射模拟图
		错位程度 row_shift= 0.04		
		朝向角度 row_angle= 0.500		
		高度落差 trend_gap=4		
	优化目标	夏季累计日照辐射得热量 Rs=6.9301E+06kWh	夏季风环境模拟图	冬季风环境模拟图
		冬季累计日照辐射得热量 Rw=7.1057E+06kWh		
		夏季风速比指标 Ps=61.61%		
		冬季风速比指标 Pw=3.20%		
5	基因组	建筑密度 D=0.123	夏季日照辐射模拟图	冬季日照辐射模拟图
		错位程度 row_shift=0		
		朝向角度 row_angle= −6.9		
		高度落差 trend_gap=5		

续表

| 5 | 优化目标 | 夏季累计日照辐射得热量
Rs=7.0165E+06kWh
冬季累计日照辐射得热量
Rw=6.9852E+06kWh
夏季风速比指标
Ps=60.53%
冬季风速比指标
Pw= 2.35% | 夏季风环境模拟图
 | 冬季风环境模拟图
 |

3）实验数据分析与比较

通过对比参照组、非前沿解与帕累托前沿解的日照辐射性能与风环境性能指标，可以看出经过基于多性能目标优化后，4 项性能指标区域收敛，并稳定在相对合理的区间内（图 3-63）。

对比帕累托前沿解与参照组的优化目标值，如表 3-7 所示可以看出优化结果在夏季与冬季日照辐射得热量存在以下特征：

日照辐射实验结果表   表 3-7
来源：作者自绘

解 \ 结果	夏季累计日照辐射得热量 Rs（kWh）	冬季累计日照辐射得热量 Rw（kWh）	夏冬季累计得热量差值 Rs-Rw（kWh）
帕累托 1	6.8918E+06	6.7044E+06	187400
帕累托 2	7.1369E+06	7.2727E+06	−135800
帕累托 3	6.8969E+06	7.0867E+06	−189800
帕累托 4	6.9301E+06	7.1057E+06	−175600
帕累托 5	7.0165E+06	6.9852E+06	31300
参照组 1	7.1807E+06	6.4578E+06	722900
参照组 2	6.9944E+06	6.1300E+06	864400
参照组 3	7.2072E+06	7.5318E+06	−324600

①夏季和冬季的日照辐射得热量存在正相关关系并同时增大或减小；

②帕累托前沿解在夏季和冬季的日照辐射得热量对比表现不佳的参照组布局有一定优化，其中夏季日照辐射得热量的最大降幅为（7.2072−6.8918）/7.2072=4.38%，冬季日照辐射得热量的最大涨幅为（7.2727−6.1300）/6.1300=

18.64%。结合相应的基因组可以看出，建筑密度过低会对夏季避免过多日照辐射造成不利影响，朝向角度过大则会对冬季获得充足日照辐射产生不利影响。

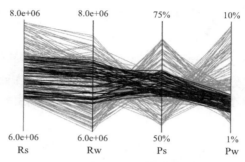

图 3-63　基于多性能目标的优化趋势图

来源：Penguin

③帕累托前沿解在平衡夏冬季日照辐射得热量上表现较好，其夏冬季得热量差值相较参照组较小，同时部分解能使冬季的日照辐射得热量大于夏季。

如表 3-8 所示，对夏冬季的风速比百分比指标进行分析可以看出，帕累托前沿解的夏季风速比指标处于 60% 至 65% 的区间，冬季风速比指标处于 2% 至 3.5% 的区间，这些解一方面保证了夏季的自然通风流畅，另一方面也能避免冬季的寒潮侵袭。

风环境实验结果表　　　　　　　　　　　表 3-8

来源：作者自绘

解 \ 结果	夏季风速比 <1.05 的百分比 Ps（%）	冬季风速比 >2 的百分比 Pw（%）
帕累托 1	64.05	3.03
帕累托 2	61.81	3.44
帕累托 3	61.06	3.45
帕累托 4	61.61	3.20
帕累托 5	60.53	2.35
参照组 1	64.33	3.92
参照组 2	72.55	3.63
参照组 3	55.92	9.34

相较参照组 2 建筑密度较大且朝向正对盛行风向的布局，其在夏季的风速比 Ps 指标较高会导致风速减缓，通风不畅，帕累托解的最大降幅为（72.55 ~ 61.06）/ 72.55=15.8%。相较参照组 3 建筑布局正南向但密度较小的情况，其在夏季的风速表现较好，但在冬季也会导致局部风速过大，影响室外行人的正常活动，帕累托解的最大降幅为（9.34−2.48）/9.34=74.84%。

通过对比参照组与帕累托前沿解的筛选结果，如表 3-9 所示可以看出帕累托前沿解的基因组稳定分布在一定空间内，其中建筑密度 D 处于 0.105 至 0.123 区间内，且建筑密度为 0.123 的情况较多，错位程度 row_shift 处于 0 至 0.535 区间内，朝向角度 row_angle 倾向于 −6.0 或 0.5 左右，高度落差处于 3 至 5 区间内。相较参照组，经过优化的帕累托前沿解具有以下特征：

①建筑密度值居中，回避了密度较高或较低的情况；

②错位程度本身会受到地块轮廓与朝向角度的影响，没有较优的趋势；

③朝向角度集中在正南向或与南向边平行的角度，回避了角度过大的情况；

④高度落差趋向于 3 至 5 层的较大值区间范围。

自动生成基因组实验结果表　　　　　　　　　　　表 3-9

来源：作者自绘

解 \ 结果	建筑密度	错位程度	朝向角度	高度落差
帕累托 1	0.123	0	−5.56	3
帕累托 2	0.105	0	0.5	4
帕累托 3	0.113	0.535	0.9	4
帕累托 4	0.123	0.04	0.5	4
帕累托 5	0.123	0	−6.9	5
参照组 1	0.121	0.98	−25.1	1
参照组 2	0.147	0.28	27.837	3
参照组 3	0.07	0.03	1.193	5

（2）基于日照标准下深度强化学习算法自动优化布局的实验数据

综合比较得到的帕累托前沿解的夏冬季日照辐射与风环境性能，选择了优化效果较好的第 4 种建筑布局作为后续基于日照标准约束下深度强化学习框架的布局优化方法的实验对象，具体建筑布局数据如表 3-10 所示。

深度强化学习算法的实验对象 表 3-10

来源：作者自绘

		夏季日照辐射模拟图	冬季日照辐射模拟图
基因组	建筑密度 D=0.123		
	错位程度 row_shift= 0.04		
	朝向角度 row_angle= 0.500		
	高度落差 trend_gap=4		
优化目标	夏季累计日照辐射得热量 Rs=6.9301E+06kWh	夏季风环境模拟图	冬季风环境模拟图
	冬季累计日照辐射得热量 Rw=7.1057E+06kWh		
	夏季风速比指标 Ps=61.61%		
	冬季风速比指标 Pw=3.20%		

经过布局优化和多性能目标优化后，各个解均满足上海市住宅建筑日照标准且环境性能表现较好（图 3-64）。本研究继续在得到的解中提取了优化目标值较好的 5 个解，并通过表格方式说明各个解的自动生成基因组以及环境性能指标，优化结果可详见表 3-11。

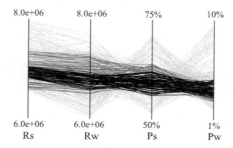

图 3-64 基于深度强化学习算法的优化趋势图

来源：Penguin

深度强化学习算法优化实验结果　　　　　　　表 3-11

来源：作者自绘

			夏季日照辐射模拟图	冬季日照辐射模拟图
1	基因组	建筑密度 D=0.123		
		错位程度 row_shift= 0.04		
		朝向角度 row_angle= 0.500		
		高度落差 trend_gap=4		
	优化目标	夏季累计日照辐射得热量 Rs=6.7843E+06kWh	夏季风环境模拟图	冬季风环境模拟图
		冬季累计日照辐射得热量 Rw=6.9721E+06kWh		
		夏季风速比指标 Ps=56.13%		
		冬季风速比指标 Pw=3.06%		
2	基因组	建筑密度 D=0.123	夏季日照辐射模拟图	冬季日照辐射模拟图
		错位程度 row_shift= 0.04		
		朝向角度 row_angle= 0.500		
		高度落差 trend_gap=4		
	优化目标	夏季累计日照辐射得热量 Rs=6.8327E+06kWh	夏季风环境模拟图	冬季风环境模拟图
		冬季累计日照辐射得热量 Rw=6.9892E+06kWh		
		夏季风速比指标 Ps=55.19%		
		冬季风速比指标 Pw=3.78%		

续表

			夏季日照辐射模拟图	冬季日照辐射模拟图
3	基因组	建筑密度 D=0.123		
		错位程度 row_shift= 0.04		
		朝向角度 row_angle= 0.500		
		高度落差 trend_gap=4		
	优化目标	夏季累计日照辐射得热量 Rs=6.8198E+06kWh	夏季风环境模拟图	冬季风环境模拟图
		冬季累计日照辐射得热量 Rw=6.9877E+06kWh		
		夏季风速比指标 Ps=56.72%		
		冬季风速比指标 Pw=3.71%		
4	基因组	建筑密度 D=0.123	夏季日照辐射模拟图	冬季日照辐射模拟图
		错位程度 row_shift= 0.04		
		朝向角度 row_angle= 0.500		
		高度落差 trend_gap=4		
	优化目标	夏季累计日照辐射得热量 Rs=6.9077E+06kWh	夏季风环境模拟图	冬季风环境模拟图
		冬季累计日照辐射得热量 Rw=7.1033E+06kWh		
		夏季风速比指标 Ps=60.53%		
		冬季风速比指标 Pw=3.46%		

5	基因组	建筑密度 D=0.123	夏季日照辐射模拟图	冬季日照辐射模拟图
		错位程度 row_shift=0.04		
		朝向角度 row_angle= 0.500		
		高度落差 trend_gap=4		
	优化目标	夏季累计日照辐射得热量 Rs=6.9464E+06kWh	夏季风环境模拟图	冬季风环境模拟图
		冬季累计日照辐射得热量 Rw=7.1180E+06kWh		
		夏季风速比指标 Ps=58.64%		
		冬季风速比指标 Pw=3.35%		

　　分析比较筛选的优化结果可以发现这些解在建筑布局上具有相似性，均在地块靠西北侧留出空间，从而实现日照的最优化。此外，在日照辐射性能和风环境性能方面，这些解的表现也较为稳定，详见表 3-12 和 3-13。

深度强化学习日照辐射实验结果表 　　　　　　　　　　　表 3-12

来源：作者自绘

解\结果	夏季累计日照辐射得热量 Rs（kWh）	冬季累计日照辐射得热量 Rw（kWh）	夏冬季累计得热量差值 Rs-Rw（kWh）
帕累托 1	6.7843E+06	6.9721E+06	−187800
帕累托 2	6.8327E+06	6.9892E+06	−156500
帕累托 3	6.8198E+06	6.9877E+06	−167900
帕累托 4	6.9077E+06	7.1033E+06	−195600
帕累托 5	6.9464E+06	7.1180E+06	−171600

深度强化学习风环境实验结果表 表 3-13

来源：作者自绘

解 \ 结果	夏季风速比 <1.05 百分比 Ps（%）	冬季风速比 >2 百分比 Pw（%）
帕累托 1	64.05	3.03
帕累托 2	61.81	3.44
帕累托 3	61.06	3.45
帕累托 4	61.61	3.20
帕累托 5	60.53	2.35

4. 应用小结

基于多性能目标的街坊模型自动生成与优化实验顺利实现了建筑布局的优化，得到的帕累托前沿解在收敛效果较为理想，同时在建筑布局特征上也具有相似性和合理性。实验中对一种建筑布局的性能模拟从生成到分析大约需要 130 秒的时间，主要受限于风环境模拟和深度强化学习算法导致耗时较长。实验完成 50 代的优化需要耗时约 60 小时，实际过程中在 15 小时左右开始得到大致的解空间模式。从解空间分布上看，追求夏季日照辐射得热量最少而冬季最大，夏季风速比缩小百分比低而冬季放大百分比低的四个目标存在相互牵制关系，本研究使用 Octopus 多目标优化是较为合适的选择，深度强化学习算法在基于日照标准进行布局优化上也有较好的效果。

从最终优化结果来看，如表 3-14 所示，建筑布局和既存的建筑设计特征相似，接近于南北向错位行列式。建筑密度值位于 0.105 至 0.123 区间，且倾向于 0.123，相应的建筑层数趋近于 14 至 18 层，建筑布局朝向为正南向平行，高度落差在 3 至 5 层。在夏季遮挡过多日照与冬季争取日照的目标之间达到较好的平衡，在迎合夏季盛行风，促进自然通风的同时，对冬季寒潮有一定的阻挡作用，对多性能目标实现了较好的权衡。

基于多性能目标的街坊自动生成与优化实验结果   表3-14

来源：作者自绘

		夏季日照辐射模拟图	冬季日照辐射模拟图
基因组	建筑密度 D=0.123		
	错位程度 row_shift= 0.04		
	朝向角度 row_angle= 0.500		
	高度落差 trend_gap=4		
优化目标	夏季累计日照辐射得热量 Rs=6.7843E+06kWh	夏季风环境模拟图	冬季风环境模拟图
	冬季累计日照辐射得热量 Rw=6.9721+06kWh		
	夏季风速比指标 Ps=56.13%		
	冬季风速比指标 Pw=3.06%		

3.1.6 结论与展望

1.结论：基于多性能目标的街坊模型自动生成与优化方法

针对从抽象指标到具体街坊三维模型的转译问题，以及基于多性能目标的街坊模型自动生成与优化问题，结合现有的性能分析与优化方法，提出了基于多性能目标的街坊模型自动生成与优化方法。

（1）从指标到街坊模型的自动生成

针对从抽象指标到街坊模型的转译问题，以 Rhino 和 Grasshopper 为平台，利用 GhPython 开发了以规范指标为控制参数的 Penguin 街坊自动生成系统。通过整理自动生成相关的研究，对现有的生成算法的优缺点进行了分析。对应实际项目的各个操作环节，本研究设计了地块操作、单体选取、自动生成以及结果操作四个系统模块，并编译整合成 GH 插件 Penguin。在生成测试实验中，Penguin 系统能通过调整参数生成与实际建成项目相似的建筑布局，且通过单体库等数据文件适应各种形状，任意数量的地块生成任务，具有较好的泛用性。

（2）多性能目标的生成与优化

针对多性能目标的街坊模型自动生成与优化问题，整理归纳了环境性能分析的研究方法和评价标准，探索以日照辐射和风环境性能为优化目标，结合Ladybug日照辐射分析、Butterfly风环境模拟、Octopus多目标优化平台以及日照约束下基于深度强化学习框架的建筑自动布局方法，提出了一套基于日照辐射和风环境性能导向的两段式优化工作流程，同时弥补了自动生成算法、性能分析平台和优化算法间的数据传输裂缝。此外，以上海昱丽家园地块为例，应用多性能目标的街坊模型自动生成与优化方法，以夏季日照辐射得热量尽可能小，冬季日照辐射得热量尽可能大，夏季风速比过小百分比尽可能小，冬季风速比过大百分比尽可能小为优化目标，搜索兼顾夏冬两季、兼顾日照辐射性能和风环境性能的建筑布局及其参数组合。通过对优化结果的分析，发现本方法能搜索到环境性能最优条件下的合理指标范围和城市空间布局，有较好的可行性与有效性。

2. 展望：日照标准约束下基于深度强化学习框架的自动布局方法

针对高密度城市设计中高层建筑日照的布局问题，同济大学的孙澄宇教授提出了一种日照标准约束下基于深度学习框架的自动布局方法。该方法受到深度强化学习中"分布回合式"求解方法的启发，使用Python语言进行开发，通过类似于下棋的过程中对建筑单体进行移动。利用深度强化学习对建筑的移动量、周边建筑环境、日照获益情况进行学习，获得最优的移动策略并找到符合日照约束条件的建筑布局（图3-65）。

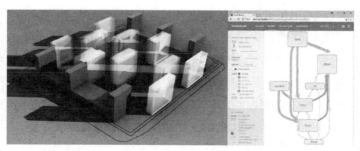

图3-65　基于深度强化学习框架的自动布局
来源：Penguin

该深度强化学习的求解框架由描述待解决问题的"环境"和由决策函数控制的"代理人"组成。"环境"在该方法中是一个基于三维坐标系的数学模型，包含了日照测点、日照测试方向、日照约束条件参数、建筑物和街坊边界 5 种对象。"代理人"则是能与"环境"互动的数学模型,以建筑单体为中心观察周边"环境"得到环境状态,根据移动决策函数移动建筑后得到新的环境状态,最后评估移动前后日照约束条件的满足百分率的增益情况。在两者的互动中"代理人"可以在"环境"中积累大量的学习样本并对决策函数进行训练,最后通过高分的决策函数来解决问题。

该方法可以在 Penguin 街坊模型自动生成系统的生成结果基础上,通过模型导出运算器实现两者的数据对接,将生成的多个符合日照约束的建筑布局重新导入性能分析模块,并根据分析结果选择最优布局,以实现在多目标优化结果的基础上对建筑布局进行日照标准约束下的优化。目前,通过 2 小时的计算可以生成多个符合项目所在地区日照时数规范要求的布局方案。在后续研究中可以进一步完善从自动生成到日照约束下的布局优化,再进行性能分析和多目标优化,连续地生成优化流程。

3.2 面向微气候环境的居住社区设计方法

3.2.1 城市微气候理论

1. 城市下垫面变化

我国城市化进程不断加快,到 2020 年城镇居民将超过全国总人口的 50%,居民活动更加集中。由此导致的高密度状态会进一步作用于城市微气候环境(Oke,1987)。人口稠密的大城市通常将经济增长放在首位,而忽略了生态系统破坏、极端天气频发和能源消耗剧增等环境负担,进而威胁城市居民环境品质和身心健康。同时,可持续发展目标也对城市居民生产生活方式提出了更高的要求。

随着城市规模和人口密度增加,城市下垫面类型日渐复杂,其热物理特性差异影响着热量交换和自然通风。建筑、铺装、道路等不透水材料的蓄热性能、对流换热系数、蒸散发特性和辐射特性能够对周围温度产生重要影响。由于蓄换热差异,下垫面温度变化延迟,呈现出周期性和地域性规律,导致高温时段出现在午后 2:00 ~ 4:00pm。白天,城市中心区升温快,而郊区升温较慢,下垫面对流换热在高温区域形成上升气流;夜间,城市蓄热释放长波辐射,使得近地面空气层升温。水泥或沥青构筑的路面颜色深、透水性差,更易吸收太阳辐射,并贮存热量，而绿化和水面通常具有良好的降温增湿作用。

城市主干道、河道、街谷等通风廊道能够有效将入流风场导入城市，加强自然通风。良好的通风廊道促进了城市内部空气流动，及时散排居民日常产生的热量和污染物；同时，郊区凉爽空气也缓解了热岛效应。街区范围内，不同建筑布局、排列方式和体量特征等构成了下垫面另一类风场通路，使住区内风向、风速、温度、污染物分布出现空间分异。广场是居民室外活动的重要区域，与密度较大的住区相比平均风速更大，风向延续性较好，能有效将周围区域的入流风引入街区内部。

我国《绿色建筑评价标准》（2014）和《城市居住区热环境设计标准》（2013）也对夏季室外风、热环境提出了相应要求，但对微气候评价机制和设计指标阈值并无明确界限：室外活动场地植被或遮阴面积达10%或以上；超70%的道路路面、建筑屋面的反射系数不小于0.4；逐时湿、黑球温度不应大于33℃，平均热岛强度不应大于1.5℃；场地活动区不出现涡旋或无风区。

2. 潜在的环境问题

丰富城市肌理和天际线的同时，城市环境问题也逐渐显现。城市下垫面物理性质（热容量和反射率等）和几何形态（城区密度和街谷形态等）改变、建筑设备和交通热排放、城市绿化用地紧缺等多重因素的共同作用，使得城市内部温度明显高过郊区未开发区域。

城市温度高于郊区被称为热岛效应（Urban Heat Island，UHI），是城镇化进程最显著的气候影响。上海徐家汇气象站的百年监测数据显示，市区—郊区的温度差值呈逐年上升趋势。近年，上海夏季热岛强度甚至超2.4℃，且热岛强度分布也表现出了与建筑及人口密度之间的显著正相关性。城乡温度差异存在梯度变化和空间差异，其强弱程度通常用城市热岛强度（Urban Heat Island Intensity，UHII）表示（图3-66）。当前研究普遍认为引起城乡温度差异的主要因素包括：城市植被覆盖或透水面积少于郊区，植物（或土壤）蒸发蒸腾释放的潜热更少；城市下垫面深色硬质建筑和地面远多于郊区，能够贮存更多热量；城市天空视域系数（SVF）远低于郊区，夜晚长波辐射更难消散；城市人为热释放量大，低风速或静风天气等因素也进一步加剧了城市热岛形成。

城市热岛效应在不同地区、不同季节存在一定差异。在高纬度或高海拔城市，UHI的升温作用可以降低冬季供暖能耗；在夏季湿热气候区，高层或高密度建筑区虽然营造了凉爽的遮阴区域，但对室外热环境、空气质量、建筑能耗和热舒适度等负面影响更为显著。污染物（如机动车尾气）受高温辐射形成了二氧化氮（NO_2）和臭氧（O_3）等二次污染物。当大气温度达到 34.4℃时，O_3 浓度将超过环境质量标准的控制要求。增加城市植被覆盖面积能够产生 1℃ ~ 2℃的降温，O_3 浓度也相应减少 3.5% ~ 7%（Taha et al., 2000）。温、湿度、风速和辐射引起的微气候变化，进一步作用于热舒适度，影响室外空间的使用频率，进而有碍城市活力和社会可持续性。此外，室外环境升温将进一步作用于建筑表面，增加了夏季空调能耗。大气温度每升高 0.6℃，用电峰值荷载提高 1.5% ~ 2.0%，总能耗增加 6.8%。能源消耗也意味着更多资金投入，UHI 作用下的空调能耗每增加 10GW，全年成本将增加近 10 亿美元（Rosenfeld et al., 1995）。因此，改善城市微气候对提高空气品质和空间利用率，增加户外生活和建筑节能都具有重要意义。

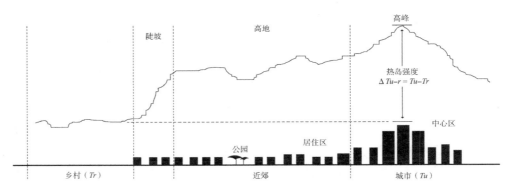

图 3-66　城市热岛效应示意图
来源：作者根据 Oke 1987 研究改绘

3. 微气候作用尺度

城市气候学主要集中在物理结构对气候的影响上，并关注近地面人行空间的大气温度和风速变化，旨在通过城市和建筑设计对其进行优化。了解和定义城市设计因素对气候的作用尺度，能够有效指导设计观测实验（Oke，1987）。当前广泛接受和提及的大气层分类是城市边界层（Urban Boundary Layer，UBL）和城市冠层（Urban Canopy Layer，UCL）。UBL 主要受宏观城市表面混合强度影响，作用尺度在 100m（夜晚）至 1km ~ 2km（白天）；而 UCL 受城市峡谷等中微观尺度影响，作用范围在平均建筑高度以下，但受边际效应影响仍可扩展至平均高度的 2 ~ 5 倍（图 3-67）。

城市气候规模受区域气候和城市物理特征作用：微观尺度，0.01km ~ 1km；

局地尺度，0.1km ~ 50km；中观尺度，10km ~ 200km；宏观尺度，100km ~ 1000km（Oke，1987）。从城市规划和建筑设计的角度，城市绿地规模可分为：小规模，局部植被搭配（街道和建筑附近绿地）；中等规模，种植策略和土地使用；大规模，城市森林和公园（Littlefair et al.，2000）。UBL 和 UCL 并没有严格界限，且两者交互作用。UBL 在很大程度上取决于中观尺度特征，并作为 UCL 的背景气候过程。城市地区不同土地类型、空间形态和植被分布等人为影响，会产生不同热源和冷源，进而影响微气候。城市冠层尺度表面存在能量平衡（Surface Energy Budget，SEB）（图 3-68），式（3-1）描述了城市冠层和城市边界层内部的能量交换（Oke，1987）：

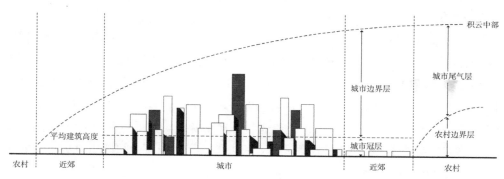

图 3-67　城市大气层

来源：作者根据 Oke 1987 研究改绘

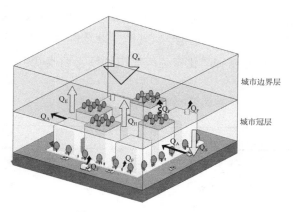

图 3-68　城市冠层能量平衡

$$Q* + QF = QH + QE + \Delta QS + \Delta QA \qquad （式 3-1）$$

式中，$Q*$ 是外部空间净辐射；QF 是人为热，包括人体代谢放热和生产放热；QH 是显热通量，QE 是潜热通量，前者是物体间能量传递，后者指物体相变引起的能量变化；ΔQA 是水平对流传热；ΔQS 是城市下垫面贮热。

式（3-2）也进一步描述了中微观尺度不同城市表面之间的作用关系（Taha，1997）：

$$（1-\alpha）I + L* + Qf = H + \lambda E + G \qquad （式 3-2）$$

式中，α 为反射率；I 为太阳辐射；$L*$ 为长波辐射；Qf 为人为热；H 为显热；λ 为汽化潜热；E 为蒸发率；G 为贮热量。

长波辐射通量（$L*$）取决于建筑、铺装及植被表面反射率（α）。高密度建筑和街谷通常反射率较高；低矮植被反射率约为 0.18 ~ 0.25（Oke，1987），并随植被高度增加而递减；城市植被尤其高大乔木的平均反射率低于普通建筑材料。因此，单一增加植被覆盖率，并不能有效提高城市地区整体反射率。植被冠层蒸散（E）多以潜热（λE）形式散失，显热通量（H）减少，从而实现降温效果。集中绿地能够创造约 1.3℃ 的降温效益（Oke，1980），周围温度也可降低 0.9℃（Chen & Wong，2006）。因此，植被可以作为降温并改善局地气候的有效途径。城市材料表面（沥青、砖混、水泥）的传热系数和比热容高于植被（Chow，1994），因而城市下垫面也贮存了更多热量（G）。

城市街谷几何形状改变了冠层内部能量流和热平衡（Nunez & Oke，1977），进而影响建筑或地表温度、大气温度和风场，以及整体热状况和舒适度。表 3-15 列出了规划布局、建筑密度和绿化覆盖等城市物理特性改变引起的能量平衡变化。

城镇化过程对 UCL 的影响　　　　　　　　表 3-15

来源：Oke 1987

城镇化特征	特征参数变化	潜在能量平衡变化
建筑密度和布局	增加表面积和多重反射	增加短波辐射吸收量
	降低天空视域系数	减少长波辐射损耗量
	减少直接太阳辐射	吸收直接短波辐射
	降低风速	减少湍流热传递

续表

城镇化特征	特征参数变化	潜在能量平衡变化
建筑材料	增加热导率	增加显热存储量
植被覆盖率降低	增加防水	蒸散量减少
	减少树冠阴影	增加白天辐射得热，冷却夜间辐射
人为热	增加人为热源	人为热增加
空气污染	更多吸收和再排放	增加天空长波辐射

当前城市热环境研究在场地选择、背景气候和研究方法等方面均存在较大差异，并无统一标准。城市气候区分类体系（Urban Climate Zone，UCZ）在全球多个观测实验的基础上，按照结构特征、开发强度、植被密度和下垫面性质将城市划分为 7 个气候区，见表 3-16。UCZ 已被逐步应用在城市微气候领域。有的学者通过长期观测实验，发现低层高密度住区（UCZ3）中建筑或植被冠层的遮阴作用是影响白天气温的主要因素（Chen et al.，2004）。还有研究了高层高密度住区（UCZ1）中植被的降温效应。以上研究均证实了绿地降温受建成环境影响，并验证了 UCZ 体系的有效性（Giridharan et al.，2008）。

城市气候区分类体系 表 3-16

来源：Oke 2006

UCZ 分区	参考图	粗糙度	高宽比	不透水面积比（%）
UCZ 1		8	>2	>90
UCZ 2		7	1.2 ~ 2.5	>85
UCZ 3		7	0.5 ~ 1.5	70
UCZ 4		5	0.05 ~ 0.2	75 ~ 95
UCZ 5		6	0.2 ~ 0.5	35 ~ 65
UCZ 6		5	0.1 ~ 0.5	<40
UCZ 7		4	0.05	<10

4. 居住社区响应状况

社区作为居民日常生活频率最高的中微观尺度，是影响城市微气候的基本单元。研究从规划布局、建筑形态和绿化配比等设计参数分析居住社区对局地微气候响应状况。

建筑布局和朝向通过影响街谷遮阴和通风，作用于 UCL 微气候（Givoni，1998）。围合式布局具有最高显热通量（QH），其次是行列式和点式布局（Hoyano et al，1999）。庭院式封闭街区具有最高平均日照利用率和阴影面积，能够营造凉爽室外活动空间（Ratti et al.，2003）。炎热潮湿气候下，高密度街区植被能够发挥最大热效应，产生更大"冷岛"区域（Shashua-Bar et al.，2006）。东—西向街谷热敏感性最大，增加两侧建筑高度或遮阳设备，可有效提高室外舒适性（Ali-Toudert & Mayer，2007）。

建筑密度影响场地遮阴、通风和人为热状况。高建筑密度使得街谷更窄，纵深更大，植物覆盖更少，因而更高建筑容量及人口密度将释放更多热量。UHI 峰值通常出现在建筑密度较高的区域，尤其夜晚时段（Montávez et al.，2000）。建筑围合程度和阴影面积与日平均温度和峰值均存在显著负相关（Sharlin & Hoffman，1984）。高宽比每增加 1，街谷空间将产生 0.9℃降温（Shashua-Bar & Hoffman，2004）。高密度住区应利用建筑遮阴降低白天大气温度，而低密度区域可以通过增加植被和立面设计改善遮阴条件。

城市绿化的蒸发蒸腾为开敞区域提供了凉爽空气，冠层遮阴创造了更多阴影空间。前者通过将显热（QH）转换为潜热（QE）降低空气温度，而后者则通过拦截太阳辐射，降低树冠下大气温度。蒸发取决于水体表面和空气之间的压力梯度以及通道阻力；蒸腾受植物属性和叶片特性控制（Kozlowski & Pallardy，1997）。城市地区植被的 Bowen 比率（显热与潜热的比值）平均为 5；而郊区则为 0.5 ~ 2（Taha，1997）。植被冠层遮阴改变了近地面辐射平衡，白天短波辐射被植被冠层拦截，降低了冠层下的辐射。即使是稀疏植被，也可拦截约 60% 的辐射量（Heisler，1986），而茂盛树冠拦截率甚至达到 70% ~ 90%（Hoyano，1988）。高密度住区环境中，约 80% 的降温区域是由树荫产生（Shashua-Bar & Hoffman，2000）。

植被遮阴也改善了人行空间的热舒适度。高大植被冠层散热作用在冠层以上空间；而人行高度（1.5m）位于冠层下的阴影区域，因而具有更高舒适性。植被降温、隔离作用减少了建筑得热。由此产生的节能约为 10% ~ 40%，峰值能耗节省 2.3%（Raeissi & Taheri，1999）。屋面和墙面上的立体绿化能够更大程度提供遮阴，缩短降温作用距离，有效降低建筑表面温度和室内温度。实施屋顶绿化的建筑，年平均能耗可降低 0.6% ~ 14.5%（Wong et al.，2003），夏季日平均节能潜力约为 3.02 kWh（Kumar & Kaushik，2005）。植被增加了城市表面粗糙度，起到阻风效果，延缓了对流和热传导过程。此外，过高的污染物和环境温度会导致植被气孔阻塞或自动关闭，而减少蒸发冷却作用时间（Landsberg，1981）。

在高强度开发的建筑环境中，植被作为重要的微气候缓解策略面临较大挑战。白天建筑和植被遮阴创造了低温空间，同时也降低了天空视域系数，延缓了夜间长波辐射作用时间（Ng et al.，2006）。因此，当兼顾白天和夜晚微气候条件时，存在建筑密度与植被合理配比的难题。以上实测研究能够捕捉现实场景复杂变量共同影响的结果，但难以控制单一因子作用条件，解释建筑—植被—大气之间作用机理。因此，有效结合多个场地的实测和模拟分析，能够揭示城市环境问题，深入了解微气候作用机制。

5. 研究区及研究方法

（1）观测场地选择

研究参照城市气候区划（Urban Climate Zone，UCZ）体系，选取上海建成区内 10 个高层居住社区（图 3-69a），开展场地观测实验。同一 UCZ 的内部用地和密度等方面具有均质环境，且微气候特征相似，能够保持站点内部恒定的微气候背景。同期（7 ~ 8 月连续 30 天）平均等温线图（图 3-69b）也作为 UCZ 选址参照。依据 UCZ 分区定义和等温线图，将内环覆盖的 10 个区县划分为四类 UCZ（图 3-69c）：UCZ1：建筑密度最高，绿化覆盖率最低，主要在等温线 1 ~ 2 级内，包括黄浦、静安和徐汇；UCZ2：建筑密度最低，绿化密度最高，位于等温线 2 ~ 5 级，主要为浦东新区；UCZ3：建筑密度适中，但绿地密度高于平均水平，主要位于等温线第 3 级，包括普陀和长宁；UCZ4：建筑和绿地密度均较低，大部分在等温线 1 ~ 3 级内，包括杨浦、虹口和静安。

图 3-69c 显示了站点的空间分布，UCZ1 选择 Xiling、Haiyue 和 Yishan 作为观测场地，观测时间为 7 月 23 ~ 24 日和 26 日；UCZ2 包括 Huali 和 Jingting 场地，观测时间为 8 月 4 ~ 6 日；UCZ3 包括 Zhiyin 和 Sudi 场地，观测时间为 7 月 8 ~ 12 日；UCZ4 包括 Chisan、Nanxing 和 Shuxiang 场地，观测时间为 7 月 15 ~ 17 日。此外，建筑布局决定了建筑朝向和风场发展，对近地面显热通量和微气候变化，

因而又将 10 个观测场地分为点式、行列式和半围合式建筑布局类型，其他场地设计参数均统计在表 3-17 中。

（a）上海内环区范围

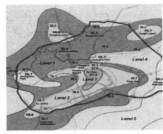

（b）上海中心城区等温线分布

（丁金才 2002）

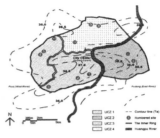

（c）场地观测地点位置

图 3-69　观场观测实验

观测场地的场地状况及设计参数取值　　　　　　　　表 3-17

来源：作者自绘

分区	行政区	场地	平面图	鸟瞰图	实景图	设计参数
UCZ 1	静安	Haiyue				BL：半围合式 SA：3.2hm² BA：14.5×104（m²） FAR：4.5 GR：40%
	徐汇	Xiling				BL：塔式 SA：4.4hm² BA：27.9×104（m²） FAR：6.4 GR：20%
	黄浦	Yishan				BL：通廊式 SA：4.0hm² BA：8.5×104（m²） FAR：2.2 GR：61%
UCZ 2	浦东	Huali				BL：行列式 SA：8.3hm² BA：17.7×104（m²） FAR：2.2 GR：53%

续表

分区	行政区	场地	平面图	鸟瞰图	实景图	设计参数
UCZ 2	浦东	Jing ting				BL：行列式 SA：4.6hm² BA：11.8 × 104（m²） FAR：2.6 GR：35%
UCZ 3	普陀	Zhiyin				BL：行列式 SA：6.2hm² BA：19.0 × 104（m²） FAR：3.1 GR：40%
		Sudi				BL：半围合式 SA：7.1hm² BA：22.6 × 104（m²） FAR：3.2 GR：40%
UCZ 4	虹口	Chisan				BL：行列和点式 SA：5.6hm² BA：20.2 × 104（m²） FAR：3.6 GR：31%
	静安	Nanxing				BL：行列式 SA：2.2hm² BA：6.4 × 104（m²） FAR：2.9 GR：40%
	杨浦	Shu xiang				BL：点式 SA：1.4hm² BA：7.1 × 104（m²） FAR：5.1 GR：26%

注：BL：building layout，建筑布局；SA：site area，场地面积；BA：total building area，总建筑面积；FAR：floor area ratio，容积率；GR：greening ratio，绿地率

（2）研究变量

城市热环境同时受宏观因素（温室效应、潮汐效应等）和微观因素（城市形态、下垫面材料等）等共同作用，不同因素之间的对流换热、热传递等能量交换过程更为复杂。研究借助场地观测与郊区气象站的大气温度差值（UHI = Tu-Tr）表

征各地块间热环境差异，风速大小和太阳辐射量表示场地内风场、日照环境变化，重点关注场地、建筑和植被等城市设计因素对城市冠层微气候的影响（表 3-18）。

微气候因素和规划设计指标　　　　　　　　　　　表 3-18

来源：Yang 2009

参数指标	缩写	环境性质
地面反射率	Ground surface albedo, GSA	测量点半球范围内波长积分反射率
容积率	Floor area ratio, FAR	总建筑面积与场地面积的比值
天空视域系数	Sky view factor, SVF	白天的太阳吸收率和晚上的辐射冷却
太阳辐射系数	Total site factor, TSF	测点处向下和向上总辐射量（直射和散射）的比值
场地绿化率	Green ratio, GR	所有绿化（乔、灌、草）面积占场地面积的比值
测点绿化率	Green cover ratio, GCR	测点半径 20m 范围内所有植被（乔、灌、草）投影面积所占比例
冠层遮阴系数	Tree view factor, TVF	植被冠层占半球面积的比值
绿容率	Green plot ratio, GPR	测点半径 20m 范围内所有植被（乔、灌、草）叶片面积所占比例
风速	Wind velocity, WV	WVD 表示白天 1：00 ~ 5：00pm 期间的平均风速 WVN 表示夜晚 6：00 ~ 10：00pm 期间的平均风速
云量	Cloud amount, CC	CCD 表示白天 1：00 ~ 5：00pm 期间的平均云量 CCN 表示夜晚 6：00 ~ 10：00pm 期间的平均云量
场地太阳辐射	Solar radiation on site, SRS	站点在观测期间 1：00 ~ 5：00pm 接收的平均太阳辐射强度

　　表面反射率（GSA）是材料的光学特性，对城市冠层热平衡影响较大。容积率（FAR）控制城市开发强度和人口密度，也决定了人为热的释放量。长波辐射量取决于建筑表面温度分布和材料反射率状况；因此，以天空视域系数（SVF）指示建筑和植被密度对长波和短波辐射的影响（Oke，1981）。太阳辐射系数（TSF）受冠层（建筑或树木）几何形状、太阳轨迹和云量等综合作用。场地绿化率（GR）控制着总绿地面积和植被数量，而测点绿化率（GCR）仅表示观测点半径 20m 区域内的绿化覆盖率。冠层遮阴系数（TVF）表示冠层遮阴程度，并由 WinSCANOPY 软件测得，与冠层结构和人行空间（近地面 1.5m）的叶面积指数（Leaf area index，LAI）密切相关。绿容率（GPR）基于 LAI（单位区域的植物总叶片面积）得出，指示测点附近叶面积密度。日最大 UHI 与长波辐射量相关，通常发生在日落后 1 ~ 2h；但白天无遮阴场地将接收更多太阳辐射，因而也会促

成 UHI 峰值出现。入流风速影响局地湍流、对流换热过程；云量直接影响短波辐射接收和长波辐射散失，决定了城市下垫面的贮热总量。因此，研究将分别统计白天和夜间 UHI、昼夜风速（WVD 和 WVN）、云量（CCD 和 CCN）以及白天太阳辐射（SRS）。

（3）研究方法及路线

研究根据上海市夏季（6 ～ 8 月）平均气象状况，参照"3 ～ 6olc 的云量和人行空间 1.5m 处 0.3 ～ 1.4m/s 的风速"条件选择典型气象日，开展微气候观测实验。现场观测主要测量逐时大气温度、相对湿度、风速和太阳辐射等气候变量；场地调研记录建筑布局、高度和朝向等城市设计要素。

在晴朗、微风、少云的天气条件下，对同一 UCZ 中的场地开展为期 3 ～ 4 天的观测实验。定点观测从 1：00pm 开始至 10：00pm 结束，以获取逐时气象数据；移动观测分别在 1：00 ～ 5：00pm 和 6：00 ～ 10：00pm 进行，以测量白天和夜晚时段的场地平均气象参数；城市气象站数据选取 8：30pm ～ 10：00pm 时段的逐时数据，并连续记录 3 天。其中，每个观测场地均设置 3 ～ 4 个固定观测点（HOBO 气象站）和 12 ～ 15 个移动观测数据记录点（Kestrel 便携气象数据采集器），所有仪器均布设在距地面 1.2 ～ 1.5m 处。场地观测的实验仪器型号、测量参数及精度均在表 3-19 中进行了统计。

仪器测量参数及其精度   表 3-19

来源：Yang 2009

仪器	型号	测量参数	精度	使用范围	记录频率
HOBO 气象站	S-THB-M002	温度、湿度	±0.2℃、2.5%	−40℃ ～ +75 ℃、<95%	15min/次
	S-WCA-M003	风速	±0.5 m/s	0 ～ 44 m/s	
	S-LIB-M003	辐射	±2%	0 ～ 1280W/m²	
Kestrel 便携气象站	Kestrel 4000	温度	±1.0℃	45.0℃ ～ 125.0℃	5min/次
		湿度	3.0%	0.0 ～ 100.0%	
		风速	±3%	0.4 ～ 40.0 m/s	

场地调研阶段主要进行场地反射率测量、天空半球图像采集以及对地表材料热特性调查。使用 Kipp & Zonen CNR-2 辐射测量仪估算表面反射率（图 3-70）；采用鱼眼相机和 WinSCANOPY 软件获取的天空半球图片，计算场地 SVF、TVF 和 TSF；通过场地调研和遥感影像估算 GCR、GR 和 GPR。观测场地内建筑间距

主要集中在 40 ～ 80m 范围内。为避免周围建筑引起的湍流和室内排热影响，所有测点均置于建筑之间的开敞空间，并将测点环境的影响范围确定为半径 20m。

此外，为进一步分析下垫面反射率和植被组合形式对室外热环境和热舒适度的改善状况，研究应用计算流体力学（Computational Fluid Dynamics，CFD）模型评估植被降温、节能潜力以及局部微气候效应，以实现对住区设计的多方案比选和评价。

图 3-70　场地观测和移动测量状况

来源：Yang 2009

3.2.2　场地观测分析

本节分析了 10 个场地的观测数据，比较了布局、密度和植被差异等引起的微气候空间分异现象，以及场地的通风潜力；其次，汇总了所有场地观测数据集，借助相关性分析识别影响微气候的关键因子；进而应用多元回归分析建立了城市设计因子与微气候之间的定量关系。

1. 场地微气候差异

（1）场地温度分异

每个 UCZ 的场地观测时间均集中在 7 月中旬至 8 月中旬进行。尽管观测时间节点不同，但整体时间段均位于夏季热岛高发期，且背景气象特征相似，因而UCZ 之间的温度特征仍具有可比性。图 3-71a 显示了 UCZ1 ～ 4 之间的 UHI（白天和夜晚）差异。白天时段，Xiling（UCZ1）和 Huali（UCZ2）场地均出现"冷岛"现象；UCZ3 中的 Zhiyin 场地 UHI 最高，约 1.37℃。由于高密度建筑提供了更多的遮阴空间，Xingling 地块白天具有比"郊区"更低的大气温度；而同样温度较低的 Huali，则主要是因为高密度植被覆盖提供了更多冷空气源。夜晚，Nanxing

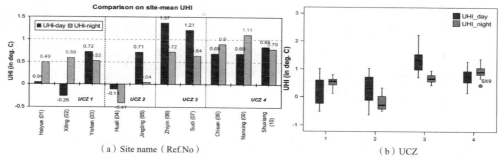

(a) Site name (Ref.No)   (b) UCZ

图 3-71　观测场地所有站点白天和夜晚时段 UHI 数值分布特征

来源: Yang et al., 2011a

场地（UCZ4）UHI 最高，约 1.11℃。在没有太阳辐射的夜晚，Xiling 场地转换为热岛区域。Huali 场地受植被的蒸发蒸腾作用，仍表现出一定的"冷岛"效应。Xiling 在建筑布局、密度和绿化覆盖方面与 Nanxing 接近，但前者白天 UHI 比后者低了近 0.9℃。除了分析地理位置和测量时间引起的温度分异外，研究进一步比较了所有测点白天和夜晚 UHI 的数据分布特征（箱形图），以检验季节、地理和城镇化对住区热环境的影响。

图 3-71b 显示了各 UCZ 白天 UHI 平均值和数据分布特征。UCZ1 和 4 的观测时间分别为 7 月中和下旬，均为夏季热岛的高频时段。若排除测量时间的影响，前者较后者的温度低约 1℃。UCZ1 的总体建筑密度最高，具有纵深更大的街谷几何空间，因而太阳辐射通道大部分被限制进入近地面区域。同样的研究结论在伦敦也被证实，白天城市核心区反而比外围郊区更凉爽（Kolokotroni &Giridharan，2008）。UCZ2 和 3 内场地的观测时间均在 8 月中下旬，此期间平均温度低于夏季峰值，且云量较高，逐时太阳辐射也远低于高峰时段。因此，由于观测时间导致温度差异显示，UCZ3 的平均温度比 UCZ2 高约 1℃。UCZ2 的建筑密度比 UCZ3 小，绿化面积更大。因此，UCZ2 中植被较强的蒸散能力降低了周围空气温度，能够产生与高密度建筑遮阴相似的降温效益，较大程度缓解了热环境压力。

夜间 UHI 平均值和数据分布状况显示（图 3-71b），UCZ1 比 UCZ4 场地的 UHI 低 0.4℃，但两者观测同在夏季高温期进行。较高的夜间热岛通常发生在缺少冷源和人为热较大的中心区（Montavez et al.，2000）。相对开敞的建成环境中太阳辐射贮热量比街谷纵深等几何特征作用更大；因而夜晚仍能够释放大量储热，增加近地面大气温度（Eliasson，1996）。UCZ2 和 3 的观测结果显示，前者高植被覆盖率能够触发集聚效应，冷却作用更强，夜晚平均 UHI 较后者低约 0.9℃。此外，UCZ 的风场环境是影响场地温度分异的另一重要因素。通常主导风（东南向）能够将上风向释放的热量传递至西北侧的下风向区域，从而影响中宏观尺度上的微气候分布模式。

（2）场地通风潜力

场地室外风环境优化是城市设计的重要要求，尤其在炎热潮湿的夏季。研究分析了城市形态、开发强度和植被覆盖等对室外风环境的影响。应用场地观测数据，提取 3 天 1：00pm ～ 9：30pm 时段的风速平均值，比较不同 UCZ 之间的风速及风向差异（图 3-72）。此外，选择位于上海夏季主导风迎风侧（东南）"郊区"的川沙气象站，作为观测场地同时段气象数据的参照；并借助风速比（WVR）表示人行高度处风速的观测值与未受建成环境影响的参照值之间的比例关系。

总体上，10 个场地均表现为较低的风速（WV）和风速比（WVR）。其中 Huali（UCZ3）风速最高，白天和夜晚平均风速分别为 1.2m/s 和 0.9m/s，而 Xiling（UCZ1）风速最低，白天和夜晚平均风速均小于 0.4m/s。风速比最高的场地通常具有较低的开发强度。Huali（UCZ2）和 Yishan（UCZ1）的容积率均为 2.1，风速比分别为 0.35 和 0.29；Haiyue（UCZ1）和 Xiling 场地的观测值也表明了风速比和容积率之间的负相关关系。在不同的 UCZ 分区之间，风速和风速比均与建筑密度之间存在微弱的负相关关系。UCZ2 内的观测场地通风潜力最佳；其余 UCZ 之间的风速差异较小，仅 UCZ4 的场地风速略低。UCZ2 区域内的平均开发强度和观测场地的建筑密度均最低，且均靠近夏季主导风上风向侧；因而冠层表面粗糙度较低，受建筑和植被表面的阻风作用更小。

10 个场地白天和夜晚的风向频率分布均受局部建成环境影响，与"郊区"参照气象站的风向分布差异较大。行列式布局的 Yishan（UCZ1）和 Chisan（UCZ4），主要风频为北向和西北向，与"郊区"主导风向（东南）相反。在两个站点中，风速风向观测点都位于高层建筑的迎风侧，部分入流风遇到建筑沿表面向下沉降，并在近地面空间（1.5m）产生涡流，因而观测值与背景风向相反。分散式布局的 Nanxing（UCZ4）和 Xiling（UCZ3），风场主要环绕单体点式建筑穿越场地空隙，风向并未改变，与郊区气象站一致。同位于 UCZ2 的两个行列式布局场地 Huali 和 Jingting，风向的观测值均为东北向，且主导风向均与测点处的敞开方向一致。UCZ3 内 Sudi 场地的主导风向与建筑所围合的街谷方向平行，

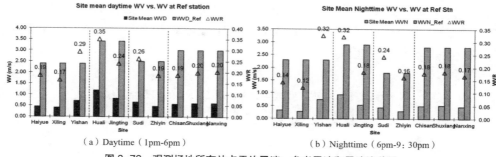

（a）Daytime（1pm-6pm）　　　　　（b）Nighttime（6pm-9:30pm）

图 3-72　观测场地所有站点平均风速、参考风速和风速比差异

来源：Yang et al.，2013

表明高层建筑在对街区尺度的风场发展具有较强的引流作用。受河道开敞空间促风作用，较高风速更易引入邻近的地面。位于苏州河以东的 Zhiyin 场地（UCZ1），形成了以东风为主导风的风向模式。

UCZ 间风环境分析表明，建成区内所有观测场地均呈现出接近静风或微风环境，平均风速在 0.1m/s ~ 0.9m/s 范围内。附近形态特征对风场发展具有较大影响，风速较大的测点均位于相对开敞的空间，且远离建筑或植被遮挡。弱风环境中，建筑或绿化所营造的围合程度可以改变太阳辐射接收量，引起局部纵向冷暖气流变化，进而影响风场发展方向。

2. 微气候影响因素

研究总结并比较了不同 UCZ 分区之间的城市设计因子与微气候要素之间相关性，以识别影响城市微气候的关键影响因素；通过各 UCZ 的横向比较，解释分区结果对设计变量的影响。

表 3-20 中列出了与 UHI 显著相关的影响因子及其相关系数。UCZ1 ~ 3 的天空视域系数（SVF）、冠层遮阴系数（TVF）和绿容率（GPR）与白天 UHI 存在显著相关性；其绿容率（GPR）和测点绿化率（GCR）与夜晚 UHI 为显著相关。UCZ2 和 UCZ3 的白天和夜晚风速（WVD 和 WVN）与 UHI 之间为显著负相关关系，但在 UCZ1 和 UCZ4 中并无显著相关性。UCZ1 ~ 4 均未显示地表反射率（GSA）与 UHI 之间的显著关系，仅太阳辐射系数（TSF）与白天 UHI 显著相关。因此，对于绿化率（GR）、容积率（FAR）和总太阳辐射量（SRS）等场地整体设计变量是影响 UCZ1 和 UCZ4 白天 UHI 的重要条件，但其之间并未显示出一致的相关性。与其他 UCZ 相比，UCZ4 中多数设计变量与 UHI 之间的

显著性均较低，其很大程度上受 Nanxing 和 Chisan 场地人为热的影响。总体上，SVF、TVF、GPR 和 TSF 是影响白天城市热环境的关键因子；而 GPR 和 GCR 是影响夜间热环境的关键因子。

基于 UCZ 1 ~ 4 观测变量与白天和夜晚 UHI 的回归结果统计　表 3-20
（5% 水平）

分区	时段	测点变量								场地变量		
		SVF	TSF	GSA	TVF	GPR	GCR	WVD	WVN	GR	FAR	SRS
UCZ 1	白天	+	+	-						+	-	+
	夜晚				-	-	-					
UCZ 2	白天	+	+		-	-		-	na	na	na	na
	夜晚	+	+		-	-		na	-	na	na	na
UCZ 3	白天	+	+		-	-		-	na	na	na	na
	夜晚	+	+		-	-		na	-	na	na	na
UCZ 4	白天		+									
	夜晚									-	+	

图 3-73 显示了 SVF、TSF、TVF 和 GPR 与白天 UHI 之间的分布和线性相关关系。在所有 UCZ 分区中，白天 UHI 与 SVF 和 TSF 呈正相关性相关，而与 TVF 和 GPR 呈负相关。TSF 满足所有 UCZ 中 5% 显著水平的标准，拟合系数（R2）范围为 0.15 ~ 0.47。UCZ4 中 SVF 均分布 0 ~ 35 之间，较小的变化范围削弱了其与白天 UHI 的关系（在 5% 水平上不显著）。类似地，现实场地中 Nanxing 和 Shuxiang（UCZ4）的植被覆盖率和叶面积指数均较低。因而 UCZ4 中 TVF 和 GPR 与白天 UHI 之间较低的拟合系数也主要是由数值梯度较小、分布不均导致（TVF 集中在 0 ~ 20% 之间，GPR 集中在 0 ~ 2 之间）。

图 3-74 分别显示了 GPR、GCR、TVF 和 SVF 与夜晚 UHI 之间相关性和线性拟合曲线。如表 3-21 所示，UCZ4 中夜晚 UHI 与 GPR 和 GCR 无显著相关性，UCZ3 和 UCZ4 中与 TVF 相关性较弱。UCZ4 中的 GPR 观测值分布不均，超 2/3 的数据集中在 0 ~ 2 范围内；较高 GPR 观测值（>2）多数来自 Chisan 场地；较低 GPR 观测值主要集中在 Nanxing 场地。Nanxing 占地面积最小，受人为热影响占比高，因而场地夜间温度变化幅度更大。同样，场地内 GPR、GCR 和 TVF 较

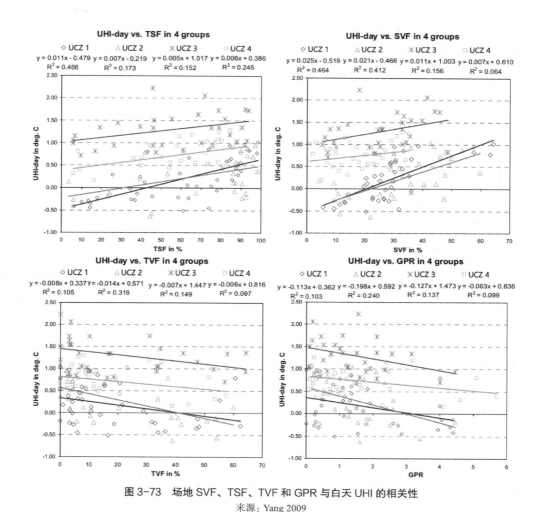

图 3-73　场地 SVF、TSF、TVF 和 GPR 与白天 UHI 的相关性
来源：Yang 2009

小且分散是导致与夜晚 UHI 拟合程度（R2）较小的原因。较高的 TVF 创造了凉爽区域，但相应减少的天空视域系数（SVF）也限制了近地面热量释放。此外，SVF 能够增大夜间 UHI。SVF 与影响 UHI 强弱的空间开放度相关，并控制着向天空释放的辐射量（Oke，1981）。受热导系数、人为热等因素干扰，即使"理想"条件下（晴朗、微风、少云），单一影响因素也难以完整描述城市 UHI 模式。上节场地观测数据也表明，白天场地开敞空间吸收了大量辐射，受热表面通常在日落后进行长波放热，从而升高了大气温度；植被冠幅越大，天空可见程度降低，

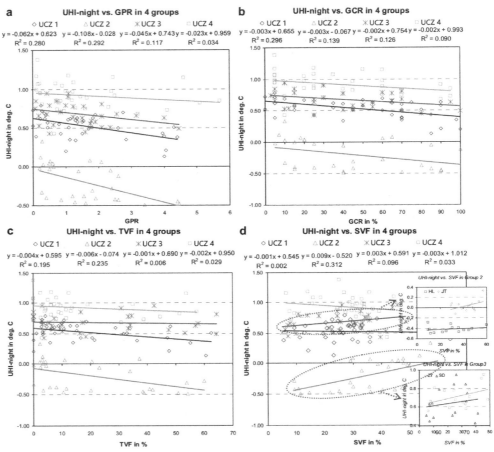

图 3-74　场地 SVF、TSF、TVF 和 GPR 与夜晚 UHI 的相关性

来源：Yang 2009

延缓了夜间放热过程。因此，增加场地围合度并非改善夜间热环境的有效方法。

图 3-75 分别显示了白天（WVD）和夜晚风速（WVN）与 UHI 的相关性。夜晚，UCZ2 ～ 4 的昼夜风速均显示了与 UHI 之间的负相关性。UCZ1 显示出的正相关性并非由场地真实风速状况引起，从放大图可以看出，UCZ1 内风速的观测值普遍较低，最大值仅为 1.3m/s。此外，UCZ1 的大气温度显著高于其他场地，峰值甚至达到 38℃。因此，近静风状态加之极高的环境温度，减弱了冷热源之间的湍流交换，进一步促进了局部升温。

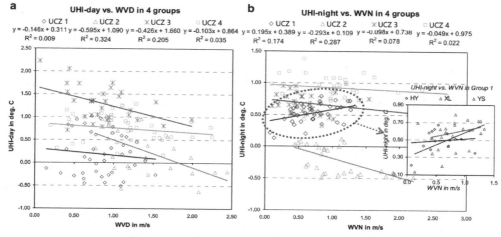

图 3-75　白天和夜晚时段风速与 UHI 之间的相关性

来源：Yang 2009

3. 风环境

研究以风速比（WVR）描述场地通风状况，建立其与天空视域系数（SVF）、冠层遮阴系数（TVF）和绿容率（GPR）之间的相关关系，以评价影响风环境的关键因子。图 3-76 显示，SVF 和 WVR 之间均呈正相关关系。除 UCZ2 外，其他 UCZ 均在 5% 水平上显著相关。UCZ2 中 Jingting 场地的 SVF 差异较小，多分散在 40% ~ 50% 区域内，对 WVR 的解释性较弱。拟合斜率表明，在 10% ~ 50% 范围内，SVF 每增加 10%，白天和夜晚 WVR 均存在 7% ~ 8% 的上升趋势。同样，TVF 仅在 UCZ1、3 和 4 中存在显著相关性。受 Jingting 低植被覆盖率影响，UCZ2 中 TVF 分布梯度较小（集中在 0 ~ 5%），并一定程度影响了相关性评价。因而后续实验应注意在场地选择和观测选点上的潜在问题。排除 UCZ2 后，回归分析显示 TVF 的置信区间为 10% ~ 45%；且拟合曲线斜率显示，在 0 ~ 60% 范围内，TVF 每下降 10%，白天和夜晚 WVR 可获得 3% ~ 4% 的增幅。其他三个 UCZ 也显示了 GPR 与 WVR 间的负线性关系，R2 为 0.1 ~ 0.3。在 0 ~ 5 范围时，GPR 每降低 1，白天和夜晚的 WVR 可降低 3% ~ 7%。

城市微气候观测实验中，设计变量与 UHI 强度的二元相关性通常产生较低的 R2，单一影响因素难以合理诠释风、热环境差异。如建筑高宽比（H/W）与夜晚温度拟合的 R2 仅为 0.28（Goh & Chang，1999）；天空视域系数与白天 UHI

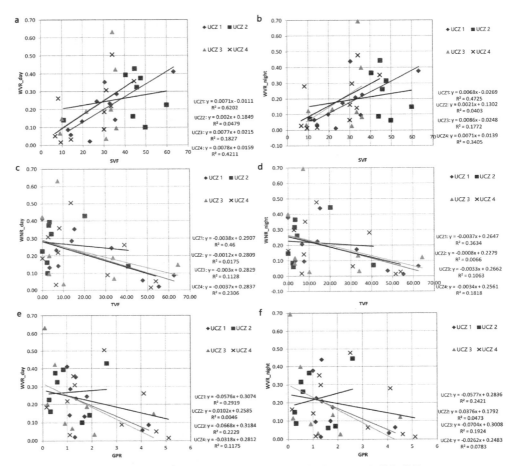

图 3-76　场地 SVF、TVF 和 GPR 与白天和夜晚 WVR 之间的相关性
来源：Yang et al. 2013

强度拟合的 R2 仅在 0.38 ～ 0.46 之间（Yamashita et al.，1986）。研究将借助多元回归分析建立多重变量与城市微气候之间的定量关系，以深入了解各变量之间的作用机理。

4. 定量关系分析

研究统计所有观测数据（包括 4 个 UCZ 内的 10 个观测场地），应用双变量和多元线性回归分析，确定场地设计要素与 UHI 之间的定量关系，以及季节、地理和城镇化强度的背景影响。因变量为白天和夜晚 UHI，自变量包括 8 个测点变量：天空视域系数（SVF）、太阳辐射系数（TSF）、冠层遮阴系数（TVF）、绿容率（GPR）、地表反射率（GSA）和测点绿化覆盖比率（GCR）、白天（WVD）和夜晚风速（WVN）；3 个场地变量：容积率（FAR）、绿化率（GR）和太阳辐射（SRS）。此外，另设 3 个分区变量（Z1、Z2、Z3），Z = 1 为 UCZ 1，Z = 2 为 UCZ 2，Z = 3 为 UCZ 3，Z = 0 为参照变量 UCZ 4。

（1）白天

相关性结果显示，Z1、Z2、Z3、SVF、TSF、TVF、GPR、GCR、WVD、SRS 和 FAR 与白天 UHI 为显著相关，同时 SVF、TVF、TSF、GCR 和 GPR，SRS 以及 FAR 等自变量之间也存在显著相关性（5% 水平）。图 3-77 分别显示了 FAR 和 GR 与白天 UHI 之间的线性拟合曲线。研究进一步将 5 个相关测点变量（SVF、TVF、TSF、GPR 和 GCR）和 2 个相关场地变量（FAR 和 SRS）逐步输入回归模型（2×5，共 10 个）。表 3-21 显示，模型的拟合系数（R^2）均在 0.69 ~ 0.77 之间。不同回归模型比较发现，输入场地变量 FAR 比输入 SRS 的模型拟合优度更大，R^2 增加约 1% ~ 2%。FAR 与白天 UHI 的相关性更强。回归系数表明，FAR 每增加 1，白天 UHI 降低 0.1 ~ 0.2℃；SRS 降低 10W/m^2，白天 UHI 降低 0.02 ~ 0.04℃。此外，SVF 对模型拟合系数影响最大，其后依次为 TVF、TSF、GPR 和 GCR。多云天气下，天空视域系数（SVF）通过影响太阳辐射，进而作用于场地热环境；而晴朗天气下，冠层遮阴系数（TSF）、绿容率（GPR）、测点绿化率（GCR）和白天风速（WVD）对局部热环境具有显著影响。依据回归系数结果，场地设计因子与微气候的定量关系为：SVF、TVF、TSF 和 GCR 增加 10%，导致的 UHI 变化分别为 0.15℃、–0.1℃、0.06℃和–0.04℃；GPR 增加 1 和风速增加 1m/s 可使 UHI 分别降低约 0.13℃和 0.4℃。

场地背景状况对白天 UHI 影响较大。仅包含 3 个分类变量的模型可以解释 50% 以上白天 UHI 变化（R^2 = 0.528）。这也侧面表明，增加其他现场设计变量使回归模型的 R^2 增加了 0.2 ~ 0.25。Z1、Z2 和 Z3 的回归系数表明，UCZ 3（Z3 = 1）场地比 UCZ 4（参照场地）温度高 0.3 ~ 0.4℃；而 UCZ 1（Z1 = 1）比参考场地温度低 0.5 ~ 0.6℃；UCZ 2（Z2 = 1）比参考场地温度低 0.6 ~ 0.7℃。基于回归模型的测算值与上节的白天 UHI 相关性结果一致。此外，使用虚拟变量进行总体回归时，不包括相互作用项；因此，模型中自变量的回归系数表现为平均作用效果（Hardy，1993）。

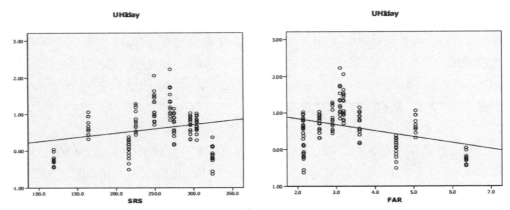

图 3-77　SRS（R2 = 0.094，Sig. level = 0.04）和 FAR（R2 = 0.122，Sig. level < 0.005）与白天 UHI
的拟合曲线

来源：Yang et al.，2011a

（2）夜晚

相关性结果显示，Z1、Z2、Z3、SVF、TSF、TVF、GPR、GCR、WVD、GR
和 FAR 与夜晚 UHI 显著相关。图 3-78 分别显示了 FAR 和 GR 与夜晚 UHI 的线性
拟合曲线。与白天 UHI 结果相似，SVF、TVF、TSF、GCR 与 GPR 之间，以及 GR
和 FAR 之间存在不同程度相关性。因此，研究进一步将 5 个相关测点变量（SVF、
TVF、TSF、GPR 和 GCR）和 2 个相关场地变量（GR 和 FAR）逐步输入回归模
型（2×5，共 10 个）。表 3-22 显示，所有模型的拟合系数（R2）均在 0.86 ~ 0.90
之间。拟合程度高于白天 UHI 状况。输入场地变量 GR 比输入 FAR 的模型拟合
优度更大，拟合系数 R2 更高。FAR 与夜晚 UHI 的相关性稍强于 GR，与分类变
量 Z1、Z2 和 Z3 的相关性明显更高。回归系数表明，将场地绿化率提高 10%，夜
间 UHI 强度降低 0.06 ~ 0.08℃；若容积率降低 1，夜晚时段将产生 0.04 ~ 0.07℃
的降温效益。测点变量的回归结果显示，GPR 导致的 R2 增幅最大，其后依次为
GCR、TVF、TSF 和 SVF。但是相关性表明，GCR、TVF、GPR、SVF 和 TSF 的
解释能力依次降低。所有绿化相关变量（GCR、TVF 和 GPR）在与夜间 UHI 均
为负相关关系。这也表明，植被对夜间环境的降温潜力更大。模型回归结果显示，
GCR 和 TVF 分别增加 10%，会促使夜间降温 0.02℃和 0.04℃；GPR 每增加 1，夜
晚温度降低约 0.07℃。SVF 和 TSF 与夜晚 UHI 均为正相关。该回归系数表明，
SVF 和 TSF 每增加 10%，夜晚的环境温度将分别增加约 0.05℃和 0.02℃。

白天 UHI 与设计变量的回归结果统计

表 3-21

来源: Yang et al., 2011a

设计变量	Model 1			Model 2			Model 3			Model 4			Model 5		
	Coefficients		Sig. level	Coefficients		Sig. level	Coefficients		Sig. level	Coefficients		Sig. level	Coefficients		Sig. level
	B	beta		B	beta		B	beta		B	beta		B	beta	
Z1	-0.612	-0.475	0.000	-0.563	-0.437	0.000	-0.607	-0.472	0.000	-0.595	-0.462	0.000	-0.524	-0.407	0.000
Z2	-0.724	-0.506	0.000	-0.591	-0.413	0.000	-0.653	-0.456	0.000	-0.650	-0.454	0.000	-0.672	-0.469	0.000
Z3	0.393	0.278	0.000	0.401	0.284	0.000	0.403	0.285	0.000	0.311	0.220	0.000	0.339	0.239	0.000
SVF	0.015	0.336	0.000	—	—	—	—	—	—	—	—	—	—	—	—
TVF	—	—	—	-0.010	-0.313	0.000	—	—	—	—	—	—	—	—	—
TSF	—	—	—	—	—	—	0.006	0.296	0.000	—	—	—	—	—	—
GPR	—	—	—	—	—	—	—	—	—	-0.126	-0.270	0.000	—	—	—
GCR	—	—	—	—	—	—	—	—	—	—	—	—	-0.004	-0.188	0.000
WVD	-0.309	-0.249	0.000	-0.366	-0.294	0.000	-0.321	0.258	0.000	-0.351	-0.282	0.000	-0.299	-0.240	0.000
FAR	-0.132	-0.281	0.000	-0.177	-0.376	0.000	-0.124	-0.263	0.000	-0.175	-0.371	0.000	-0.198	-0.421	0.000
SRS	—	—	—	—	—	—	—	—	—	—	—	—	—	—	—
Constant	1.196	0.000	1.986	1.216	0.000	0.000	2.013	0.000	1.985	0.000					
R2	0.772			0.769			0.749			0.748			0.711		
调整 R2	0.762			0.758			0.737			0.736			0.697		
F 系数	71.80			70.37			63.23			62.79			52.04		
总数	134			134			134			134			134		

续表

设计变量	Model 6 B	Model 6 beta	Model 6 Sig. level	Model 7 B	Model 7 beta	Model 7 Sig. level	Model 8 B	Model 8 beta	Model 8 Sig. level	Model 9 B	Model 9 beta	Model 9 Sig. level	Model 10 B	Model 10 beta	Model 10 Sig. level
Z1	-0.658	-0.511	0.000	-0.621	-0.482	0.000	-0.651	-0.505	0.000	-0.654	-0.508	0.000	-0.589	-0.457	0.000
Z2	-0.760	-0.531	0.000	-0.634	-0.443	0.000	-0.666	-0.466	0.000	-0.696	-0.486	0.000	-0.714	-0.499	0.000
Z3	0.389	0.275	0.000	0.392	0.277	0.000	0.406	0.287	0.000	0.295	0.209	0.001	0.328	0.232	0.000
SVF	0.016	0.360	0.000	—	—	—	—	—	—	—	—	—	—	—	—
TVF	—	—	—	-0.010	-0.334	0.000	—	—	—	—	—	—	—	—	—
TSF	—	—	—	—	—	—	0.007	0.319	0.000	—	—	—	—	—	—
GPR	—	—	—	—	—	—	—	—	—	-0.137	-0.295	0.000	-0.004	-0.197	0.000
GCR	—	—	—	—	—	—	—	—	—	—	—	—	-0.316	-0.254	0.000
WVD	-0.322	-0.259	0.000	-0.387	-0.311	0.000	-0.334	-0.268	0.000	-0.371	-0.298	0.000	—	—	—
FAR	—	—	—	—	—	—	—	—	—	—	—	—	—	—	—
SRS	0.003	0.259	0.000	0.004	0.360	0.000	0.002	0.222	0.000	0.004	0.355	0.000	0.004	0.391	0.000
Constant	0.098	0.519	0.542	0.001	0.235	0.140	0.596	0.000	0.385	0.028	—	—	—	—	—
R2	0.764			0.755			0.737			0.735			0.686		
调整 R2	0.752			0.743			0.724			0.722			0.672		
F系数	68.35			65.22			59.20			58.57			46.34		
总数	134			134			134			134			134		

注：SVF: Sky View Factor, 天空视域系数; TVF: Tree View Factor, 冠层遮阴系数; TSF: Total Site Factor, 太阳辐射系数; GPR: Green Plot Ratio, 绿容率; FAR: Floor Area Ratio, 容积率; SRS: Solar Radiation on Site, 总辐射量;
GCR: Green Cover Ratio, 测点绿覆盖比率; WVD: Wind Velocity Daytime, 白天风速;

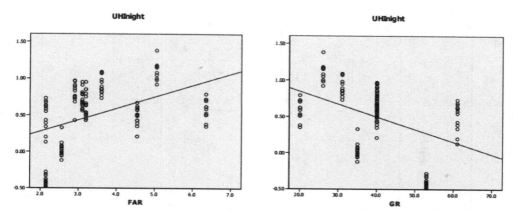

图 3-78　GR（R2 = 0.203，Sig. level < 0.005）和 FAR（R2 = 0.99，Sig. level < 0.005）与夜晚 UHI 的
拟合曲线

来源：Yang et al., 2011a

　　背景效应同样对夜间 UHI 影响显著。3 个类别变量可以解释超过 80% 的
UHI 夜间变化（R2=0.832），而将其他现场设计变量添加到模型后，R2 仅增加了
0.03 ～ 0.07，仅有场地设计变量模型的 R2 值范围为 0.22 ～ 0.27。显然，由于现
场设计变量和分类变量之间的相关性，其解释能力存在一定重叠。Z1、Z2 和 Z3
的系数表明，UCZ4（参考类别）的夜晚 UHI 最高。UCZ1（Z1 = 1）夜晚 UHI
比 UCZ4 低约 0.4 ℃；UCZ 2（Z2 = 1）比 UCZ 4 低 1.0 ～ 1.1℃；UCZ 3（Z3 =1）
夜晚平均温度比 UCZ 4 低 0.2 ～ 0.3℃。

　　本节通过场地观测实验，分别从场地和 UCZ 层面比较了各观测场地之间的
微气候差异，分析了 UCZ 之间风、热环境的空间分异现象；通过相关性识别了
影响微气候的关键因子；借助多元回归分析确定了设计变量与微气候因子之间的
定量关系。但实测研究中的不确定性，并不能排除场地中其他复杂因子的干扰。
研究进一步借助微气候模型，通过控制单一变量的多场景设计，比较不同环境缓
解策略的差异，实现对场地微气候的优化。

3.2.3　模拟优化分析

　　研究选取 Huali 和 Jingting 居住社区的夏季热环境特征作为背景气象参照，
比较场地观测数据与微气候模拟结果，并验证模型精度，进而开展多场景模拟，
评估不同设计策略的微气候改善效果。

夜晚 UHI 与设计变量的回归结果统计

表 3-22

来源：Yang et al., 2011a

设计变量	Model 1 Coefficients B	Model 1 Coefficients beta	Model 1 Sig. level	Model 2 Coefficients B	Model 2 Coefficients beta	Model 2 Sig. level	Model 3 Coefficients B	Model 3 Coefficients beta	Model 3 Sig. level	Model 4 Coefficients B	Model 4 Coefficients beta	Model 4 Sig. level	Model 5 Coefficients B	Model 5 Coefficients beta	Model 5 Sig. level
Z1	-0.457	-0.480	0.000	-0.417	-0.437	0.000	-0.441	-0.463	0.000	-0.459	-0.481	0.000	-0.457	-0.479	0.000
Z2	-1.046	-0.988	0.000	-1.053	-0.994	0.000	-1.026	-0.969	0.000	-1.047	-0.988	0.000	-1.069	-1.01	0.000
Z3	-0.270	0.041	0.000	-0.254	-0.243	0.000	-0.230	-0.220	0.000	-0.226	-0.216	0.000	-.234	-.224	0.000
SVF	-0.067	-0.196	0.000	—	—	—	—	—	—	—	—	—	—	—	—
TVF	—	—	—	-0.002	-0.166	0.000	—	—	—	—	—	—	—	—	—
TSF	—	—	—	—	—	—	-0.004	-0.164	0.000	—	—	—	—	—	—
GPR	—	—	—	—	—	—	—	—	—	0.002	0.159	0.000	—	—	—
GCR	—	—	—	—	—	—	—	—	—	—	—	—	0.005	0.138	0.000
WVD	-0.118	-0.127	0.000	-0.096	-0.103	0.004	-0.113	-0.122	0.001	-0.094	-0.102	0.005	-0.087	-0.094	0.01
FAR	0.050	0.144	0.000	0.037	0.105	0.007	0.048	0.138	0.000	0.070	0.200	0.000	0.062	0.177	0.000
SRS	—	—	—	—	—	—	—	—	—	—	—	—	—	—	—
Constant	0.960	0.000	0.976	0.000	0.913	0.000	0.609	0.000	0.655	0.000	—	—	—	—	—
R2	0.772			0.769			0.749			0.748			0.711		
调整 R2	0.879			0.869			0.867			0.863			0.859		
F系数	162.60			147.71			145.66			140.86			135.62		
总数	134			134			134			134			134		

续表

设计变量	Model 6 B	Model 6 beta	Model 6 Sig. level	Model 7 B	Model 7 beta	Model 7 Sig. level	Model 8 B	Model 8 beta	Model 8 Sig. level	Model 9 B	Model 9 beta	Model 9 Sig. level	Model 10 B	Model 10 beta	Model 10 Sig. level
	Coefficients			Coefficients			Coefficients			Coefficients			Coefficients		
Z1	-0.373	-0.391	0.000	-0.350	-0.367	0.000	-0.360	-0.377	0.000	-0.349	-0.366	0.000	-0.359	-0.376	0.000
Z2	-1.040	-0.982	0.000	-1.04	-0.982	0.000	-1.021	-0.964	0.000	-1.047	-0.988	0.000	-1.066	-1.006	0.000
Z3	-0.248	-0.237	0.000	-0.233	-0.222	0.000	-0.211	-0.201	0.000	-0.204	-0.195	0.000	-0.214	-0.205	0.000
SVF	-0.065	-0.187	0.000	—	—	—	—	—	—	—	—	—	—	—	—
TVF	—	—	—	-0.002	-0.155	0.000	—	—	—	—	—	—	—	—	—
TSF	—	—	—	—	—	—	-0.004	-0.154	0.000	—	—	—	—	—	—
GPR	—	—	—	—	—	—	—	—	—	0.002	0.155	0.000	0.004	0.127	0.000
GCR	—	—	—	—	—	—	—	—	—	—	—	—	—	—	—
WVD	-0.109	-0.117	0.000	-0.088	-0.095	0.005	-0.103	-0.112	0.002	-0.085	-0.092	0.007	-0.077	-0.084	0.016
FAR	—	—	—	—	—	—	—	—	—	—	—	—	—	—	—
SRS	-0.007	-0.170	0.000	-0.006	-0.145	0.000	-0.006	-0.167	0.000	-0.008	-0.218	0.000	-0.008	-0.195	0.000
Constant	1.352	0.000	1.283	0.000	1.294	0.000	1.143	0.000	1.135	0.000					
R2	0.895			0.885			0.884			0.883			0.877		
调整 R2	0.890			0.879			0.878			0.877			0.871		
F 系数	181.06			162.33			160.93			159.77			150.44		
总数	134			134			134			134			134		

注：GPR：Green Plot Ratio，绿容率；GCR：Green Cover Ratio，测点绿化率；TVF：Tree View Factor，冠层遮阴系数；TSF：Total Site Factor，太阳辐射系数；SVF：Sky View Factor，天空视域系数；WVN：Wind Velocity Nighttime，夜晚风速；FAR：Floor Area Ratio，容积率；GR：Green Ratio，场地绿化率

1. 场地观测结果

两个观测场地均位于上海浦东新区。Huali 场地为南北向行列式布局；建筑层数由南侧 8 层逐渐过渡至北侧 33 层；场地中心建有约 $1hm^2$ 的集中绿地，地面绿地率达 53%；立面材料主要为灰棕瓷砖、白漆饰面和绿玻璃窗。Jingting 场地除西北侧三座点式建筑，其他均为行列式；场地中心为铺设深色花岗石的开敞空间；绿地率约 35%，绿化区域树木稀疏，多为草坪；建筑立面主要是灰色涂漆和浅色窗户。场地观测时间均在 8 月 4 ~ 6 日，天气总体为微风、部分多云。两个场地的测点位置、测量路线及观测点附近的建筑形态、下垫面类型和绿化程度分别统计在表 3-23 和表 3-24 中。

Huali 场地平面和定点观测点地面照片、半球形天空视图及设计参数 表 3-23

场地观测计划	测点实景图	天空半球图	设计参数
			SVF: 40.32 TSF: 90.57 GSA: 0.17 TVF: 3.38 GPR: 0.85 GCR: 15
			SVF: 44.68 TSF: 87.42 GSA: 0.20 TVF: 20.18 GPR: 2.60 GCR: 85
			VF: 10.75 TSF: 24.03 GSA: 0.06 TVF: 40.81 GPR: 1.90 GCR: 25
			SVF: 59.73 TSF: 98.27 GSA: 0.24 TVF: 0 GPR: 0.26 GCR: 10

● 观测点　　　—— 观测路线

▲ HOBO 气象站　　△ HOBO 手持气象站

注：SVF：Sky View Factor，天空视域系数；TSF：Rotal Site Factor，太阳辐射系数；GSA：Ground Surface Albedo，地表反射率；TVF：Tree View Factor，冠层遮阴系数；GPR：Green Plot Ratio，绿容率；GCR：Green Cover Ratio，测点绿化率

Jingting 场地平面和定点观测点地面照片、半球形天空视图及设计参数 表 3-24

场地观测计划	测点实景图	天空半球图	设计参数
			SVF: 45.74 TSF: 93.15 GSA: 0.20 TVF: 4.23 GPR: 0.60 GCR: 20
			SVF: 43.78 TSF: 75.54 GSA: 0.14 TVF: 2.15 GPR: 0.31 GCR: 10
			SVF: 47.62 TSF: 86.03 GSA: 0.16 TVF: 3.08 GPR: 0.52 GCR: 18
			SVF: 49.75 TSF: 96.03 GSA: 0.16 TVF: 2.48 GPR: 16 GCR: 85

● 观测点   —— 观测路线

▲ HOBO 气象站   △ HOBO 手持气象站

（1）Huali 场地观测结果

图 3-79a 显示，白天观测点的温度差异表现为，A4 > A1 > A2 > A3。场地温度与 GSA、SVF 成正相关，而与 TVF 和 GPR 呈负相关。A4 位于场地南侧，地面多为灰色花岗岩的硬质铺装，绿化较少，叶面积指数较低，且几乎没有冠层遮阴区域，温度最高。A1 绿量同样较小，但围合度更高，因而具有更多阴影空间，温度也明显更低。1：00pm ～ 2：00pm 和 3：30pm ～ 4：30pm 时段，A1 相较 A4 最大温差约 1℃。这由于 A1 在主导风（S）作用下，更大程度接纳了上风向绿化所产生的凉爽空气。A2 和 A3 均位于场地中心区域，A2 绿化覆盖更高，A3 位于铺设深色且反射率较低的广场上。后者在 1：00pm ～ 5：00pm 时段温度均保持在较低水平，前者较高的绿化率也更大程度上降低了太阳辐射吸收率。A2 和 A3

测点的长、短波辐射的测量结果表明，植被蒸散作用使得 A2 处潜热通量（QE）较强，但更高的净辐射传热仍增强了显热通量（QH），导致气温升高。因而，太阳辐射通量是决定白天温度的最重要因素。夜晚与白天温度的分异规律一致，但各测点的差异减小。A1 和 A4 的温度仍高于 A2 和 A3，温差为 0.2 ～ 0.3℃。夜晚不受太阳辐射影响，减弱了冠层作用，但较高储热量也进一步增加了夜间长波辐射放热。

Huali 场地风速的逐时变化规律如图 3-79b 所示，A2 > A1 > A3 > A4。A4 测点在区域空间围合程度最大，受周围高大建筑和植被的阻风作用，平均风速最小；A2 和 A3 位于场地中心开场空间，且东南侧迎风面相对平坦开阔，有助于风场发展，风速最大；A1 测点位于场地出入口位置，且周围受部分阻挡，平均风速介于 A2 和 A3 之间，约为 0.52m/s。

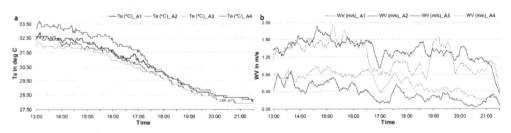

图 3-79　Huali 场地 A1 ～ 2 测点的三天平均温度和风速逐时变化规律
来源：杨峰，等 2013

（2）Jingting 场地观测结果

Jingting 场地内四个测点处的绿化覆盖率均较低（GCR，GPR 和 TVF 较低），太阳辐射较高（SVF 和 TSF 较高）。这种相似性反映在温度逐时变化规律中（图 3-80a），4 个测点差异小，最大仅为 0.5℃。所有测点中，B3 温度最低。这是由于在 2：00pm ～ 6：00pm，植被冠层阻挡了大部分太阳辐射。B2 测点温度最高，地面反射率（GSA）较低；同时低绿化率和绿容率也减弱了植被遮阴和蒸发蒸腾作用。夜晚（6：00pm ～ 10：00pm），B4 温度最低，在高绿化率和绿容率作用下，夜间蒸发冷却作用更强；B1 测点温度最高，其位于居民通勤繁忙的社区中心休憩区域，行人、建筑和交通等人为热也进一步作用于场地升温。

Jingting 场地风速逐时变化规律显示（图 3-80b），场地风速变化受主导风向和周围建筑布局的影响大，B3 > B1 > B2 > B4。B4 测点位于高层建筑北侧，阻风作用最为显著，平均风速最低。B2 测点位于场地北侧，入流风受场地内植被和建筑的阻挡后流入地块下风向，因而风速也较低。B3 测点位于场地最南端，且入流风向处最为开阔，因而在所有测点中风速最高。

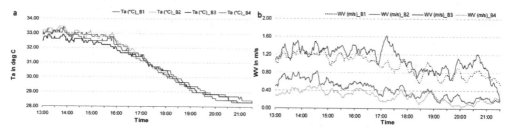

图 3-80　Jingting 场地 B1 ~ 4 测点的三天平均温度和风速逐时变化规律
来源：杨峰，等 2013

2. 模型配置及模拟场景

（1）微气候模拟

多场景模拟采用德国美因茨大学开发的三维微气候模型 ENVI-met。该软件主要基于计算流体动力学（Computational Fluid Dynamics，CFD）和热力学原理模拟城市建筑—植被—大气相互关系。模型包括大气、辐射、土壤、植物、建筑 5 个子模块，空间精度为 0.5 ~ 10m，时间步长 10s，能实现小尺度风、热、湿和日照环境的耦合计算，并输出温湿度、风速和热通量等环境气象因子的时空数据（Bruse & Fleer，1998）。因而模型能够在较高空间分辨率下模拟室外不同下垫面类型和绿化的作用差异。

研究参照 Huali 和 Jingting 场地建设现状对建筑体量、地表覆盖和植被属性进行精细化建模，以验证模型精度及多场景模拟的可行性。模型平面网格分别设置为 75×65 和 60×60，网格分辨率均为 $5m \times 5m$；纵向网格设置为 25，分辨率为 3m，以满足模拟域大于最高建筑的 2 倍。为避免模型传热过程中的边际效应，除预留边缘区域，另分设 5、10 个嵌套网格。模型监测点位置与观测场地匹配。微气候模拟选择上海徐家汇气象站 2008 年 8 月 6 日的观测数据作为背景气象参数；参考城市地理位置和气象站平均数据设置太阳辐射和云量。模拟域边界、土壤初始温湿度等其他配置信息可参见表 3-25。

此外，研究根据前期调研了解场地内的下垫面和绿化类型，并在对其属性特征进行自定义设置。其中下垫面共设沥青、水泥、硬质铺装、砖砌等 6 类，场地绿化分为简易草坪和 4 类树木。表 3-26 中列出了每类下垫面的颜色和反射率、植被的树高和叶面积指数（LAI）。

模型主要输入参数及取值　　　　　　　　　　表 3-25

模型配置	输入参数	取值及获取方法
模型边界	初始温度（2500m）：308K；相对湿度：50%；绝对湿度：2g/kg	
气象参数	地理位置	121° 29′ E，31° 14′ N
	模拟起止时间	8 月 5 日的 10：00 ~ 22：00（共模拟 12h）
	太阳辐射	基于研究区经纬度以及云量自动生成
	大气温、湿度	26.0 ~ 31.5℃、68% ~ 80%
	风速、风向	3.0m/s（10m 处）、120°（SSE）
	云量	低云 1、中云 1、高云 1 octas（地面气象站数据）
土壤参数	土壤湿度	上层 10%、中层 30%、下层 50%
	土壤初始温度	上层 306K、中层 302K、下层 293K
建筑参数	室内温度	293K（恒定值）
	反射率	墙面 0.2、屋面 0.3
	传热系数	墙面 1.9、屋面 6 W/（m²·K）
舒适度模型	35 岁、身高 1.75m、体重 75kg、衣着量 0.9、代谢率 80W	
网格设置	网格数：75×65、60×60；分辨率：5m×5m×3m；嵌套网格：10、15m	

ENVI-met 模型下垫面及植被预设属性　　　　　　　表 3-26

项目	下垫面类型					植被类型				
	沥青	水泥	硬质铺装			砖砌	草坪	树木			
ID	S	P	Gg	Gs	G2	Kk	Dg	Mt	St	Lt	Sh
颜色/树高	黑色	灰色	深色	灰色	浅色	红色	0.2m	3m	6m	10m	1m
反射率/LAI	0.1	0.2	0.15	0.2	0.6	0.3	2.5m²/m³	2.1m²/m³	3.1m²/m³	6.4m²/m³	2.0m²/m³

（2）舒适度模拟

提取 ENVI-met 输出的逐时大气温度、相对湿度、风速和平均辐射温度（Mean Radiant Temperature，T_{mrt}）等环境参数，参照普通成年男性特征（年龄 35、身高 1.75m、体重 75kg）设置生理属性；进而借助 RayMan 模型（Matzarakis et al. 2007）计算生理等效温度（Physiological Equivalent Temperature，PET），评价

住区室外空间人体热舒适度状况。室外热舒适指标 PET 指人体处于室外热平衡时，其体表和体内温度达到与典型室内环境同等热状态所对应的气温（Mayer & Hoppe，1987）。PET 能够综合反映环境参数对人体生理状态的影响，广泛应用于不同气候条件下的舒适度评价。

（3）模拟场景设置

多场景模拟的初始气象条件、植被及建筑参数等设置与验证模型保持一致，仅参照过去五年夏季月份平均温度（上海市统计局，2007），将模拟域的初始温度调整为303K（约30℃）。研究基于地表反射率和绿化类型的场地优化方案进行了多场景模拟。除参照场景（H-b、J-b）外，Huali 场地还设计了地表反射率优化场景（H-1）;Jingting 场地增设了不同地面反射率场景（J-3、J-4），草地（J-1）和不同树木（J-2、J-4）类型的绿化场景（图 3-81）。所有模拟场景下垫面和植被参数方案可参照表 3-27。

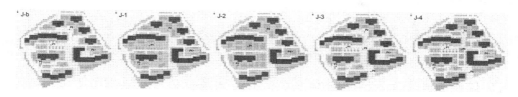

图 3-81 Jingting 场地模拟设计场景

Huali 和 Jingting 模拟场景   表 3-27

来源：Yang et al.，2011b

地块	代码	模拟场景	设计场景
Huali	H-b	参照场景	—
	H-1	—	A1 和 A4 处地面反射率由 0.2（ID：GS）增加到 0.6（ID：G2）
			A3 处地面反射率从 0.15（ID：GG）增加到 0.3（ID：KK）
Jingting	J-b	参照场景	—
	J-1	用茂密的草代替硬路面	
	J-2	用大树代替硬路面（ID：LT）	
	J-3	—	硬质路面的反射率由 0.2（ID：GS 和 P）增加到 0.6（ID：G2）
	J-4	用大树覆盖硬质路面（ID：LT）	硬质路面的反射率由 0.2（ID：GS 和 P）增加到 0.6（ID：G2）

3. 模型验证及场景分析

（1）模型验证

研究结合 Huali 和 Jingting 场地实测数据对 ENVI-met 模拟结果进行了验证。图 3-82a 显示 Huali 白天 A4 温度模拟值最高，A2 温度模拟值最低，A1 和 A3 介于前两者之间。白天，模型能够反映草坪（P2）和硬质铺装地面（A4）的热效应差异，但高估了植被阴影下的大气温度约 0.5 ~ 1.0℃；夜晚，模拟较实测值高 0.5 ~ 1.0℃。图 3-82b 显示 Jingting 场地 B1 ~ B3 的温度相差较小，与观测值差异规律一致。与 Huali 类似，Jingting 地块夜晚模拟值高估了温度的作用强度，约 0.5 ~ 1.5℃；同时，硬质铺装路面的温度也被高估，特别是处于树阴下的 B3 测点，模拟与实测差值在 0.5 ~ 1.0℃之间。场地温度的模拟结果显示，树冠遮阴降温作用被低估 0.5 ~ 1.0℃；同时，夜间温度被高估 0.5 ~ 1.5℃。模拟结果与以往研究存在差异，多个研究表明夏季室外阴影空间比开阔草坪更加凉爽（Yang et al., 2010; Shashua-Bar & Hoffman, 2000），因而对于温度模拟结果应进行 0.5 ~ 1.0℃的降温补偿。同时，Ali-Toudert（2006）研究证实，受模型静态边界条件限制，ENVI-met 模型高估了夜间温度变化，因而应集中在白天时段进行微气候评估。

Huali 模拟结果表现出了 A3 和 A4 测点风速高于 A1 和 A2 的整体规律（图 3-83a），但模拟值更为收敛，各测点之间的相对差异减小。Jingting 场地中 A3 与 A4 之间的差异与实测结果吻合，而 A1 和 A2 测点的模拟值明显高于实测值（图 3-83b）。结果表明，ENVI-met 能够反映由于建筑或植被阻碍所产生的空间分异，但对于高层建筑环境中的局部湍流，仍与现实场景中复杂动态过程存在一定差异。此外，在微风背景气象条件下，风速变化并非影响室外舒适度的主要因素，温度和 Tmrt 在决定人体的热平衡方面作用程度更大（Hoppe，1999）。

Huali 和 Jingting 场地 Tmrt 模拟值逐时变化规律（图 3-84）揭示了建筑布局和下垫面特征对室外热环境的影响。白天，草坪空间的 Tmrt 比硬质铺装路面低 10 ~ 15℃；位于树荫空间的 Tmrt 比硬质铺装路面低 30 ~ 35℃。由于 ENVI-met 仅考虑了大气中水蒸气的衰减作用（Ali-Toudert，2005），但近地面辐射量更大，模拟结果高估了白天 Tmrt 和 Tmrt 逐时变化幅度。此外，模型中未考虑建筑蓄热量，高估了白天建筑墙面或屋面的表面温度，从而导致更多长波辐射，也进一步低估了夜间辐射量。

与以往 ENVI-met 验证研究相比，本研究通过自定义大气温、湿度等气象边

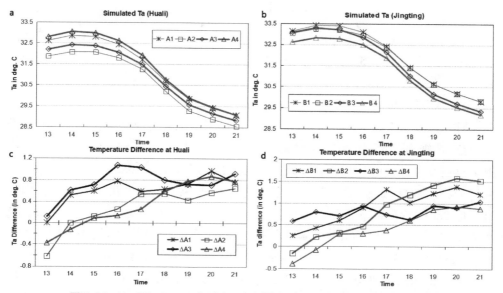

图 3-82　Huali 和 Jingting 场地中 4 个测点温度实测值与模拟值逐时变化规律

来源：Yang et al.，2011b

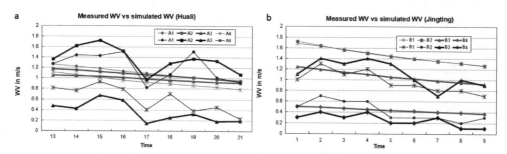

图 3-83　Huali 和 Jingting 场地中 4 个测点温度实测值与模拟值逐时变化规律

来源：Yang et al.，2011b

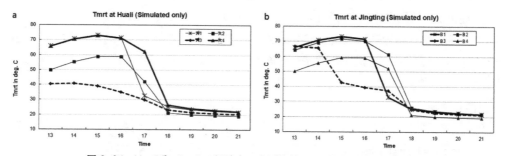

图 3-84　Huali 和 Jingting 场地中 4 个测点的 Tmrt 模拟值逐时变化规律

来源：Yang et al.，2011b

界，深入调查研究区土壤、植被等输入参数，较大程度降低了模拟误差。验证结果显示，研究所采用的边界条件及绿化模型能够有效还原实测场景中不同下垫面间的差异，反映不同城市形态与绿化方式导致的温度分异，为后续多情景模拟结果的可靠性提供了保障。

（2）场景分析

研究比较了不同城市下垫面和植被类型的组合策略对改善室外热环境和提升人行空间热舒适的潜力。Huali 参照场景（H-b）平均温度较 Jingting（J-b）更低，由于植被密度和铺装材料差异导致的温度差值约为 1℃。Huali 场地 A1 和 A4 测点覆盖相同铺装材料（ID：Gs），但 A1 承接了上风向植被产生凉爽空气，因而温度低 0.3℃。Jingting 场地，绿化覆盖区域比硬质地面平均低 0.5℃；铺有深色不透水地面的入口广场温度最高，同时也受迎风侧沥青路面的热流影响。由于Jingting 场地整体热环境状况更差，研究也进一步分析了多个绿化场景的差异。

Jingting 场地增加草坪（场景 J-1）所产生的逐时热效应显示（图 3-85a），2：00pm 绿化区域温度降低 0.7℃。降温区域依绿化覆盖面积增加而扩大，具有明显的集聚效益。4 个监测点处的温度和 Tmrt 均显著降低。B1 ~ B3 测点，全天平均温度降低 0.6 ~ 1.0℃，白天时段 Tmrt 降低 12 ~ 24℃。其中 B3 测点受太阳轨迹和植被阴影影响，草坪降温效应被削弱，因而 2：00pm ~ 4：00pm 时段的Tmrt 降幅最小。场地内 PET 的逐时变化显示，4 个测点全天室外舒适度均得到不同程度改善，降低范围在 2.5 ~ 12℃之间。其中 B4 测点温度和 PET 分别降低0.1 和 0.8 ~ 3.2℃，但其下垫面材料并未进行任何优化，这表明增加场地绿化覆盖率能够改善社区整体热环境状况。

采用种植树木策略（场景 J-2）相较于单一增加草坪（场景 J-1），近地面人行空间所产生的降温效应并未表现出明显差异，尤其在 B1 测点（图 3-85b）。参照上述验证结果的分析，若针对覆盖树木区域进行 0.5 ~ 1.0℃的降温补偿，场景 J-2 将产生大于场景 J-1 的降温效益，模拟结果也更符合实际状况。此外，由于树木冠层遮阴，场景 J-2 中 Tmrt 降低约 5 ~ 20℃；PET 也产生了 15℃降幅。因而针对改善室外热舒适度而言，树木产生的遮阴作用较仅铺设草坪场景具有更大潜力。

增加地面铺装的反射率（场景 J-3），能够在 2：00pm 产生 0.2 ~ 0.3℃的降温（图 3-85c）。场地内 B1 ~ B3 测点，温度降低 0.2 ~ 0.4℃。但白天 Tmrt 增加范围达 8 ~ 15℃，PET 相应增加了 4 ~ 7℃。此外，受植被遮阴作用，3：00pm ~

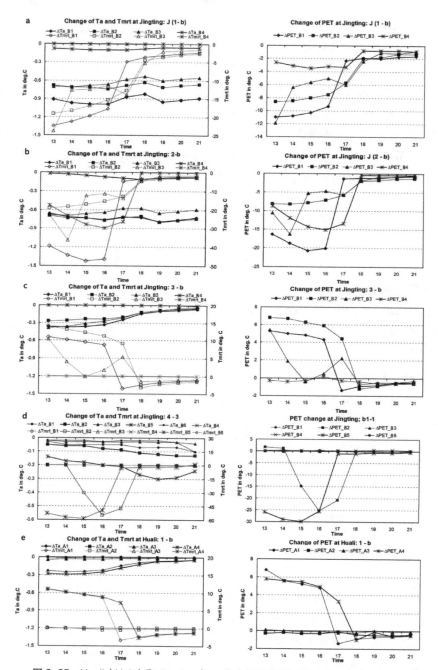

图 3-85 Huali（H-b）和 Jingting（J-b）参照及优化场景的逐时气象参数变化
来源：Yang et al.，2011b

4：00pm，仅 B3 处的 T_{mrt} 增加趋势受到抑制。

在高反射率铺装表面增加树木覆盖（场景 J-4），正午时段（2：00pm）硬质铺装区域产生了 0.1 ~ 0.2℃的 d）。所有测点附近均产生了不同程度的降温。其中 B5 测点降温程度最大（0.2 ~ 0.3℃），其主要受树木遮阴作用影响；由于地块西侧增加了树木覆盖，B2 测点温度也降低了 0.1℃；其他测点降温均在 0.1℃以内。植被遮荫作用与种植位置（投影投射方位）密切相关，因而 T_{mrt} 和 PET 的降低趋势与一天中太阳运行轨迹同步。在 3：00pm，B5 测点 T_{mrt} 最大降幅为 60℃，PET 最大降低约 30℃；在 4：00pm，B2 测点 T_{mrt} 最大降幅为 55℃，PET 降低约 25℃。

Huali 场地增加地面反射率（情景 H-1）对室外热环境的影响与 Jingting（场景 J-3）类似。更高的反射率使得 A1 和 A4 测点的近地面温度明显降低，白天降温范围为 0.2 ~ 0.3℃（图 3-85e）。但处于树荫下的 A3 测点降温效果并不显著。夜晚，A1 和 A4 测点 T_{mrt} 可以降低 1 ~ 3℃；但白天，由于反射率增加，T_{mrt} 反而增加 8 ~ 12℃。两测点 PET 逐时变化规律与 T_{mrt} 一致，白天 PET 增加时段完全抵消了夜晚 PET 幅度降低时段。下午时段（1：00 ~ 4：00pm）是全天温度最高和舒适度最差的时段，因而增加硬质地面的反射率对改善人体热舒适状况的效率较低。

研究对 Huali 和 Jingting 小区的热环境进行了现状观测和多场景方案的模拟优化分析，重点讨论了高反射率材料和绿色植物对改善社区热环境和舒适度的潜力。结果表明，不同设计策略均在一定程度上缓解了室外热环境状况，但白天和夜晚时段存在差异或相反效果。总体上，植被白天冠层遮阴和夜晚蒸发蒸腾作用能够有效改善社区微气候，增加植被数量和冠层叶面积指数对缓解城市热岛及改善人体热舒适作用最大，其次为草坪铺地；若提高硬质地面的反射率，应注意控制合理区间，尽管其一定程度降低了热环境压力，但也存在降低白天人行空间舒适度的风险。

3.2.4 设计策略

随着居民生活水平提升，高品质住区环境已成为城市设计的重要要求。研究观测了上海内环住区的微气候状况，重点关注夏季热环境分异现象和场地通风潜力，并建立了城市设计因素与微气候因子之间的定量关系。通过多场景模拟实验，进一步比较了不同场地优化方案的差异。研究分别针对场地设计要素和风、光、热环境状况，提出设计引导和微气候改善策略。

1. 居住社区设计引导

（1）建筑布局和密度

建筑物布局和密度对城市微气候的影响很大程度上取决于太阳辐射作用时长。不同布局的昼夜热性能作用相反。白天的热舒适性对于非工作或周末休息的居民更重要，但居住社区夜晚的房屋使用率更高，会产生更大空调制冷能耗和负荷峰值。因此应平衡昼夜需求，并优先考虑缓解夜间热环境。南—北向行列式是广泛应用建筑布局，排列均质且肌理单一，但就热环境而言，其最为适合上海的亚热带季风性气候。一方面，冬季较低的太阳入射角仍满足了南向建筑的采光需求；另一方面，南低北高的建筑布局，可以阻挡冬季（北风）寒风侵袭，促进夏季（东南风）风场发展。此外，同建筑密度要求下，分散错列的建筑高度形式与分布均质的建筑组合相比，能够有效创造穿堂风，改善局部通风条件。

建筑密度与间距控制和布局紧密相关，而间距又同时受采光、日照、防火和通风等约束（Li，2005）。高密度住区较高的阴影系数在白天具有较大效益，但由于 SVF 降低和人为热增加，夜间热环境状况降低。相关性分析也证实了容积率与夜间 UHI 强度之间的正向关系。因此，半封闭布局场地设计的最佳选择，其总体上具有良好热环境状况，多数建筑朝南且密度较高，并有助于完善街道景观界面。

（2）植被和景观

单一增加场地绿化覆盖面积并非一定有效降低夏季室外大气温度。建构筑物的遮阴作用能够稀释或抵消植被的降温效益；冠层叶片密度（叶面积指数）和土壤水分的差异对植被的热作用过程影响更大。因此，参照绿容率（GPR）指标可有效评价植被生物量，以估算对微气候作用程度。同时，应将叶面积指数控制从地面（草坪或灌木丛）转移至人行高度（1.5m）以上空间。依据研究结果，绿地 GPR 增加至 3 ~ 4，可显著提升住区的降温潜力。此外，观测点处较高的绿化率能够一定程度改善附近范围（半径 20m）的热环境。将冠层遮阴系数提高至40% ~ 50% 可产生显著的低温区域。增加土壤深度、叶面积指数和灌溉频率，从而提升植被的热物理性能，也是间接的热环境缓解策略。

应将建筑或植被遮阴透射空间与居民日常室外活动时段相匹配，冠幅较大的植被安放在夏季公共设施的高频使用时段（10：00am ~ 4：00pm），以满足遮阴需求。场地内合理预留风场发展空间，通常在夏季主导风迎风侧设置开敞界面，以引入气流；冬季主导风迎风侧依次布置乔、灌、草复合绿化形式，以阻挡寒风侵袭。

（3）其他设计参数

太阳辐射是白天热环境的决定因素，特别是晴朗、无云的夏季。高层住区环境中的近地面大气温度直接受太阳运行路径、辐射强度及建筑和树木冠层几何形状影响。研究表明，白天的 UHI 强度受太阳辐射系数影响显著，且白天贮热量释放将延续至日落后 1 ～ 2h。太阳辐射系数可以作为前期室外热环境状况的评估指标。增加室外遮阳设施时，控制太阳辐射系数不超过 50%。

天空视域系数直接影响天空和地面之间的辐射交换过程（Oke，1987）。研究证实，部分多云的条件下，白天天空视域系数能够有效指示近地面太阳辐射量，并与建筑开发强度存在负相关性。因此应协同规划布局和景观设计，以在不影响场地通风条件的情况下，保持较低的 SVF 平均水平。实际设计过程中，SVF 通常随容积率增加而递减。然而，控制场地开发强度，通过设计不同建筑布局可创造多达 3 倍平均 SVF 的变化区间（Ratti et al.，2003）。具有较高 SVF 场地可通过增加植被覆盖率以降低 SVF，同时植被冠层也有助于缓解白天和夜晚的热压力。

此外，仅增加表面反射率并不会对局部或街区尺度的热环境产生较大影响；但城市范围内增加地表反射率，其集聚效应会加剧区域升温。因此，可存储和蒸发水分的透水地面作为高反射率铺路材料的替代方法，应合理应用于高层住宅设计中。渗透表面的渗排性能使其表面温度更稳定，接近室外大气温度。除了改善热环境外，也是削减雨水径流，创建海绵城市的重要需求。

2. 微气候设计策略

住区微气候由布局形态、开发强度、下垫面类型、植被水体等因素共同决定。整体布局和开发强度决定了社区环境的平均水平（如高层社区大气温度均低于低层社区），而建筑组合又形成了局部气候差异的空间，因而可通过增加下沉花园、立体绿化、主动式干预设施等设计元素实现对微环境的改善。

（1）风热环境优化

住区微环境规划应从合理控制居住社区的开发强度出发，改善近地面热量吸散和风场对流换热过程，从而创造舒适的住区环境：

1）社区中建构筑物应优先采用高反射率的浅色涂料，以有效降低室外地面、建筑外墙及设施表面温度。在建筑屋面、人行道路、室外停车场等采用透水性地面铺装代替传统硬质铺装，并结合绿化设施的雨水收集系统。此外，透水地面结合地下补水装置，在高温炎热季节可增加水汽，冷却空气。

2）合理规划建筑组团布局，在保证满足冬至日的 9∶00 ～ 15∶00 大于 2h 日照和大寒日 8：00 ～ 16：00 多于 1h 日照时长的前提下，将日照边界控制在活动场地南侧，预留近建筑 3 ～ 5m 室外活动空间，或在南侧区域设置下沉空间，延长日照的纵向辐射范围。

3）社区的水域水面设计应结合社区湿地系统形成动态流动水面，在满足蒸发储热的同时，也能够丰富社区生态空间，保持生物多样性；此外，将植被、水体统筹结合至雨水收集系统，不仅能够削减雨水径流、延缓洪峰，也能在枯水或少雨时节实现自足，改善社区生态。

4）夏季社区室外活动场地应布置遮阳设施，其中广场空间位于社区中心，日照时间最长，遮阳覆盖率不应小于 25%，游憩场地多配以硬质铺装地面，吸热储热更快，遮阳设施覆盖率应超 30% 以上。人行流线上应结合冠幅较大的乔灌木和遮荫休憩统一设置，满足 50% 的遮阳覆盖率。

5）除被动式社区布局设计（图 3-86），针对已完成项目，可在社区边缘（夏季主导风上风向）增设主动式微环境调节装置，实现局部降温、保湿、造景，改善小环境空气质量。喷雾设备形成微粒喷射到空气中，水雾与空气形成充分的热湿交换，吸收热量而被汽化，空气因损失显热而降温。城市环境中不同建筑形态组合产生不同的风效应，建筑基部的下冲气流、角隅效应、负压效应和引流效应；高层与底层通道效应、狭管效应、夹角效应和遮蔽效应等。场地规划布局时应重点考虑不同的建筑组合形式和入流风向的组合关系（图 3-87），城市风环境的规划设计应从以下几个方面着手：

1）建筑布局应以打通夏季主导风通路为基础，点式和行列式建筑宜错列分布，创造更为均质化的室外风场环境。围合式布局应满足围而不合的原则，外围建筑或对角线空间设置开口或进行退让。夏季主导风迎风面建筑宜相对分散，接纳更多入流风，冬季主导风迎风面宜相对集中，阻挡冷风寒流。针对夏冬季主导风相反或易置的地区，保持开敞界面迎合夏季主导风向，封闭界面面向冬季主导风向。而夏冬季风向无显著差异的地区，通常风速较小，受季节变化影响小，应满足外围建筑开敞，内部空间围合。

2）建筑高度应合理设计梯度变化，低层建筑布置在夏季主导风上风向，高层建筑设置在下风向。建筑朝向应与夏季主导风向垂直，将气流引入。风速较大的地区，设置同高度建筑，更易创造风影区，并通过朝向变化实现风场引导。年平均风速较小的地区，宜设置高度错列分布的建筑，不仅实现平面空间自然通风，也能创造纵向空间空气流动。山墙或宅间轴线应与主导风向平行，或夹角不

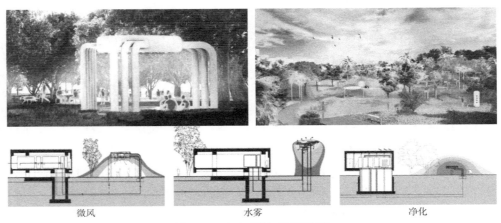

微风　　　　　　　　　　水雾　　　　　　　　　　净化

图 3-86　主动式微气候调节装置

来源：https://urbannext.net/cooling-climate-devices-at-jade-meteo-park/

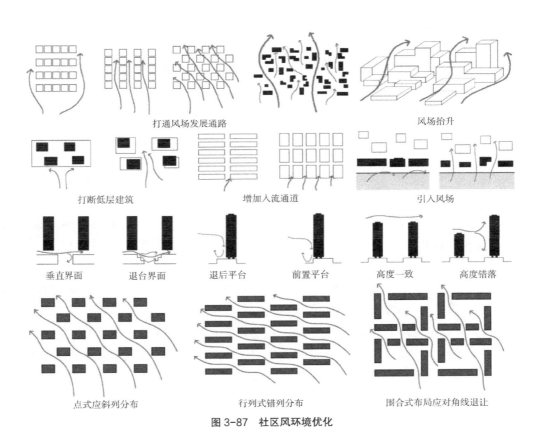

打通风场发展通路　　　　　　　　　　　　　　风场抬升

打断低层建筑　　　　　　增加入流通道　　　　　　引入风场

垂直界面　　　退台界面　　　退后平台　　　前置平台　　　高度一致　　　高度错落

点式应斜列分布　　　　　　　行列式错列分布　　　　　　围合式布局应对角线退让

图 3-87　社区风环境优化

超 30°；通风廊道宽度在满足临近建筑日照的前提下，应后退约 2 ~ 3m，充分发挥通风效能。

3）建筑单体体量较大的住区应设计错列式布局，错列方向应迎合夏季主导风向，而相对封闭的界面应与冬季主导风向垂直；建筑体量较小的地块，应设置主、次通风廊道，主要通道宜靠近夏季主导风向。临街裙房应长短相接、错落有致，以强化通风效果。为增加建筑外围低层空间的通风环境，沿街商业应设置骑楼或架空层，不仅创造阴影空间，也扩展了风场发展空间。底层建筑退台设计有利减小角隅作用，风场发展更平稳；场地设计退台，应将建筑前移至退台落差处，有助于风场湍流环境下移。

4）与夏季主导风垂直的建筑迎风面积比应控制在 0.70 以内，减少角隅作用对局部风场的加速。其中围合式建筑应打通与夏季主导风向平行的底层空间或设置架空层，将风场引入社区；冬季平均风速超过 3.5m/s 的区域，位于冬季主导风上风向的边缘建筑，应结合低层商业设置封闭界面，创造内部风影区。此外，社区活动空间应与景观要素有机结合，实现通风廊道的复合设计。夏季主导风上风向应以草坪或低矮植被为主，不宜布置冠幅较大的乔灌木；若设计多层次植被搭配，应依次布置草坪、灌木、乔木，抬升入流风场。冬季主导风上风向，应依次布置乔木、灌木、草坪，阻碍风场发展。

（2）室外活动空间

社区的室外活动场地通常由建筑及道路分隔，主要分为由硬质铺装地面组成的广场空间，以透水地面和植被绿化（或水体）为主的蓝绿空间，建筑长边或主采光面围合而成的宅前空间，建筑短边围合的山墙空间，以及位于社区边缘的主次入口空间：

1）社区广场设置均匀排列的花坛对阻隔风场发展更为显著，可有效布置在冬季主导风上风向，入流方向与建筑呈一定夹角的朝向可扩大风影区范围。夏季主导风上风向宜整合大面积绿地空间，不仅有利于风场发展，也促使植被产生规模效应。依据冷空气辐射范围，宜在广场上风向 10 ~ 30m 处种植植被；广场空间应布置在社区景观周线或风场发展路径中，可最大程度接纳上风向植被产生的凉爽空气。

2）社区应设置"节点—中心"串联的动态循环水体景观系统，通向中心水面的步道应在东侧或北侧设置水流；南侧或西侧种植乔、灌木，可有效调节社区步道的线性微气候。中心广场和绿地在纵向空间叠加，有利于创造夏季凉爽、冬季温暖的活动空间；步道系统与地上植被和地下储水结合，设置透水性地面；设置围合式退台绿地中心，形成向心集聚的休憩空间。

3）宅间绿地是居民主要活动场所，除具备休憩活动功能，可利用花卉或水体平台抬升，创造遮阴和落水空间，增加室外湿度和防尘作用。山墙空间在遮阴和风场双重作用下，可低于地块平均温度约 0.3 ~ 0.5℃，宜结合一层或架空层设置室内休憩与室外活动相结合的空间，或布置可移动的活动设施。山墙空间受角隅作用风速明显增大，因而将对称式入口改为非对称层级入口，行人路线改为"Z"形，可减慢风速；尤其冬季风速较大的地区，在建筑拐角设置漏空的半实体空间，有效缓解北侧寒风。

4）社区入口空间通常设置的地块边缘，微气候变化程度最大，更易产生边际效益，应最大限度弱化入口空间活动功能的复合程度。南侧入口可结合绿地水体布置，夏季能够起到降温作用，冬季可延缓热量释放。入口空间可设计下沉水面或屋顶花园，有利于冷空气辐射至社区内部。

（3）室外设施优化

居住社区设计应结合下沉空间、底层架空层和屋顶空间进行拓展设计，以改善局部微气候状况：

1）下沉空间能够形成降温区域，同时也扩展了风场发展空间，延长冷空气传播距离；围合空间更易产生降温集聚效应，高低落差也能够营造水景变化。下沉空间与地面的衔接节点也提供了多空间复合的可能。传统单侧或单一方向开口的下沉花园转化为双向下沉空间，且夏季迎风侧宜扩大开口空间，而冬季迎风侧设置缩小开口范围，有利于创造更大范围的室外舒适区域。

2）利用架空层设置空间交错、路线穿插的入户空间；其开放性界面易引导室内、外功能的连续性。一层兼具室内外活动，应满足纵向空间的视线交互，平面空间的视线连续，为不同居住群体间交流创造可能。考虑到降温的规模效应和集聚效应，室外草坪和灌木应集中布置，而乔木宜点缀在四周，扩大化利用边角空间。建筑悬挑设施不仅能够创造阴影空间，还能起到阻拦高空坠物等安全作用。平台承物装置亦可为主动式降温和净化空气的雾化设备使用，甚至为共享经济产品创造使用空间。

3）屋顶花园与下沉花园类似，都是社区三维空间上的扩展。屋顶绿化不仅能够补充地面绿化不足，也是微气候改善的重要设施（图 3-88）。低层社区宜布置乔、灌、草结合的花园型屋顶绿化，最大程度创造冷岛区域，改善屋面和近地面热环境；高层建筑屋顶风速更大，冷空气随风场变化流逝，因而应优先布置以草坪或低矮灌木为主的简易型屋顶绿化。屋顶绿化需退让屋顶边缘 1～2m，或增设护栏；与雨水收集系统结合，纳入社区海绵系统，能够有效削减地面雨水径流，缺水期又可作为补充水源。

4）将多重室外活动空间有机组合，可最大化实现微环境边际效益和规模效应（图 3-89）。社区广场宜布置在植被或水体的夏季主导风下风向，以最大可能接纳植被产生的冷空气。下沉花园和低层建筑屋顶花园布置在架空层南侧，将降温空间延续至建筑内部。同时设置屋顶绿化和一层公共空间，满足了冷空气沉降和底层通风条件，在建筑底层实现降温叠加，扩大微气候作用范围。下沉花园宜布置于低层建筑屋顶花园下风向处，有利于冷空气汇入近地面空间，在下沉区域实现降温的集聚效应，产生更大辐射范围。多重室外活动空间布置还应考虑将雨水收集与景观一体化。若条件允许，应增设太阳能和风能收集装置，以实现场地部分供能日常补给，或应对紧急需求。

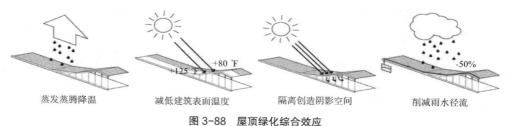

蒸发蒸腾降温　　减低建筑表面温度　　隔离创造阴影空间　　削减雨水径流

图 3-88　屋顶绿化综合效应

来源：https://inhabitat.com/bigs-angular-green-roofed-school-blends-into-the-environment/

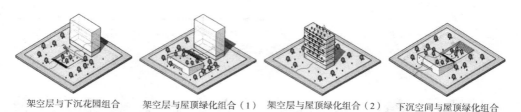

架空层与下沉花园组合　　架空层与屋顶绿化组合（1）　　架空层与屋顶绿化组合（2）　　下沉空间与屋顶绿化组合

图 3-89　室外活动空间的组合形式

（4）服务系统优化

进一步结合植被及水体、下垫面类型和辅助设施等对室外微环境及舒适度的影响，补充设计策略：

1）将绿地和水体等元素布置在夏季主导风上风向作为主要落位原则，以创造冷空气的接纳空间。合理利用地面和立面闲置空间为社区增绿（图3-90）。场地夏季迎风面宜布置大面积草坪，并点缀乔、灌木提供阴影空间；冬季迎风面宜布置高大乔木。草坪和灌木高度较矮，宜优先选择常绿植被，白天降温，夜间升温；低矮灌木冬季仍可以阻挡近地面的冷空气传播。乔木应选择落叶植株，夏季能够遮荫，冬季可接受更多日照（图3-90）；若选择常绿植被，应满足植被冠层距离地面高度大于5m，在冬季太阳高度角减小时，仍可满足树下日照需求。

2）场地铺装应按使用功能及分区特性运用不同材质和色彩，增强空间可识别性。主要道路为混凝土和沥青路面；慢步道和运动场地则用颜色明亮的塑胶铺设；活动类开放空间采用水磨石、透水砖或防腐木铺地；健身场地另使用鹅卵石铺装，适合赤足居民锻炼。此外，控制"社交距离"不仅是健康社区重要参照，也是室外交互空间设计的新方向。将等距圆圈结合地面暗灯，作为社区新元素点缀地面空间；临近水域结合水纹设置控制线；中心绿地布置几何图案，为居民互动创造空间（图3-91）。

研究通过场地观测和模拟研究，分析了城市建成区内风、热环境的分异现象，并提出了改善住区热环境和优化局地微气候的设计策略。为深入了解城市设计因子与微气候之间的作用机理提供了重要理论支撑，并为后续项目实践提出了更为直观的设计指导。

绿地补偿   冬季日照补偿（改绘自翟逸波 2014）

图 3-90　植被绿地补偿及日照补偿形式
来源：作者根据翟逸波 2014 改绘

图 3-91　屋顶绿色化综合效应
来源：https://www.pentagram.com/work/high-line-reopening/story

4

居住社区绿色设计新流程

A New Process Of Green Design For Residential Community

4.1 面向绿色性能增强可视化的建筑群布局设计

4.1.1 布局设计的流畅思维——兼顾绿色性能的建筑布局设计

设计人员在进行居住建筑群的布局设计推敲时，惯常采用 1 : 500 左右的实体泡沫模型在基地内进行各种尝试与探索，综合权衡各种制约因素。常见如单体的面宽与退界、相互间的间距、景观视野的均好程度等。而一批绿色性能指标，如建筑外维护结构、地面公共活动空间的四季太阳辐射量、地面场地的冬夏风速变化量等，也需要纳入权衡。显然，常见因素可以依据设计者的经验，通过观察模型间的几何尺寸来快速判断；而绿色性能因素，往往涉及复杂的非线性函数关系，根本无法人为定量判断——在这两者之间的权衡就无法在实物泡沫、模型这种惯用思维界面上有效进行。

目前在建筑群布局设计的推敲过程中形成了一种两难的选择：要么断断续续推进设计思维，而纳入定量化的绿色性能因素；要么保全思维的流畅性，将绿色性能因素停留在定性水平。实际情况下，设计者都选择了后者。此时，绿色性能指标便沦为了一种对根据其他因素已经基本确定的布局方案的被动描述（仅作为横向比较几个方案时的次要考量因素），而已经失去了成为在设计思维推演中，与其他各因素共同相互作用的主动诱因。住区建筑群布局设计要在设计初期兼顾定量化的绿色性能因素的同时，保证方案推进过程中设计思维的流畅性。

4.1.2 从整体到局部的绿色设计——布局设计与单体设计并重

绿色居住建筑设计早期的布局合理性，对后期建筑群中每个建筑单体，以及与居民实际生活品质相关的户外活动场地有重要影响。不同建筑群的布局方式会形成绿色性能的"先天制约"。但是，由于建筑群布局设计缺乏能与设计师惯用的泡沫塑料实物模型相融的快速绿色性能计算技术，再加上目前的绿色建筑法规、材料、产品多针对建筑单体，现有居住建筑设计存在倾向重视建筑单体绿色性能是否达标，而忽视建筑群布局绿色性能优化结果的局限性。由此，在没有充分优化布局的绿色性能的情况下，建筑单体设计往往要采取更多的"措施"来弥补各种"先天制约"条件，设计成果的质量与随后引发的各种建造成本都会受到制约条件的拖累。多重因素决定设计质量的优劣程度，居住社区设计中建筑群布局设计与建筑单体设计同等重要，为保证设计质量与建筑品质，布局设计与单体设计应并重考虑，缺一不可。

4.2　建筑设计中的人机交互研究

4.2.1　建筑设计中的计算机辅助建造与计算机辅助建筑设计

随着软件和技术的发展，编写程序的门槛被各种可视化程序语言降低，数学等领域的图形算法以及各种建筑生成算法呈现出涌现的态势（孙澄宇，2008）。计算机在某种程度上作为形态生成器介入了建筑设计的过程，相比于初期的建筑方案表达与管理工具，形态生成算法使计算机以另一种姿态介入建筑设计的过程。根据计算机不同的使用方式主要可以分为计算机辅助建造（CAM）与计算机辅助设计（CAAD）两部分（虞春隆，2007）。计算机辅助建筑设计（CAAD）是指专注于使用计算机软件在建筑设计中进行图纸绘制和性能模拟分析的计算机辅助建筑设计（魏力恺，2012）。目前，基于各类软件的计算机辅助建筑设计已实现建筑信息的存储与检索、建筑模拟实验、建筑表现、施工图绘制、建筑模型、方案评价等功能。计算机辅助建造（CAM）是指借助计算机机器人的帮助从事建造活动。建筑设计领域内，数控机械方面的主流技术包括机械臂技术，CNC技术和3D打印技术（Bock T，2007）。瑞士苏黎世理工（ETH）的法比奥·格马里奥（Fabio Gramzaio）与马提亚斯·科赫勒（Matthias Kohler）教授采用数控机械手（六轴机械臂）研究砖砌建筑（Drfler·K，2016）。D-shape打印机的发明，也使得大尺寸3D分层成型成为可能。使用机器人进行建造和加工，采用CAD-CAE-CAM设计技术，建筑建造不再受施工者的人力限制。通过数控机械操作复合材料的原理已远离传统的建造理念，可以直接依靠三维模型建造实体。

计算机辅助设计和计算机辅助建造均是在建筑设计视觉思考基础交互的层面上附加建筑师与计算机之间的交互。若计算机介入建筑方案设计阶段，并为建筑师提供实时的分析与计算，那么必然存在设计信息从草图流向计算机，分析结果信息从计算机流向建筑师的人机交互过程。以实体为媒介的建筑与计算机的交互应用一般为建筑师在计算机中完成造型设计或算法设计部分，之后由计算机或机械臂完成实现造型物理世界。比较典型的应用案例为ICD/ITKE RESEARCH PAVILION（Fleischmann·M，2011）和物理风洞与环境性能生形（袁烽，2011）。另一种交互模式则不使用计算机物理上改变模型而是使用实体模型承载计算机电子模型的计算模拟结果。基于这类的交互的应用如 TUI（Ishii·H，2008）。人机交互设计能够利用计算机技术为建筑师在方案推敲阶段获得更多维度的信息，使得建筑师可以从更高的视角更加全面地考虑问题。

4.2.2 人机交互中的虚拟现实技术

人机交互设计中计算机可以感知建筑师的草图草模，并将计算结果较为直观地反馈给建筑师。增强现实、虚拟现实、混合现实（MR/AR/VR）技术均可满足上述需求。AR 技术即增强现实技术，是一种实时计算摄像机姿态并将相应的图像、视频、3D 模型加入场景的技术。早期也有建筑师尝试将 AR 技术应用于建筑设计（Tang·A，2003）。AR 系统对现实场景的感知主要是用于计算摄像机的姿态，并且最后呈现的结果由于呈现的是摄像机视角，这就意味着会有一个显示器阻挡在建筑师与实际场景之间。同时受限于视频帧率以及计算机的运行速度，增强过的视频很难保持高分辨率高帧数的显示，这种延迟感大大影响了建筑师的设计体验。VR 技术全称虚拟现实技术，主要包括模拟环境、感知、自然技能和传感器等方面。早在 20 世纪 90 年代末期，建筑师就尝试开发一些实验性的虚拟现实建筑师设计应用（肖娟，2009）。受限于技术，这些应用往往图形界面过于简陋，操作体验较差。近几年随着计算机图形学技术以及硬件技术的更新换代，诸如 Oculus rift，Htc vive，PS VR 等较为成熟的 VR 游戏设备面向市场，在这些应用中开发者使用手柄代替键盘鼠标作为操作建筑模型输入端。相比于传统草图草模，手柄的使用仍旧需要一定的学习时间，而且部分使用者反馈 VR 设备在使用时存在三维眩晕感。混合现实技术（MR）是虚拟现实技术的进一步发展，该技术通过在虚拟环境中引入现实场景信息，在虚拟世界、现实世界和用户之间搭起一个交互反馈的信息回路，以增强用户体验的真实感。混合现实技术就犹如介于现实与数字的灰色地带（黄进，2016）。在设计方面，MR 系统的人机交互体现在既保留传统设计流程中设计者自上而下对形式的把控，又在流程中整合计算机生成算法，进而提供更多新兴形式的选择（Zoran A，2013）。MR 技术中与设计领域结合最好的则是投影与摄像系统（projector-camera system）。对比传统设计流程中的感知草图信息，思考、绘制草图流程，投影与摄像系统这种类似的构成，使得其与建筑设计更好结合。另外计算机图形学、计算机视觉等学科的发展和硬件计算能力的提升都为 MR 技术与建筑设计的结合提供了支持。

对比以上三种技术，MR 即混合现实技术最满足前文提到的感知建筑师在建筑设计初期阶段的方案设计，同时可以将分析结果反馈给建筑师，并且最小化地影响建筑师的"视觉思考"过程。

4.2.3　虚拟技术中的增强可视化

慕尼黑工业大学 Frank Petzold 与 Gerhard Schubert 等人开发的协同设计平台（Collaborative Design Platform）（Schubert G，2015）（图 4-1）。该平台主要为帮助建筑师在建筑初期设计时推敲多个建筑排布与空间组合关系而设计，其中包括分环境，视线可达性等基于平面的建筑性能分析。该平台基于投影摄像系统，由一个操作平台与固定在其上方垂直朝下放置的 Kinect 组成。操作平台屏幕为一块毛玻璃，用于承接平台内部投影仪投出的画面，同时使操作台内部放置的摄像机可以拍摄到模型与毛玻璃接触的底面用于识别模型底部的边缘。顶部的 Kinect 则用于识别模型的高度，从而建立模型。此系统对柱形几何模型尤其是长方体有比较好的适用性，其界面也具有较好的交互性。但是由于其构建的原理，导致其在选择模型的形状上存在一定的局限性。由于其 2.5 维的建模原理是根据底面边界结合高度进行拉伸，导致其只能处理挤出体几何体，对于建筑中较为常见的坡屋顶建筑甚至异形和曲面建筑就显得无能为力。基于投影摄像系统，东京大学的小渕祐介教授（Yusuke Obuchi）和其团队开发出人机交互的面向建造的应用。在 STIK Pavilion 项目中（图 4-2），由筷子搭建的墙体被扫描仪实时记录，同时计算的结果会被投影仪投射回墙体（Yoshida H，2015）。

图 4-1　协同设计平台
来源：Schubert G，2015

图 4-2　STIK Pavilion
来源：Yoshida H，2015

　　基于 TUI 交互系统，基于麻省理工学院媒体实验室交互媒介组设计的 TUI 人机交互平台，媒体实验室城市学组开发出面向城市设计的 TUI 平台——"City Scope"（图 4-3）（张砚，2018）。该平台包括一个操作平台，垂直于平台的显示器和位于顶部的摄像头与投影仪组成。由于城市研究中，建筑的比例往往较小，对于大部分建筑可以抽象为方体，加之研究的问题偏于交通等城市性能，建筑建模的功能显得并不是那么重要。当尺度扩大至城市设计，或节点设计时，建筑形态对城市的影响不可忽略，该平台也就无法胜任。

图 4-3　"City Scope" 平台

来源：张砚，2018

　　除了这两个较为典型的基于现有交互系统的应用外，还有卡耐基梅隆大学 Lu Han 开发的 LUDI 人机交互建模平台（Lu H，2018）。该平台中使用者使用模块化的立方体木块进行实体建模，同时由悬于上方的 Kinect 摄像头将模型的点云传输给计算机。然而相比与上面两个应用的建模方法，LUDI 的建模方法稍显简陋。该系统建模的方法为根据点云对预先体素化分格好的空间进行选择，之后再将这些单元化的体素根据一些设定好的算法进行参数化变形获得最终的造型。

4.3　基于绿色性能的建筑群布局设计推敲过程

4.3.1　布局设计推敲的支撑平台（MR.SAP）

　　建筑群实体模型布局设计推敲平台（MR.SAP）是一个基于计算机视觉与混合现实技术的原型体系统。建筑师或其他设计从业人员可以借助此推敲平台完成设计。在设计初期阶段的操作将被计算机获取识别，基于这些设计模型信息，在进行一系列高度自定义化的计算或模拟后，计算结果将通过投影屏幕等方式反馈给设计者。结合计算机所提供的信息，设计者在概念设计阶段即可对他们操作的模型有更加深刻的认知。此推敲平台作用下，计算机以设计助手的角色介入建筑设计，提供可视化信息与合理化的建议，帮助建筑师与实体草图模型之间产生更多的交互体验，进而在设计过程中获得更多的信息反馈以及灵感，为方案带来更多的可能性。MR.SAP 结合了建筑设计初期阶段的过程特点，采用混合现实技术，是可以承载多维建筑信息模型的计算机辅助人机交互建筑群实体模型布局设计推敲平台。

该技术平台，面向规划师、城市设计师、建筑师及各种相关决策者，在其对居住建筑群进行布局设计的推敲过程中，将事先指定的各种建筑或场地的绿色性能指标，以可视化形式来增强显示在其惯用的实体建筑模型表面，并随使用者改变模型的布局，以实时方式更新（图 4-4）。期间，使用者对当前布局进行绿色性能预判的能力，可以从空白或定性水平增强到定量化水平，通过观察模型表面增强显示的可视化指标，就可以准确拿捏在建筑群中任一建筑单体的移动、旋转、升降，对周边建筑整体绿色性能的影响程度，从而提高在绿色性能视角下的建筑群布局设计或决策的效率与质量；同时，使用者根本无需掌握绿色性能软件的复杂原理与操作，仅需用手直接改变实体模型的布局，并能读懂可视化指标的含义，就能进行布局设计推敲，从而大大降低多方参与设计讨论或决策的技术门槛。

图 4-4　从设计者视角观看由泡沫塑料实物模型表达的布局与数字模型间的实时对应关系

4.3.2 支撑平台的使用

（1）平台设计架构

MR.SAP 平台是基于混合现实技术的人机交互设计平台，根据计算机交互设计原理与绿色性能增强可视化的目的，本平台的构架对应分为三部分：感知、分析、反馈。感知是指使用摄像机或扫描仪对场景中实体模型的几何信息、色彩信息乃至设计者的部分动作信息进行感知，将场景中的原始数据进行初步分析与过滤得到有效部分。为了后续计算的提速，可以在感知环节对场景信息稍加简化，加强建筑师的人际互动效果。分析则对应具体使用场景的核心算法。方案推敲阶段，建筑师需要综合考虑各方面的因素，不同设计软件提供大量关于模拟的成熟算法，基于此 MR.SAP 平台的分析部分是开放的，使用者可以根据自身需求选择算法甚至自行编写所需核心功能。为保证思考过程的连续性，分析阶段可以适当牺牲计算精度以便得到流畅的交互体验。反馈给使用者的信息包括模拟分析的结果、操作实体的提示和虚拟材质。平台反馈的方式一般为投影至模型表面或是佩戴 AR 头盔并在模型的对应位置全息投影信息。

（2）平台系统组成

①平台的硬件

平台的硬件由扫描仪、投影仪、桌面伸缩臂、计算机、工作桌面与实体模型组成。其投影与扫描模块可集成于一个容器中。该容器通过桌面伸缩臂作快速的整体运动，基于专利校准技术可以在使用中随时调节整个系统的工作视角。当被调整到使用者的视点附近时，能确保实体模型的所有可观察表面都被扫描与投影，适应各种复杂的三维"形式"（图 4-5、图 4-6）。

②平台的软件

平台软件分为四部分（图 4-7）：

A. 扫描仪与投影仪三维坐标匹配模块；

B. 扫描仪控制模块；

C.Grasshopper 内的性能计算模块；

D. 投影仪控制模块。

模块 B 获取的点云与模块 D 需要的增强可视化信息，被封装为模块 C 中的"点云控件"和"网格控件"，即实现三者的连贯作业，同时保持了模块 C 的开放性。

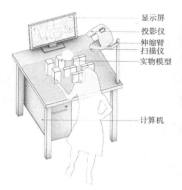

图 4-5 系统的硬件构成　　图 4-6 可整体快速调整视角的
投影与扫描模块

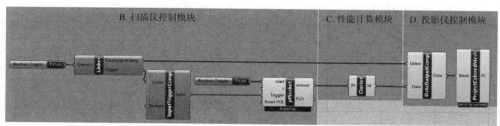

图 4-7 Grasshopper 环境下模块 B（左侧框）、模块 C（中部框）、模块 D（右侧框）的联动

（3）平台运作模式

本平台是利用投影仪、实时三维扫描仪，基于 Rhino 的 Grasshopper 平台，开发的面向实物进行三维形态可定制实时分析与反馈的混合现实平台。整体工作循环为：通过"捕获点云程序"控制三维扫描仪实时获取实物模型的点云数据，并传送给 Grasshopper 中的"点云输入控件"，以便向其他控件提供标准的点云数据流，使用者可通过各种第三方插件程序来定制分析过程，例如光环境分析、风环境分析、受力分析等，分析的结果以彩色三维网格模型形式流入 Grasshopper 平台上的"投影信息输出控件"，其再传输给"投影画面生成与投射程序"，由其根据几何变换原理计算出彩色三维网格模型对应的二维投影画面，并最终控制投影仪投射回实物表面，至此完成一轮信息处理。在计算机的高速处理条件下，可以在近乎实时的条件下完成多轮这样的处理，即当一个操作者改变实物的位置或形状时，会在实物表面看到由计算机带来的实时色彩反馈——形成了人与实物的互动。

平台主要功能包括 4 个模块：捕获点云并传送、点云输入 Grasshopper 控件、投影信息输出 Grasshopper 控件、投影画面生成与投射。在物理世界中，实体模型的点云通过扫描仪传输给数字世界中的点云输入控件，进入数字世界进行计算机的分析，然后将分析结果传输给投影仪，投影仪将其投射回物理世界，形成物理世界和数字世界的连通，构成混合现实系统。本平台能够基于用户的需求定制不同的分析功能，定制在 Grasshopper 环境下进行，并且可以在物理世界进行实时操作和反馈，有直观的操作效果。

（4）平台操作说明

①系统安装

硬件安装步骤如下：

配置三维实时扫描仪，如图漾 FM810-IX。配置投影仪，如飞利浦 PPX4935、PPX3610。

架设投影仪和扫描仪，通过 3D 打印的固定器具，将扫描仪和投影仪固定在桌面上 1m 左右的位置，为互动操作留出空间。

扫描仪通过 USB 接口连接计算机，投影仪通过 HDMI 或者 DP 口接入计算机。

在投影仪界面操作信号源选择 VGA。

软件安装步骤如下：

设置投影仪第二屏幕分辨率为 1920×1080，缩放为 100%。

打开 Grasshopper，点击 file 下 special folders，点击 component folder 将 Spindrift.gha 复制到文件夹中，重新启动 Rhino 和 Grasshopper 即可安装控件。

环境变量 path 下添加"opengl""ARToolKit""PCL""SAP"变量并指向相应位置。

②软件操作界面

软件部分分为两部分：内存驻留部分（捕获点云并传送、投影画面生成与投射）与 Grasshopper 控件部分（点云输入控件、投影信息输出控件、刷新控制控件）。

在 Grasshopper 中控件由 3 个模块和 5 个电池组成。他们实现了点云的传入、分析网格结果的传出以及点云实时刷新的控制。点云输入控件能接收捕获点云程序传输来的点云数据，根据接收点的数量，分配点云的空间，并接收点云数据进入 Grasshopper。点云实时刷新控制控件可以开启和关闭点云的实时传递进入 Grasshopper。投影信息输出控件得到三维场景中的 Mesh，将 Mesh 中 Face 的个数，顶点的坐标和颜色信息存入，并向投影画面生成与投射程序发送的 Mesh 占用的空间尺寸并传输投影信息。

③操作流程如图 4-8 所示

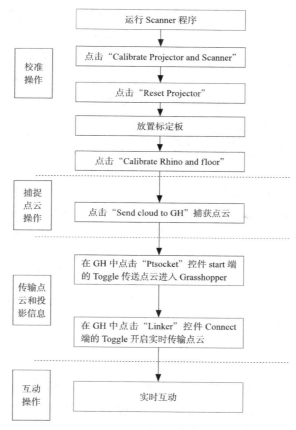

图 4-8　操作流程图

4.3.3　基于实体模型的建筑群布局设计推敲的特点与优势

与建筑师相比，计算机参与设计的优势在于快速进行大量计算，从而得到相对抽象的结果。MR.SAP 平台使计算机在参与设计时扮演设计顾问或者咨询伙伴的角色，它能够在不打断设计者流畅思路的前提下，通过实物模型表面的增强可视化图案信息，将各种布局条件下的绿色性能指标予以快速展示，使得设计人员能够将布局的绿色性能纳入更加综合的考虑范围内，避免"重单体、轻布局"的局限性，最终提高设计质量，MR.SAP 平台具有以下四大特点：

（1）对以实物模型表达的布局方案进行绿色性能计算实现全自动处理

根据增强现实技术的基本原理，用三维扫描模块实现对泡沫塑料模型表面几何特征的实时（每秒最多30次）点云采集，通过特有算法在计算机中自动将点云转换成居住建筑群的数字模型。再根据事先设定的绿色性能指标及其计算参数自动开展模拟计算。计算出的定量化指标也按事先设定方案自动转换为数字模型表面的可视化图案。最后，根据三维扫描仪与投影仪之间的位置关系，自动计算出数字模型表面图案在投影仪中显示的二维画面，投射在泡沫塑料模型之上，实现数字模型表面图案与泡沫塑料模型表面显示图案的实时一致——完成一个以实物泡沫模型为中心的全自动绿色性能计算过程。该过程的实时程度，主要由模型复杂程度，指标计算原理复杂程度与精度、计算机的硬件水平，等多种因素综合决定。

（2）泡沫塑料模型表面增强可视化信息的立体化呈现

三维扫描仪与投影仪通过一套专利算法完成两个坐标系间的快速匹配。这就使得两者只要确保工作区域有一定的重叠（既能被扫描到又能被投影到），就可以在运行位置上有很大的布设自由度。同时，专有的从点云到数字建筑模型的自动生成算法，并不要求扫描仪与泡沫塑料模型保持特定方位。

如当仅有一组扫描与投影时，可以顺着设计者观察方向，通过面朝桌面斜向下的扫描与投影方式，同时实现对泡沫塑料模型建筑立面、顶面、场地地面的可视化增强。得益于快速匹配方法，在使用中可以随时调整两者的位置，符合设计者的观察方位的变化。

当多组扫描与投影时，可以在泡沫塑料模型的各个方向布设，在模型表面获得完整的立体增强可视化信息，即实现全表面的增强可视化。

（3）各种自动化计算的丰富可扩展性

此平台利用设计者常用的通用三维模型处理软件 Rhino 及其下可视化编程工具 Grasshopper，作为事先定义绿色性能计算指标与参数的开放接口。目前，该工具可用的第三方插件有四百余种，其中包含了建筑绿色性能计算最常用的一批插件，加上 Grasshopper 自身的可编程特性，可以适应未来各种自动化计算的需要。除了引用 Ladybug 与 Butterfly 进行绿色性能的自动化模拟计算外，还利用该开放接口，开发了以下 4 个自动化扩展工具：

①建筑群布局合规性提示的工具。该工具可以根据泡沫塑料模型的现状，当地建筑法规（以上海为例），自动计算各个单体的面宽、退基地红线、相互之间

的间距是否符当地法规，为手动操作实物泡沫模型进行布局提供合规性提示。

②按开发容量自动生成三维布局的工具。该工具可以根据地块的容积率、建筑密度、限高、可选楼型，自动生成均匀分布的三维建筑群，供布局设计者切割泡沫塑料模型时参考。

③日照与间距约束下自动化布局引擎的接口工具。该工具可以将当前泡沫模型的布局作为一个初始布局，传递给专利的自动化布局求解引擎。该引擎将在日照时间与建筑间距的约束下，自动探索可行布局，并通过该工具反馈回场地模型上，结果供设计者参考。

④深度神经网络训练成果的接口工具。该工具可以将第三方训练完毕的深度神经网络引入 Grasshopper，完成估值计算。比如，国内外不少绿色性能计算研究者都开始训练深度神经网络来对风环境进行估值计算，相比传统的迭代式计算方式，可大大提高计算效率，将动辄分钟级别的计算降至毫秒级。

（4）将复杂的绿色性能计算融入到设计者流畅的思维中

此平台的上述 3 个特色最终共同支撑实现了，将包括绿色性能在内的各种需要繁复计算的设计因素，以泡沫塑料模型表面增强的可视化图案的形式，无缝融入到了设计者最为熟悉的布局设计推敲思维过程中。不再有任何"断裂"，确保了思维的流畅性。这些原本需要另行开展复杂计算的定量化因素，与那些设计者可凭经验快速判断的因素，在实物泡沫模型这个设计推敲界面上统一了起来，平等地参与到了"流畅"的思维过程之中。这从根本上确保了，在设计初期的布局设计阶段就能够将其绿色性能纳入考量，提高随后单体设计的"先天条件"，最终有助于提高设计的质量。

（5）平台优势

本平台与前文提到的人机交互平台都遵循增强现实的技术原理，相比而言MR.SAP 具有以下两大优势：

①增强可视化信息更立体。

MR.SAP 平台依托专利技术，具有增强现实的互动区域可调、扫描与投影坐标能够快速匹配的技术优势，在使用中体现为单套平台的工作视角灵活可变，同时兼顾平面与立面，多套平台联动更可实现对泡沫塑料模型的全表面感知与显示。而上述采用增强现实技术原理的平台由于缺乏这些技术，所以只能采用固定式顶部工作视角，一次匹配长久使用，使用中体现为只能感知具有垂直立面的实物模型，只能在模型的场地地面或建筑顶面显示增强可视化信息，即无法感知带有悬挑或倾斜的立面，无法同时在各种立面与平面上显示信息。

②绿色性能指标全开放可扩展。

MR.SAP 平台均是专门开发的封闭独立系统，数字模型的"采集""处理""显示"，都是在其程序内部的封闭循环中完成。使用者在没有得到开发团队的授权，并告知编程接口的情况下，是无法根据自己的使用需要，对既有指标进行修订，或者快速增加新的性能指标，更无法与第三方计算引擎对接。而本成果采用设计者所熟悉的 Grasshopper 可视化编程环境作为对数字模型进行"处理"的开放环节。即本平台仅封闭完成数字模型的"采集"与"显示"，而在 Grasshopper 环境下以"带颜色点云"的输入与"带颜色网格面"的输出格式，实现与用户自定义的"处理"部分的程序对接，从而将对数字模型的"处理"过程完全开放给设计者。这样就可以通过使用 Grasshopper 环境下的各种第三方性能计算插件、可编程接口，实现对各种绿色性能指标的灵活掌控，适应绿色建筑领域不断发展的新要求。

4.4　案例演示——以上海佘山北大型居住社区为例

4.4.1　项目概述

这里以上海佘山北大型居住社区建筑方案设计（图 4-9）最初的建筑群布局推敲过程为例，展示设计者是如何在上述平台的支撑下，针对日照辐射、地面风环境等多个绿色性能指标，开展思路连贯的综合性布局设计。

图 4-9　上海佘山北大型居住社区建筑方案

　　上述平台在居住区设计的初期，即建筑群布局设计阶段中，结合设计师惯用的1∶500泡沫塑料模型使用。一边建筑师根据自身的设计思路随意摆放实物模型，一边平台会实时扫描模型并根据其计算出以冬至日、夏至日为代表的，建筑外围护结构日照辐射量、公共场地日照辐射量、风环境超速比等绿色建筑性能指标，以色谱网格的形式显示在实体模型表面——实现了将定量化的性能计算结果融入设计师流畅思考的目标。

　　在平台上的推敲工作分为前后两个阶段：首先，是针对3种有明显差异的布局策略进行比较；然后，在选定的一种策略下进行更加细致的微调。考虑到展示的明晰性，这里仅对第一阶段进行详细图文介绍——即针对3种布局策略（图4-10）开展推敲比较。

　　同时，由于涉及多个绿色性能指标的计算，为了更加清晰地作出原理展示，后文中特地分解为以下4个部分依次介绍：

　　风环境下的性能计算与布局推敲；

　　日照辐射性能计算与布局推敲；

　　综合风环境和日照辐射的多个性能计算与布局推敲；

　　基于多性能的最终比选。

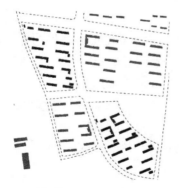 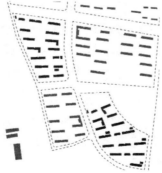 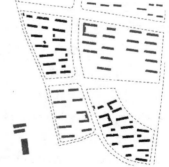

甲 - 沿地块边界行列式　　　　乙 - 行朝向渐变、同行对位　　　　丙 - 行朝向渐变、同行错位

图 4-10　待比较的三种布局策略

4.4.2　面向风环境性能的建筑群实体模型布局推敲

　　风环境的影响因素较多，目前国内外对于室外风环境评价没有统一的量化标准，现有的量化指标包括风速比、相对舒适度、风速概率等。其中，风速比冬季

不宜超过 2（建设后同一位置的风速大大变快，是未建时的 2 倍以上），夏季不宜低于 1.05（建设后同一位置的风速没有明显增加，甚或变慢，是未建时的 1.05 倍以内）（张聪聪，2014）。在本次设计中，就以风速比（建设后与未建时相同位置的风速速率之比）超标率作为量化指标，来衡量不同建筑布局下的地面场地的风环境优劣。希望实现冬季风不过大，夏季风不过小的目标。以冬至日、夏至日为代表的风速比超标率越低，布局效果也就越好。

平台的模块 C 是开放的第三方可定制算法控件，这里就采用开源的 OpenFOAM 软件及 Butterfly 插件分析近地面风环境。风环境分析首先使用 Create Butterfly Geometry 运算器生成特定格式的可供 Butterfly 调用的 BFGeometries；refineLevels_ 参数设置网格细分等级为（4.4）（图 4-11）。使用 Create Case From Tunnel 运算器生成风洞以及 OpenFOAM 项目文件。连接上一步生成的 BFGeometries 至相应参数接口。使用 Butterfly 的 WindVector 运算器和 tunnelParams 运算器设置初始的风向风速以及风洞参数（图 4-12）。佘山北大型居住社区建设项目地处上海市，风环境绿色性能分析中，基于案例项目所在地，根据《民用建筑绿色性能计算标准》（JGJ/T 449−2018），基地夏季盛行风向为东南风、冬季盛行风向为西北风，平均风速为 3m/s。使用 blockMesh 运算器和 snappyHexMesh 运算器调用 OpenFOAM 的相应函数功能对风洞及分析物体进行网格划分（图 4-13）。使用 Solution 运算器继承上述步骤产生的项目文件，并调用 OpenFOAM 运行相应的风环境模拟模块。Solution 运算器可连接 decomposeParDict 运算器设置并行运算，此处设置为四核并行运算。连接 solutionParams 运算器设置模拟代数、测试点以及测试类型（图 4-14）。

将设计师惯用的 1∶500 泡沫塑料模型按照不同的建筑群组合策略进行摆放，在平台的输入端进行点云扫描，上述近地面风环境性能计算模块与输入端、输出端实时联动，由此平台将不同建筑群布局策略作用下的绿色性能指标结果以三维立体的效果呈现在实物模型表面。其中的风环境分析结果在 4mm×4mm 的网格上显示（图 4-15），并与建筑从业者进行实时交互作业。根据风速比量化指标要求：夏季风速比低于 1.05 不符合绿色建筑性能的要求，在网格上显示紫色大圆点，大于 1.05 的范围按照比值大小显示为从黄色到黑色的颜色渐变，颜色变化越接近黄色表示此处的风速比远大于 1.05；冬季风速比超过 2 不符合绿色建筑性能的要求，在网格上显示为紫色大圆点，小于 2 的范围内按照比值大小显示为从黄色到黑色的颜色渐变，颜色变化越接近黄色表示此处的风速比远小于 2。

图 4-11 Butterfly 风环境分析物体模型模块　　　图 4-12 Butterfly 风环境分析风洞模型模块

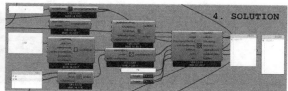

图 4-13 Butterfly 风环境分析网格细分模块　　　图 4-14 Butterfly 风环境分析模拟计算模块

图 4-15 风环境性能实际的增强可视化效果

　　不同建筑群布局下，此平台呈现的冬至日、夏至日风环境情况不同（表 4-1、表 4-2）。策略甲的建筑群在布局作用下，62A 地块冬季户外公共活动空间近地面风速比超标率为 6.5%，夏季户外公共活动空间近地面风速比超标率为 62.3%；72A 地块冬季户外公共活动空间近地面风速比超标率为 6.8%，夏季户外公共活动空间近地面风速比超标率为 57.2%。

62A 地块不同建筑群组合方式下冬至日、夏至日近地面风速比　　表 4-1
分析成果展示

组合方式	近地面风速比分析	俯视图	鸟瞰图
策略甲	冬至日		
	夏至日		
策略乙	冬至日		
	夏至日		
策略丙	冬至日		
	夏至日		

72A 地块不同建筑群组合方式下冬至日、夏至日近地面风速比　　表 4-2
分析成果展

组合方式	近地面风速比分析	俯视图	鸟瞰图
策略甲	冬至日		
策略甲	夏至日		
策略乙	冬至日		
策略乙	夏至日		
策略丙	冬至日		
策略丙	夏至日		

策略乙的建筑群在布局作用下，62A 地块冬季户外公共活动空间近地面风速比超标率为 6.2%，夏季户外公共活动空间近地面风速比超标率为 56.2%；72A 地块冬季户外公共活动空间近地面风速比超标率为 6.5%，夏季户外公共活动空间近地面风速比超标率为 52.5%。

策略丙的建筑群在布局作用下，62A 地块冬季户外公共活动空间近地面风速比超标率为 5.6%，夏季户外公共活动空间近地面风速比超标率为 52.7%；72A 地块冬季户外公共活动空间近地面风速比超标率为 6.2%，夏季户外公共活动空间近地面风速比超标率为 47.2%。

比较两个地块整合后不同建筑布局下的近地面风速比超标率，发现策略丙（建筑群行朝向渐变、同行建筑错位）的布局在风环境方面最具绿色潜能（表 4-3）。

不同建筑群组合方式下的近地面风速比超标率（％） 表 4-3

建筑群布局策略	冬至日	夏至日
策略甲	6.7%	59.8%
策略乙	6.4%	54.4%
策略丙	5.9%	50.0%

4.4.3 面向日照辐射性能的建筑群实体模型布局推敲

出于冬季建筑被动得热量以及公共空间可活动时间等因素的考虑，以太阳辐射量作为量化指标分析不同建筑群组合下建筑立面、地面公共区域的日照辐射情况。日照辐射性能分析计算了地块新建建筑群建筑立面以及地面公共空间区域的冬至日、夏至日全天太阳辐射累加总量。当冬至日所有建筑立面全天太阳辐射累计量越高，夏至日公共场地全天太阳辐射累计量越低时，建筑群的排布方式在太阳辐射方面越具绿色潜能。

平台的模块 C 采用开源的 Ladybug 插件进行计算（图 4-16）。余山北大型居住社区建设项目地处上海市，所属气候区为夏热冬冷地区。双击设置左侧第一个 Toggle 电池为 True，通过 Open EPW Weather File 运算器读取实验地区的气候文件。此处选择上海地区的气候文件 CHN_Shanghai.Shanghai.583620_CSWD.epw。双击设置左侧第二个 Toggle 电池为 True，Gen Cumulative Sky Mtx 运算器会通过 Radiance 的 gendaymtx 功能计算当地全年各小时的天空日照辐射。通过 Analysis

Period 运算器设置需要计算的时间段，即夏至日与冬至日全天。连接 Cumulative Sky Mtx 和 Analysis Period 结果至 Select Sky Mtx 运算器提取相应时间段的天空日照辐射数据。

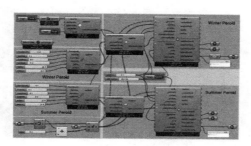

图 4-16　Ladybug 日照辐射分析模块

　　平台内的模块 D 将不同组合方式作用下地块内各区域的太阳辐射量以色谱网格的形式进行投射（图 4-17），不同颜色代表此区域全天的太阳辐射累加量（表 4-4、表 4-5）。不同建筑群布局下得到的冬至日、夏至日日照辐射情况略有差别。

　　策略甲的建筑群布局作用下，62A 地块冬至日建筑群立面累加太阳辐射量为 102880.13kWh/m²，地面公共空间区域累加太阳辐射量为 75024.51kWh/m²；夏至日建筑群立面累加太阳辐射量为 86447.39kWh/m²，地面公共空间区域累加太阳辐射量为 151809.88kWh/m²。72A 地块冬至日建筑群立面累加太阳辐射量为 98497.04kWh/m²，地面公共空间区域累加太阳辐射量为 84244.66kWh/m²；夏至日建筑群立面累加太阳辐射量为 92604.12kWh/m²，地面公共空间区域累加太阳辐射量为 162080.89kWh/m²。

图 4-17　日照辐射性能实际的增强可视化效果

<table>
<tr><td colspan="4" align="center">62A 地块不同建筑群组合方式下冬至日、夏至日日照辐射   表 4-4
分析成果展示</td></tr>
</table>

组合方式	近地面风速比分析	俯视图	鸟瞰图
策略甲	冬至日		
	夏至日		
策略乙	冬至日		
	夏至日		
策略丙	冬至日		
	夏至日		

72A 地块不同建筑群组合方式下冬至日、夏至日日照辐射 表 4-5
分析成果展示

组合方式	近地面风速比分析	俯视图	鸟瞰图
策略甲	冬至日		
	夏至日		
策略乙	冬至日		
	夏至日		
策略丙	冬至日		
	夏至日		

策略乙的建筑群布局作用下，62A 地块冬至日建筑群立面累加太阳辐射量为 95875.01kWh/m²，地面公共空间区域累加太阳辐射量为 75010.13kWh/m²；夏至日建筑群立面累加太阳辐射量为 76802.09kWh/m²，地面公共空间区域累加太阳辐射量为 151781.79kWh/m²。72A 地块冬至日建筑群立面累加太阳辐射量为 101578.34kWh/m²，地面公共空间区域累加太阳辐射量为 78703.44kWh/m²；夏至日建筑群立面累加太阳辐射量为 86282.62kWh/m²，地面公共空间区域累加太阳辐射量为 163104.27kWh/m²。

策略丙的建筑群布局作用下，62A 地块冬至日建筑群立面累加太阳辐射量为 101130.61kWh/m²，地面公共空间区域累加太阳辐射量为 73598.46kWh/m²；夏至日建筑群立面累加太阳辐射量为 83521.46kWh/m²，地面公共空间区域累加太阳辐射量为 151046.54kWh/m²。72A 地块冬至日建筑群立面累加太阳辐射量为 105406.21kWh/m²，地面公共空间区域累加太阳辐射量为 79121.32kWh/m²；夏至日建筑群立面累加太阳辐射量为 92371.09kWh/m²，地面公共空间区域累加太阳辐射量为 162132.89kWh/m²。

比较两个地块整合后，不同建筑布局下的建筑立面累加太阳辐射量与地面公共空间区域累加太阳辐射量，发现布局策略丙（建筑群行朝向渐变、同行建筑错位）的夏季户外公共空间地面太阳辐射得热最少，冬季居住建筑外围护太阳辐射得热最多，在日照辐射方面最具绿色潜能（表 4-6）。

建筑群组合方式下不同区域的累加太阳能辐射量（kWh/m²）　　表 4-6

建筑群布局策略	冬至日建筑群立面	夏至日地面公共区域
策略甲	201377.17	313890.77
策略乙	197453.35	314886.06
策略丙	206536.82	313179.43

4.4.4　面向多个性能指标的建筑群实体模型布局推敲

在上述单一指标的展示后，这里针对实际布局推敲中更加常见的多指标情景进行介绍。由于设计师在泡沫塑料模型的推敲中，是综合考虑各种因素的，所以这里将日照辐射与风环境指标定制成可以在一起显示的增强可视化形式，便于设计者"一目了然"。

　　为了使多个性能叠加后的结果具有更好的可视化效果（图 4-18），在风速比分析的可视化结果中，夏季风速比低于 1.05 不符合绿色建筑性能的要求，在 4mm×4mm 的网格上显示为黑色大圆点，大于 1.05 的范围按照比值大小显示为从白色到灰色的颜色渐变段，颜色越接近白色表明此处的风速比远大于 1.05。冬季风速比超过 2 不符合绿色建筑性能的要求，在网格上显示为黑色大圆点，小于 2 的范围内按照比值大小显示为从白色到灰色的颜色渐变段，颜色越接近白色表明此处的风速比远小于 2。地块内各区域的太阳辐射量仍以色谱网格的形式进行投射。不同布局策略的实况见表 4-7、表 4-8。

图 4-18　多种性能实际的增强可视化效果

62A 地块不同建筑群组合方式下冬至日、夏至日日照辐射、风速比　表 4-7
叠加分析成果

组合方式	近地面风速比分析	俯视图	鸟瞰图
策略甲	冬至日		
	夏至日		

续表

组合方式	近地面风速比分析	俯视图	鸟瞰图
策略乙	冬至日		
	夏至日		
策略丙	冬至日		
	夏至日		

72A 地块不同建筑群组合方式下冬至日、夏至日日照辐射、风速比　表 4-8
叠加分析成果

组合方式	近地面风速比分析	俯视图	鸟瞰图
策略甲	冬至日		
	夏至日		

续表

组合方式	近地面风速比分析	俯视图	鸟瞰图
策略乙	冬至日		
	夏至日		
策略丙	冬至日		
	夏至日		

4.4.5　最终方案比选

不同的建筑群布局会产生各自的性能效果，最优方案的产生需要综合考虑各方面的因素反复进行方案比选。本案例最终方案的选取依据此推敲平台所得到的风环境与日照辐射等绿色性能指标的可视化结果，选取冬至日近地面风速比超标率、夏至日近地面风速比超标率、冬至日建筑群立面累加太阳辐射量、夏至日地面公共区域累加太阳辐射量等 4 个量化指标，综合辅助建筑布局推敲过程。

为保证不同气候条件下的环境舒适度，冬季需要提高建筑的被动得热量，夏季则更倾向于减少公共活动区域的被动地热量。基于此，冬至日所有建筑立面全天太阳辐射累计量越高、夏至日公共区域全天太阳辐射累计量越低的建筑群组合方式更具绿色潜能。冬至日日照辐射分析结果表明（图 4-19），策略丙冬至日建筑群立面被动得热量优于策略甲、策略乙，其中，策略乙的得热效果最差。夏至日日照辐射分析结果表明（图 4-19），策略丙夏季公共空间的环境舒适度最优，策略甲稍差。对于风环境评价指标，基于前文的讨论，冬至日、夏至日近地面风速比超标率越低越利于延长使用者在公共场地冬夏两季的可活动时间，其建筑群组合方式在风环境性能方面愈优。冬至日风速比分析结果表明（图 4-19），不同策略下冬至日风速比超标率差别不大，按有利程度排序依次是策略丙、策略乙、策略甲。夏至日风速比分析结果表明（图 4-19），策略丙作用下的夏至日风速比超标率最低，其次是策略乙。通过冬至日近地面风速比超标率、夏至日近地面风速比超标率、冬至日建筑群立面累加太阳辐射量、夏至日地面公共区域累加太阳辐射量等 4 个量化指标，综合评价得出"布局策略丙"主导下的建筑群最具绿色潜能，由此选定策略丙为后续调优的基准。

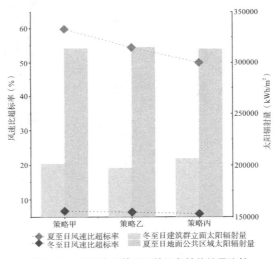

图 4-19　三种布局策略下的绿色性能结果比较

4.5　小结

4.5.1　面向绿色性能可视化的建筑群布局设计推敲

居住建筑群布局设计的推敲过程中，基于计算机视觉与混合现实技术的原型体系实现了将事先指定的各种建筑或场地的绿色性能指标，以可视化形式来增强显示在惯用泡沫塑料建筑模型表面的目标，并随着建筑群模型布局的改变实时更新，具体表现在以下两方面：

（1）实现布局设计兼顾绿色性能时的思维流畅

设计人员在采用泡沫塑料模型在基地内进行建筑群布局方式的尝试与探索，建筑群布局设计推敲平台能够在不打断设计者流畅思路的前提下，获取建筑师手中物理模型的信息，经过一些算法分析后为建筑师提供实时的提示，并通过泡沫塑料模型表面的增强可视化图案信息，将各种布局条件下的绿色性能指标予以快速展示，使得设计人员能够将布局的绿色性能纳入更加综合的考虑范围内。

（2）保证从整体到局部绿色设计的设计质量

绿色居住建筑设计早期布局的合理性，对建筑单体以及居民生活品质至关重要。然而建筑外维护结构、地面公共活动空间的四季太阳辐射量、地面场地的冬夏风速变化量等绿色性能指标涉及复杂的非线性函数关系，无法人为地通过实体模型展开定量判断。建筑群布局设计推敲平台提出设计师惯用的泡沫塑料模型相融的快速绿色性能计算技术，实现了不同建筑群布局方案下的绿色性能比选，打破"重单体、轻布局"的局限性，建筑群布局方式的多方比选保证了从整体到局部绿色设计的设计质量。

4.5.2 增强可视化技术的拓展应用

增强可视化技术为设计师建筑群布局设计提供了新思路，但在应用方面存在进一步优化拓展的空间，具体体现在以下两个方面：

（1）拓展性能计算模块的应用性能

居住建筑群的布局设计需要综合权衡各种制约因素，不仅仅包括建筑外维护结构、地面公共活动空间的四季太阳辐射量、地面场地的冬夏风速变化量等绿色性能指标，还包括单体的面宽与退界、建筑间距、建筑材质、建筑立面等因素。建筑群布局设计推敲平台包括扫描仪与投影仪三维坐标匹配模块、扫描仪控制模块性能的应用，不断完善建筑群布局设计推敲平台可计算的建筑性能，将更多因素通过投影添加在实体模型表面供建筑师进行推敲。

（2）拓展增强可视化技术的应用领域

在平台反馈端，借助投影仪投影出可视化信息来辅助使用者操作构件的使用流程不止局限于书中所述的一种应用。通过选择合适尺度的投影仪，即可按与该平台相同的使用流程，适应不同尺度的应用。桌面尺度下如何利用投影在实体模型上的增强信息，使建筑师可以在建筑设计初期定量优化不同建筑群布局下的绿色性能指标。若将投影仪替换为画面更大的短焦投影仪，便可将应用的尺度扩展至建造的领域。根据目前平台的原理以及已有的桌面级应用不难联想出该平台在建筑建造尺度下的其他应用，平台开发任务依然任重道远，需要深度拓展增强可视化技术的应用受众与领域。

5

结语
Conclusion

在应对全球气候挑战和贯彻落实城市可持续发展理念下，以及碳达峰、碳中和战略的提出，绿色建筑的发展面临较大的挑战和任务。绿色建筑已不仅仅是满足节能减排的要求，更加注重安全耐久、健康舒适、生活便利、资源节约、环境宜居等方面。绿色建筑应在保证节约能源的基础上，创造更加舒适的人居环境。因此，绿色建筑的发展任重而道远。

居住建筑作为建筑类型之一，居住建筑的绿色设计不应只关注单体绿色性能的达标，还应注重社区尺度下的总体布局、步行环境、设施配置等方面。因此，做好城镇居住社区绿色设计的同时，还应拓展城镇居住社区绿色设计新方法，这对于碳达峰和碳中和目标的实现具有促进作用，有效推动绿色生态城市的发展，利于创造宜居的生态环境。

借助"十三五"国家重点研发计划资助，本书已将绿色建筑设计拓展至街区尺度，将居住建筑绿色性能拓展至安全耐久、健康舒适、生活便利、资源节约、环境宜居等全方位的绿色性能要素体系。本书提出的研究方法顺应建筑师设计创作思路和工作方式，在保持思维流畅性的前提下，融入定量化的绿色性能判断，为后续建筑单体的绿色性能改善创造条件。此方法可贯穿设计全流程，在满足节能减排的基础上，还可满足安全舒适等要求。

本书在城镇居住社区绿色设计中做了有益的探索。阐述了已有城镇居住社区绿色设计方法及工具、城市形态与能耗关系、城市生态绩效的现状，发现方法和工具大多适用于后期技术的叠加，且城市生态绩效评价体系仍需进一步完善。本书还拓展城镇居住社区绿色性能目标及要素，发现住区室外性能影响要素众多。在此基础上，本书提出了如何根据绿色性能反推居住社区的排布形式，以及在设计中进行人机互动的绿色性能增强可视化的建筑群实体模型布局设计推敲平台。新方法及新工具的提出可使建筑群的绿色性能协同优化做到比较精细的程度。此外，我们还开展了关于居住社区公共环境微气候的研究，将人在户外活动时的舒适度等考虑在内。

本书在城镇居住建筑绿色设计领域，拓展了以往重点关注建筑单体的研究路线，从绿色建筑设计与绿色性能要素的作用机理的理论基础、方法到工具的研发，建构了从单体到整体的全方位绿色性能要素体系和设计方法，为推动城镇居住建筑设计，面向未来绿色生态城市建设和实现碳达峰、碳中和的目标进行了率先探索；本书提出的设计新方法和设计新工具顺应了建筑师进行设计创作的思维模式和设计流程，使建筑师在设计创作全过程中能够对绿色性能有较好的把控；本书在城市设计领域为推动绿色生态城市的研究打下基础。

在接下来的研究中，我们可将研究范围拓展至城区，对全方位的绿色性能要素进行协同优化研究，推动绿色生态城市的发展。此外，还可将公共设施的配置、用地的功能复合、交通流量、步行系统等因素考虑在内，建设全方位的生态城市。而对于绿色设计新方法将待进一步提升。在绿色目标上，我们应将生态、双碳等重点考虑；在绿色方法上，应利于建筑师操作且贯穿设计全流程。

参考文献

外文文献

[1] A. Chokhachian，K. Perini，S. Giulini，and T. Auer，"Urban performance and density：Generative study on interdependencies of urban form and environmental measures," Sustain. Cities Soc.，vol. 53，no. April 2019，p. 101952，2020，doi：10.1016/j.scs.2019.101952.

[2] A. Colucci and M. Horvat，"Making Toronto solar ready：Proposing urban forms for the integration of solar strategies," Energy Procedia，vol. 30，pp. 1090–1098，2012，doi：10.1016/j.egypro.2012.11.122.

[3] Afshari A. A new model of urban cooling demand and heat island Application to Vertical Greenery Systems（VGS）[J]. Energy & Buildings，2017，157（dec.）：204-217.

[4] A. Gros，E. Bozonnet，C. Inard，and M. Musy，"Simulation tools to assess microclimate and building energy - A case study on the design of a new district," Energy Build.，vol. 114，pp. 112–122，2016，doi：10.1016/j.enbuild.2015.06.032.

[5] Ali-Touden F，Mayer H. Numerical study on the effects of aspect ratio and orientation of an urban street canyon on outdoor thermal comfort in hot and dry climate [J]. Building and Environment，2006，41（2）：94-108．

[6] Ali-Toudert F. & Mayer H. Effects of asymmetry，galleries，overhanging façades and vegetation on thermal comfort in urban street canyons [J]. Solar Energy，2007，81，742-754.

[7] Alonso，L.，Zhang，Y. R.，Grignard，A.，Noyman，A.，Sakai，Y.，ElKatsha，M.，... & Larson，K. Cityscope：a data-driven interactive simulation tool for urban design. Use case volpe. In International Conference on Complex Systems [J]. 2018（07）：253-261.

[8] Akbari H，Pomerantz M，Taha H. Cool surfaces and shade trees to reduce energy use and improve air quality in urban areas[J]. Solar Energy，2001，70（3）：295-310.

[9] An original tool for checking energy performance and certification of buildings by means of Artificial Neural Networks.

[10] ASHRAE. Handbook of fundamentals [M]. Atlanta：American Society of Heating，Refrigerating and Air-Conditioning Engineers，Inc，2001.

[11] A. Sola，C. Corchero，J. Salom，and M. Sanmarti，"Multi-domain urban-scale energy modelling tools：A review," Sustain. Cities Soc., no. February, p. 101872, 2019, doi：10.1016/j.scs.2019.101872.

[12] Arnaud Grignard，Núria Macià，Luis Alonso Pastor，Ariel Noyman，Yan Zhang，Kent Larson，CityScope Andorra：A Multi-level Interactive and Tangible Agent-based Visualization. AAMAS2018.2018（07）：10-15.

[13] Arnfield A J. Street design and urban canyon solar access[J]. Energy and Buildings，1990，14（2）：117-131.

[14] Arnfield A J. Two decades of urban climate research：a review of turbulence，exchanges of energy and water，and the urban heat island [J]. International Journal of Climatology，2003，23，1-26.

[15] Atlanta. American Society of Heating，Refrigerating and Air-Conditioning Engineers，Inc. ASHRAE[J]. 1997 ASHRAE Handbook Fundamentals.

[16] Akbari H，Rose L S，Taha H. Analyzing the land cover of an urban environment using high-resolution orthophotos[J]. Landscape & Urban Planning，2003，63（1）：1-14.

[17] Abley，S. Walkability Scoping Paper. Unpublished manuscript. 2005.

[18] A. Vartholomaios，"A parametric sensitivity analysis of the influence of urban form on domestic energy consumption for heating and cooling in a Mediterranean city," Sustain. Cities Soc., vol. 28，pp. 135–145，2017，doi：10.1016/j.scs.2016.09.006.

[19] A Viola，MS Roudsari. An innovative workflow for bridging the gap between design and environmental analysis. Proceedings of BS 2013：13th Conference of the International Building Performance Simulation Association（2013）1297-1304.

[20] Blazejczyk K，Epstein Y，Jendritzky G，et al. Comparison of UTCI to selected thermal indices[J]. International Journal of Biometeorology，2012，56（3）：515-535.

[21] Bafna Sonit. Space Syntax - A Brief Introduction to Its Logic and Analytical Techniques[J]. Environment & Behavior，2003，35（1）：17-29.

[22] Baohua W，Musa N，Chuen O C，et al. Evolution of sustainability in global green building rating tools[J]. Journal of Cleaner Production，2020：120912.

[23] Berglund B，Thomas L，Dietrich H S. Guidelines for community noise[J]. World Health Organization - WHO，1999.

[24] Bock T. 2007. Construction robotics. Autonomous Robots [J]，22（3），201-209.

[25] Bruse M，Fleer H. Simulating surface-plant-air interactions inside urban environments with a three dimensional numerical model [J]. Environmental Modelling and Software，1998，13

（3/4）: 373-384.

[26] Boris Plotnikov, Gerhard Schubert, Frank Petzold. Tangible Grasshopper A method to combine physical models with generative, parametric tools [J]. eCAADe, vol. 02, 2016（08）: 127-136.

[27] Blazejczyk K, Epstein Y, Jendritzky G, et al. Comparison of UTCI to selected thermal indices[J]. International Journal of Biometeorology, 2012, 56（3）: 515-535.

[28] Bruse M. Assessing Thermal Comfort in Urban Environments Using an Integrated Dynamic Microscale Biometeorological Model System. 1993.

[29] B. Wang, L. D. Cot, L. Adolphe, S. Geoffroy, and S. Sun, "Cross indicator analysis between wind energy potential and urban morphology," Renew. Energy, vol. 113, pp. 989–1006, 2017, doi: 10.1016/j.renene.2017.06.057.

[30] Cappai F, Forgues D, Glaus M. The integration of socio-economic indicators in the CASBEE-UD evaluation system: A case study[J]. Urban Science, 2018, 2（1）: 28.

[31] C. Delmastro, G. Mutani, M. Pastorelli, and G. Vicentini, "Urban morphology and energy consumption in Italian residential buildings," 2015 Int. Conf. Renew. Energy Res. Appl. ICRERA 2015, no. November, pp. 1603-1608, 2015, doi: 10.1109/ICRERA.2015.7418677.

[32] C. Hachem, P. Fazio, and A. Athienitis, "Solar optimized residential neighborhoods: Evaluation and design methodology," Sol. Energy, vol. 95, pp. 42-64, 2013, doi: 10.1016/j.solener.2013.06.002.

[33] C. Hachem-Vermette and K. S. Grewal, "Investigation of the impact of residential mixture on energy and environmental performance of mixed use neighborhoods," Appl. Energy, vol. 241, no. January, pp. 362-379, 2019, doi: 10.1016/j.apenergy.2019.03.030.

[34] C. Li, Y. Song, and N. Kaza, "Urban form and household electricity consumption: A multilevel study," Energy Build., vol. 158, pp. 181-193, 2018, doi: 10.1016/j.enbuild.2017.10.007.

[35] C. Ratti, N. Baker, and K. Steemers, "Energy consumption and urban texture," Energy Build., vol. 37, no. 7, pp. 762-776, 2005, doi: 10.1016/j.enbuild.2004.10.010.

[36] C. S. Gusson and D. H. S. Duarte, "Effects of Built Density and Urban Morphology on Urban Microclimate - Calibration of the Model ENVI-met V4 for the Subtropical Sao Paulo, Brazil," Procedia Eng., vol. 169, pp. 2-10, 2016, doi: 10.1016/j.proeng.2016.10.001.

[37] Chen Y & Wong N H. Thermal benefits of city parks [J]. Energy and Buildings, 2006, 38, 105-120.

[38] Chen H，Ooka R & Harayama K. Study on outdoor thermal environment of apartment block in Shenzhen，China with coupled simulation of convection，radiation and conduction [J]. Energy and Buildings，2004，36，1247-1258.

[39] Chow S D. The urban climate of Shanghai [J]. Atmospheric Environment，1992，26B，9-15.

[40] Chow S D. Solar radiation and surface temperature in Shanghai city and their relation to urban heat island intensity [J]. Atmospheric Environment，1994，28，2119-2127.

[41] Clark，W. W. Global Sustainable Communities Handbook：Green Design Technologies and Economics[M]. Clark WW，editor 2014. 1-584.

[42] Coseo P，Larsen L. How factors of land use/land cover，building configuration，and adjacent heat sources and sinks explain Urban Heat Islands in Chicago[J]. Landscape & Urban Planning，2014，125：117-129.

[43] Crawley DB，Lawrie LK，Winkelmann FC，Buhl WF，Huang YJ，Pedersen CO，et al. EnergyPlus：creating a new-generation building energy simulation program. Energy Build. 2001；33（4）：319-331.

[44] Dalsgaard，P.，Halskov，K.：Tangible 3D tabletops：combining tangible tabletop interaction and 3D projection. In：Malmborg，L.，Pederson，T.（eds.）NordiCHI 2012. Making Sense Through Design. Proceedings of the 7th Nordic Conference on Human-Computer Interaction，Copenhagen，Denmark，pp. 14-17（2012）.

[45] Data-Driven Approach for Evaluating the Energy Efficiency in Multifamily Residential Buildings.

[46] Dimoudi A & Nikolopoulou M. Vegetation in the urban environment：microclimatic analysis and benefits [J]. Energy and Buildings，2003，35，69-76.

[47] Doulos L，Santamouris M，Livada I. Passive Cooling of Outdoor Urban Spaces. The Role of Materials[J]. Solar Energy，2004，77（2）：231-249.

[48] DE Bowler，Buyung-Ali L，Knight T M，et al. Urban greening to cool towns and cities：A systematic review of the empirical evidence[J]. Landscape & Urban Planning，2010，97（3）：147-155.

[49] DONALD DAVIES，王建业.绿色建筑设计——内涵碳优化的新方法 [J].建筑技艺，2011，（Z5）：132-138.

[50] Drfler K，Sandy T，Giftthaler M，et al. Mobile Robotic Brickwork[M]// Robotic Fabrication in Architecture，Art and Design 2016. Springer International Publishing，2016.

[51] Dunnett，N. Planting green roofs and living walls[M]. Portland USA：Timber Press，2004.

[52] D. Tsirigoti and D. Bikas，"A Cross Scale Analysis of the Relationship between Energy

Efficiency and Urban Morphology in the Greek City Context," Procedia Environ. Sci., vol. 38, pp. 682-687, 2017, doi: 10.1016/j.proenv.2017.03.149.

[53] Darko A, Chan A P C, Huo X, et al. A scientometric analysis and visualization of global green building research[J]. Building and Environment, 2019, 149: 501-511.

[54] Dunnett, N. Planting green roofs and living walls[M]. Portland USA: Timber Press, 2004.

[55] D. Wiedenhofer, M. Lenzen, and J. K. Steinberger, "Energy requirements of consumption: Urban form, climatic and socio-economic factors, rebounds and their policy implications," Energy Policy, vol. 63, pp. 696-707, 2013, doi: 10.1016/j.enpol.2013.07.035.

[56] E. A. Ramírez-Aguilar and L. C. Lucas Souza, "Urban form and population density: Influences on Urban Heat Island intensities in Bogotá, Colombia," Urban Clim., vol. 29, no. February, p. 100497, 2019, doi: 10.1016/j.uclim.2019.100497.

[57] E. Nault, P. Moonen, E. Rey, and M. Andersen, "Predictive models for assessing the passive solar and daylight potential of neighborhood designs: A comparative proof-of-concept study," Build. Environ., vol. 116, pp. 1-16, 2017, doi: 10.1016/j.buildenv.2017.01.018.

[58] Eliasson I. Nocturnal Temperatures: Street Geometry and Land Use [J]. Atmospheric Environment, 1996, 30, 379-392.

[59] Epstein Y, Moran D S. Thermal Comfort and the Heat Stress Indices[J]. Industrial Health, 2006, 44（3）: 388-398.

[60] Fiala D, Lomas K J, Stohrer M. Computer prediction of human thermoregulatory and temperature responses to a wide range of environmental conditions[J]. International Journal of Biometeorology, 2001, 45（3）: 143-159.

[61] Fiala D, Lomas K J, Stohrer M. Computer prediction of human thermoregulatory and temperature responses to a wide range of environmental conditions[J]. International Journal of Biometeorology, 2001, 45（3）: 143-159.

[62] Fanger, P. O. Thermal comfort: analysis and applications in environmental engineering[J]. Thermal Comfort Analysis & Applications in Environmental Engineering, 1972.

[63] Fba B, Mdk A, St A, et al. A review of outdoor thermal comfort indices and neutral ranges for hot-humid regions[J]. Urban Climate, 31.

[64] F.H. Abanda, C. Vidalakis, A.H. Oti, J.H. Tah, A critical analysis of Building Information Modelling systems used in construction projects, Adv. Eng. Softw. 90（2015）183-201.

[65] F. Khayatian, L. Sarto, G. Dall. Application of neural networks for evaluating energy performance certificates of residential buildings, Energy and Buildings 125（2016）: 45-54.

[66] Fleischmann M, Menges A . ICD/ITKE Research Pavilion: A Case Study of Multi-

disciplinary Collaborative Computational Design[M]// Computational Design Modelling. Springer Berlin Heidelberg，2011.

[67] Gagge A P，Stolwijk J A J，Nishi Y. An effective temperature scale based on a simple model of human physiological regulatory response[J]. ASHRAE Transactions，1971，77（1）：21-36.

[68] Gerhard Schubert，Ivan Bratoev，Frank Petzold. Visual Programming meets Tangible Interfaces：Generating city simulations for decision support in early design stages. eCAADe，vol. 01，2017（09）：515-522.

[69] Gaitani N，Mihalakakou G，Santamouris M. On the use of bioclimatic architecture principles in order to improve thermal comfort conditions in outdoor spaces[J]. Building and Environment，2007，42（1）：317-324.

[70] Grimmond C S B，Souch C & Hubblel M D. Influence of tree cover on summertime surface energy balance fluxes，San Gabriel Valley，Los Angeles [J]. Climate research，1996，6，45-57.

[71] Giridharan R，Lau S S Y，Ganesan S，et al. Lowering the outdoor temperature in high-rise high-density residential developments of coastal Hong Kong：The vegetation influence [J]. Building and Environment，2008，43，1583-1595.

[72] Giridharan R，Lau S，Ganesan S，et al. Urban design factors influencing heat island intensity in high-rise high-density environments of Hong Kong[J]. Building & Environment，2007，42（10）：3669-3684.

[73] Givoni B. Climate considerations in building and urban design [M]. New York，US，Van Nostrand Reinhold，1998.

[74] Givoni，B. Urban design in different climates[J]. World Meteorological Organisation WMO/TD，1989，No.346

[75] Goh K C & Chang C H. The relationship between height to width ratios and the heat island intensity at 22：00 for Singapore [J]. International Journal of climatology，1999，19，1011-1023.

[76] Gro Harlem Brundtland，Our Common Future[M]. Oxfordshire：Oxford Univ Pr. 1987.

[77] Grace K.C. Ding. Sustainable construction—The role of environmental assessment tools. Journal of Environmental Management. Volume 86，Issue3，2008，pp.451-464.

[78] Hansen W G. How Accessibility Shapes Land Use[J]. Journal of American Institute of Planners，1959，25（2）：73-76.

[79] Hardy M A. Regression with dummy variables（Sage university paper series on quantitative

applications in the social sciences 07-093) [M]. Newbury Park, CA, Sage, 1993.

[80] Havenith G, I Holmér, Parsons K. Personal factors in thermal comfort assessment: clothing properties and metabolic heat production[J]. Energy & Buildings, 2002, 34（6）: 581-591.

[81] Hayashi, Tomoshige. Walking to Work and the Risk for Hypertension in Men: The Osaka Health Survey[J]. Annals of Internal Medicine, 1999, 131（1）: 21-26.

[82] H. C. Chen, Q. Han, and B. de Vries, "Urban morphology indicator analyzes for urban energy modeling," Sustain. Cities Soc., vol. 52, no. May 2019, p. 101863, 2020, doi: 10.1016/j.scs.2019.101863.

[83] He Shan, Zhang Yunwei, Zhang Jili.Urban local climate zone mapping and apply in urban environment study. IOP Conference Series: Earth and Environmental Science.2018（113）: 01-06.

[84] Heisler G M. Energy savings with trees [J]. Journal of arboriculture, 1986, 12, 113-125.

[85] Hien W N, Jusuf S K. Air Temperature Distribution and the Influence of Sky View Factor in a Green Singapore Estate[J]. Journal of Urban Planning & Development, 2010, 136（3）: 261-272.

[86] Hillier B. Space is the machine: a configurational theory of architecture[M]. Cambridge: Cambridge University Press, 1996.

[87] Hillier B, Yang T, Turner A. Normalising least angle choice in Depthmap - and how it opens up new perspectives on the global and local analysis of city space. journal of space syntax, 2012.

[88] Hillier B, Hanson J. The Social Logic of Space[M]. Cambridge: Cambridge University Press, 1984.

[89] Höppe, P. The physiological equivalent temperature – a universal index for the biometeorological assessment of the thermal environment. Int J Biometeorol 43, 71-75（1999）.

[90] Hoyano. Climatological uses of plants for solar control and the effects on the thermal environment of a building [J]. Energy and Buildings, 1998, 11, 181-199.

[91] Hoppe P. The physiological equivalent temperature—a universal index for the biometeorological assessment of the thermal environment [J]. International Journal of Biometeorology, 1999, 43: 71-75.

[92] Hoyano. Climatological uses of plants for solar control and the effects on the thermal environment of a building [J]. Energy and Buildings, 1988, 11, 181-199.

[93] I. D. Stewart and T. R. Oke, "Local climate zones for urban temperature studies," Bull. Am. Meteorol. Soc., vol. 93, no. 12, pp. 1879-1900, 2012, doi:10.1175/BAMS-D-11-00019.1.

[94]   I. Nevat, L. A. Ruefenacht, and H. Aydt, "Recommendation system for climate informed urban design under model uncertainty," Urban Clim., vol. 31, no. May 2019, p. 100524, 2020, doi: 10.1016/j.uclim. 2019.100524.

[95]   Ishii H . THE TANGIBLE USER INTERFACE AND ITS EVOLUTION[J]. Communications of the Acm, 2008, 51（6）: 32, 34, 35, 36.

[96]   J. A. Futcher and G. Mills, "The role of urban form as an energy management parameter," Energy Policy, vol. 53, pp. 218-228, 2013, doi: 10.1016/j.enpol.2012.10.080.

[97]   Jendritzky, Gerd, Dear D, et al. UTCI-Why another thermal index? [J]. International Journal of Biometeorology: Journal of the International Society of Biometeorology, 2012.

[98]   Jeff S. Walkable city: how downtown can save America, one step at a time / First paperback edition[M]. North Point Press, a division of Farrar, Straus and Giroux, 2013.

[99]   J.K.W. Wong, J. Zhou, Enhancing environmental sustainability over uilding life cycles through green BIM: a review, Automation in Construction. 57（2015）156-165.

[100]   Johnny Kwok-WaiWong, Ka-LinKuan.Implementing 'BEAM Plus' for BIM-based sustainability analysis. Automation in Construction.2014（44）: 163-175.

[101]   J. L. HARPER, "Studies in Seed and Seedling Mortality: V. Direct and Indirect Influences of Low Temperatures on the Mortality of Maize," New Phytol., vol. 55, no. 1, pp. 35-44, 1956, doi: 10.1111/j.1469-8137.1956.tb05265.x.

[102]   J. Natanian, O. Aleksandrowicz, and T. Auer, "A parametric approach to optimizing urban form, energy balance and environmental quality: The case of Mediterranean districts," Appl. Energy, vol. 254, no. November 2018, p. 113637, 2019, doi: 10.1016/j.apenergy.2019.113637.

[103]   Joshua D. Rhodesa, William H. Gorman, Charles R. Upshaw, Michael E. Webber. Using BEopt（EnergyPlus）with energy audits and surveys to predict actual residential energy usage[J].Energy and Buildings, 2015.（86）: 808-816.

[104]   Jrade A, Jalaei F. Integrating building information modeling with sustainability to design building projects at the conceptual stage. Building Simulation, 2013,（06）: 429-444.

[105]   J. Rodríguez-Alvarez, "Urban Energy Index for Buildings（UEIB）: A new method to evaluate the effect of urban form on buildings' energy demand," Landsc. Urban Plan., vol. 148, pp. 170-187, 2016, doi: 10.1016/j.landurbplan.2016.01.001.

[106]   J. Sokol, C. Cerezo Davila, and C. F. Reinhart, "Validation of a Bayesian-based method for defining residential archetypes in urban building energy models," Energy Build., vol. 134, pp. 11-24, 2017, doi: 10.1016/j.enbuild.2016.10.050.

[107]   J. Yang et al., "Local climate zone ventilation and urban land surface temperatures: Towards

a performance-based and wind-sensitive planning proposal in megacities," Sustain. Cities Soc., vol. 47, no. November 2018, p. 101487, 2019, doi: 10.1016/j.scs.2019.101487.

[108] Kera Lagios, Jeff Niemasz and Christoph F Reinhart. Animated Building Performance Simulation (Abps) -Linking Rhinoceros/Grasshopper With Radiance/Daysim. Simbuild 2010.

[109] Kolokotroni M & Giridharan R. Urban heat island intensity in London: An investigation of the impact of physical characteristics on changes in outdoor air temperature during summer [J]. Solar Energy, 2008, 82, 986-998.

[110] Kozlowski T T & Pallardy S G. Physiology of Woody Plants [J]. London, UK, Academic Press, 1997.

[111] Kruger E L, Minella F O, F Rasia. Impact of urban geometry on outdoor thermal comfort and air quality from field measurements in Curitiba, Brazil[J]. Building and Environment, 2011, 46 (3): 621-634.

[112] K. Singh and C. Hachem-Vermette, "Impact of commercial land mixture on energy and environmental performance of mixed use neighbourhoods," Build. Environ., vol. 154, no. March, pp. 182-199, 2019, doi: 10.1016/j.buildenv.2019.03.016.

[113] Kumar R & Kaushik S C. Performance evaluation of green roof and shading for thermal protection of buildings [J]. Building and Environment, 2005, 40, 1505-1511.

[114] Krüger E L, Minella F O, Rasia F. Impact of urban geometry on outdoor thermal comfort and air quality from field measurements in Curitiba, Brazil[J]. Building and Environment. 2011, 46 (3): 621-634.

[115] Lalic B, Mihailovic D T. An Empirical Relation Describing Leaf-Area Density inside the Forest for Environmental Modeling[J]. Journal of Applied Meteorology, 2004, 43 (4): 641-645.

[116] Lai D, Liu W, Gan T, et al. A review of mitigating strategies to improve the thermal environment and thermal comfort in urban outdoor spaces[J]. Science of The Total Environment, 2019, 661.

[117] Landsberg H E. The urban climate [M]. New York, US, Academic Press, 1981.

[118] L. D' Acci, On urban morphology and mathematics. Springer International Publishing, 2019.

[119] Li H N, Chau C K, Tse M S, et al. On the study of the effects of sea views, greenery views and personal characteristics on noise annoyance perception at homes[J]. Journal of the Acoustical Society of America, 2012, 131 (3): 2131-2140.

[120]　Li H，Harvey J T，Holland T J，et al. The use of reflective and permeable pavements as a potential practice for heat island mitigation and stormwater management[J]. Environmental Research Letters，2013，8（1）: 3865-3879.

[121]　Li YW，Cao K. Establishment and application of intelligent city building information model based on BP neural network model. Computer Communications. 2020; 153: 382-9.

[122]　Li H，Harvey J T，Holland T J，et al. The use of reflective and permeable pavements as a potential practice for heat island mitigation and stormwater management[J]. Environmental Research Letters，2013，8（1）: 3865-3879.

[123]　Liang Chen，Yongyi Wen，Lang Zhang，Wei-Ning Xiang，Studies of thermal comfort and space use in an urban park square in cool and cold seasons in Shanghai，Building and Environment，Volume 94，Part 2，2015，Pages 644-653.

[124]　Lin T P，Matzarakis A，Hwang R L. Shading effect on long-term outdoor thermal comfort[J]. Building & Environment，2010，45（1）: 213-221.

[125]　Littlefair P J，Santamouris M，Alvarez S，et al. Environmental site layout planning: solar access，microclimate and passive cooling in urban areas [M]. London，BRE Publications，2000.

[126]　Lu H.，Daniel C.Ludi: A Concurrent Physical and Digital Modeling Environment.Learning，Adapting and Prototyping - Proceedings of the 23rd CAADRIA Conference - Volume 1，Tsinghua University，Beijing，China，17-19 May 2018，pp. 515-523.

[127]　M. Amado and F. Poggi，"Solar urban planning: A parametric approach," Energy Procedia，vol. 48，pp. 1539-1548，2014，doi: 10.1016/j.egypro.2014.02.174.

[128]　Mahmoud A. Analysis of the microclimatic and human comfort conditions in an urban park in hot and arid regions[J]. Building & Environment，2011，46（12）: 2641-2656.

[129]　Mateus Mendes，Jorge Almeida，Hajji Mohamed，Rudi Giot. Projected Augmented Reality Intelligent Model of a City Area with Path Optimization.Algorithms.2019（12）: 02-14.

[130]　Matzarakis A，Rutz F & Mayer H. Modelling radiation fluxes in simple and complex environments—application of the RayMan model [J]. International Journal of Biometeorology，2007，51（4），323-334.

[131]　Mayer H & Hoppe P. Thermal comfort of man in different urban environments [J]. Theoretical and Applied Climatology，1987，38（1），43-49.

[132]　Matzarakis A，Amelung B. Physiological Equivalent Temperature as Indicator for Impacts of Climate Change on Thermal Comfort of Humans[M].

[133]　M. C. Silva，I. M. Horta，V. Leal，and V. Oliveira，"A spatially-explicit methodological

framework based on neural networks to assess the effect of urban form on energy demand,"
Appl. Energy，vol. 202，pp. 386-398，2017，doi：10.1016/j.apenergy.2017.05.113.

[134]   M. Grosso，"Urban form and renewable energy potential,"Renew. energy，vol. 15，no. 1-4
pt 1，pp. 331–336，1998，doi：10.1016/S0960-1481（98）00182-7.

[135]   Marialena Nikolopoulou，Nick Baker，Koen Steemers. Thermal comfort in outdoor urban
spaces：understanding the human parameter[J]. Solar Energy，2001.

[136]   Montávez J P，Rodríguez A & Jiménez J I. A study of the Urban Heat Island of Granada [J].
International Journal of Climatology，2000，20，899-911.

[137]   M. Silva，V. Leal，V. Oliveira，and I. M. Horta，"A scenario-based approach for assessing
the energy performance of urban development pathways,"Sustain. Cities Soc.，vol. 40，no.
October 2017，pp. 372-382，2018，doi：10.1016/j.scs.2018.01.028.

[138]   Ming Shan，Bon-gang Hwang. Green building rating systems：Globa3 reviews of practices
and research efforts[J]. Sustainable Cities and Society，2018，39.

[139]   Middel A，Chhetri N，Quay R. Urban forestry and cool roofs：Assessment of heat
mitigation strategies in Phoenix residential neighborhoods[J]. Urban Forestry & Urban
Greening，2015，14（1）：178-186.

[140]   Morakinyo T E，Lai A，Lau K L，et al. Thermal benefits of vertical geening in a high-
density city：Case study of Hong Kong[J]. Urban Forestry & Urban Greening，2017.

[141]   Mullaney J，Lucke T. Practical Review of Pervious Pavement Design1[J]. CLEAN - Soil Air
Water，2014，42（2）：111-124.

[142]   N. Abbasabadi and J. K. Mehdi Ashayeri，"Urban energy use modeling methods and tools：
A review and an outlook,"Build. Environ.，vol. 161，no. May，p. 106270，2019，doi：
10.1016/j.buildenv.2019.106270.

[143]   N. H. Wong et al.，"Evaluation of the impact of the surrounding urban 3orphology on
building energy consumption,"Sol. Energy，vol. 85，no. 1，pp. 57-71，2011，doi：
10.1016/j.solener.2010.11.002.

[144]   N. Mohajeri，A. T. D. Perera，S. Coccolo，L. Mosca，M. Le Guen，and J. L. Scartezzini，
"Integrating urban form and distributed energy systems：Assessment of sustainable
development scenarios for a Swiss village to 2050,"Renew. Energy，vol. 143，pp.
810-826，2019，doi：10.1016/j.renene.2019.05.033.

[145]   Ng E. Towards planning and practical understanding of the need for meteorological and
climate information in the design of high-density cities：A case-based study of Hong Kong.
International Journal of Climatology，2012，32（04）：582-598.

[146] Ng E，Chan T-Y，Cheng V，et al. Designing highdensity cities—parametric studies of urban morphologies and their implied environmental performance [D]. Oxford，UK，Architectural Press，2006，151-180

[147] Nunez M & Oke T R. The Energy Balance of an Urban Canyon [J]. Journal of Applied Meteorology，1997，16，11-19.

[148] Ogilvie D，Egan M，Hamilton V，et al. Promoting walking and cycling as an alternative to using cars: systematic review[J]. BMJ，2004，329（7469）: 763.

[149] Oke T R. Canyon geometry and the nocturnal urban heat island: Comparison of scale model and field observations [J]. International Journal of Climatology，1981，1，237-254.

[150] Oke T R. The Boundary Layer Climates [M] . London and New York: Methuen，1987.

[151] Oke T R. Canyon geometry and the nocturnal urban heat island: comparison of scale model and field observations[J]. Journal of climatology，1981，1（3）: 237-254.

[152] Oke T R. Towards better scientific communication in urban climate [J]. Theoretical and Applied Climatology，2006，84，179-190.

[153] OKE T R. Boundary Layer Climates[M]. 2nd ed. London: Routledge，1988.

[154] Orii L，Alonso L，Larson K. Methodology for Establishing Well-Being Urban Indicators at the District Level to be Used on the CityScope Platform. Sustainability. 2020; 12（22）.

[155] Owen N，Cerin E，Leslie E，et al. Neighborhood Walkability and the Walking Behavior of Australian Adults[J]. American Journal of Preventive Medicine，2007，33（5）: 387-395.

[156] Parish I H Y，Muller P. Procedural Modeling of Cities[M]. Los Angeles: ACM SIGGRAPH 2001.

[157] Penn A，Turner A. Movement-generated land-use agglomeration: simulation experiments on the drivers of fine-scale land-use patterning[J]. URBAN DESIGN International，2004，9（2）: 81-96.

[158] Pearl mutter D，Berliner P，Shaviv E. Integrated modeling of pedestrian energy exchange and thermal comfort in urban street canyons[J]. Building & Environment，2007，42（6）: 2396-2409.

[159] P. Inyim，J. Rivera，Y. Zhu，Integration of Building Information Modeling and Economic and Environmental Impact Analysis to Support Sustainable Building Design，J. Manage. Eng. 31（2015）（SPECIAL ISSUE: Information and Communication Technology（ICT）in AEC Organizations: Assessment of Impact on Work Practices，Project Delivery，and Organizational Behavior，A4014002）.

[160] Perez G，Rincon L，Vila A，et al. Green vertical systems for buildings as passive systems

for energy savings[J]. Applied Energy，2011，88（12）: 4854-4859.

[161]　P. Li，P. Zhao，and C. Brand，"Future energy use and CO_2 emissions of urban passenger transport in China: A travel behavior and urban form based approach，"Appl. Energy，vol. 211，no. July 2017，pp. 820–842，2018，doi: 10.1016/j.apenergy.2017.11.022.

[162]　P. Nageler et al.，"Novel validated method for GIS based automated dynamic urban building energy simulations，"Energy，vol. 139，pp. 142–154，2017，doi: 10.1016/j.energy.2017.07.151.

[163]　Portal P. Planning Policy Guidance 24: Planning and Noise[J]. Department for Communities and Local Government，1994.

[164]　P. Redweik，C. Catita，and M. Brito，"Solar energy potential on roofs and facades in an urban landscape，"Sol. Energy，vol. 97，pp. 332-341，2013，doi: 10.1016/j.solener.2013.08.036.

[165]　P. Shen and Z. Wang，"How neighborhood form influences building energy use in winter design condition: Case study of Chicago using CFD coupled simulation，"J. Clean. Prod.，vol. 261，p. 121094，2020，doi: 10.1016/j.jclepro.2020.121094.

[166]　Passchier-Vermeer W，Passchier W F. Noise Exposure and Public Health[J]. Environmental Health Perspectives，2000，108 Suppl 1（Suppl 1）: 123-131.

[167]　Padsala R，Coors V. Conceptualizing，Managing and Developing: A Web Based 3D City Information Model for Urban Energy Demand Simulation[C]//UDMV. 2015，37-42.

[168]　Qin Y. A review on the development of cool pavements to mitigate urban heat island effect[J]. Renewable & Sustainable Energy Reviews，2015，52（dec.）: 445-459.

[169]　Rachel Burger. How the construction industry is using big data[EB/OL].Https: //www.the balance.com/how-the-construction-industry-is-using-big-data-845322.2016.10

[170]　Raeissi S & Taheri M. Energy saving by proper tree plantation [J]. Building and Environment，1999，34，565-570.

[171]　Ratti C，Raydan D & Steemers K. Building form and environmental performance: archetypes，analysis and an arid climate [J]. Energy and Buildings，2003，35，49-59.

[172]　R. Ewing and F. Rong，"The impact of urban form on U.S. residential energy use，"Hous. Policy Debate，vol. 19，no. 1，pp. 1-30，2008，doi: 10.1080/10511482.2008.9521624.

[173]　R. Giridharan，S. S. Y. Lau，S. Ganesan，and B. Givoni，"Urban design factors influencing heat island intensity in high-rise high-density environments of Hong Kong，"Build. Environ.，vol. 42，no. 10，pp. 3669–3684，2007，doi: 10.1016/j.buildenv.2006.09.011.

[174]　R. M. Cionco and R. Ellefsen，"High resolution urban morphology data for urban wind flow

modeling," Atmos. Environ., vol. 32, no. 1, pp. 7-17, 1998, doi: 10.1016/S1352-2310（97）00274-4.

[175] Rosenfeld A H, Hashem A, Sarah B, et al. Mitigation of urban heat islands: materials, utility programs, updates [J]. Energy and Buildings, 1995, 22, 255-265.

[176] Roudsari M S, Pak M. LADYBUG: A parametric environmental plugin or grasshopper to help designers create an environmentally-conscious design. In: The 13th International Conference of the International Building Performance Simulation Association. Chambéry, 2013.

[177] Rui L, Buccolieri R, Gao Z, et al. Study of the effect of green quantity and structure on thermal comfort and air quality in an urban-like residential district by ENVI-met modelling[J]. 建筑模拟（英文版）, 2019, 012（002）: 183-194.

[178] R. Wei, D. Song, N. H. Wong, and M. Martin, "Impact of Urban Morphology Parameters on Microclimate," Procedia Eng., vol. 169, pp. 142-149, 2016, doi: 10.1016/j.proeng.2016.10.017.

[179] Saelens B, Handy S L. Built Environment Correlates of Walking: A Review[J]. Medicine & Science in Sports & Exercise, 2008, 40（7 Suppl）: S550-66.

[180] Saito I, Ishihara O, Katayama T. Study of the effect of green areas on the thermal environment in an urban area[J]. Energy & Buildings, 1990, 15（3-4）: 493-498.

[181] Santamouris M. Heat Island Research in Europe: The State of the Art [J]. Advances in Building Energy Research, 2007, 123-150.

[182] Santamouris M. Using cool pavements as a mitigation strategy to fight urban heat island—A review of the actual developments[J]. Renewable & Sustainable Energy Reviews, 2013, 26（oct.）: 224-240.

[183] Schubert, G., Riedel, S., Petzold, F.: Seamfully connected: real working models as tangible interfaces for architectural design. In: Zhang, J., Sun, C.（eds.）CAAD Futures 2013. Springer, Heidelberg CCIS, vol. 369, 2013. 210-221.

[184] Schubert G, Schattel D, Marcus Tönnis, et al. Tangible Mixed Reality On-Site: Interactive Augmented Visualisations from Architectural Working Models in Urban Design[C]// International Conference on Computer-aided Architectural Design Futures. Springer Berlin Heidelberg, 2015.

[185] Schubert G, Schattel D, Tonnis M, Klinker G, Petzold F. Tangible Mixed Reality On-Site: Interactive Augmented Visualisations from Architectural Working Models in Urban Design. In: Celani G, Sperling DM, Franco JMS, editors. Computer-Aided Architectural

Design: The Next City - New Technologies and the Future of the Built Environment, Caad Futures 2015. Communications in Computer and Information Science. 2015. 55-74.

[186] Schultz T J. Synthesis of social surveys on noise annoyance[J]. The Journal of the Acoustical Society of America, 1978, 64 (2): 377-405.

[187] Syafii N I, Ichinose M, Kumakura E, et al. Thermal environment assessment around bodies of water in urban canyons: A scale model study[J]. Sustainable Cities & Society, 2017, 34: 79-89.

[188] S. Guhathakurta and E. Williams, "Impact of Urban Form on Energy Use in Central City and Suburban Neighborhoods: Lessons from the Phoenix Metropolitan Region," Energy Procedia, vol. 75, pp. 2928-2933, 2015, doi: 10.1016/j.egypro.2015.07.594.

[189] [日] 山本良一, Think the Earth Project, 2℃改变世界 [M]. 北京: 科学出版社. 2008.

[190] Sharlin N & Hoffman M E. The urban complex as a factor in the airtemperature pattern in a Mediterranean Coastal Region [J]. Energy and Buildings, 1984, 7, 149-158.

[191] Shashua-Bar L & Hoffman M. Vegetation as a climatic component in the design of an urban street: an empirical model for predicting the cooling effect of urban green areas with trees [J]. Energy and Buildings, 2000, 31, 221-233.

[192] Shashua-Bar L & Hoffman M. Quantitative evaluation of passive cooling of the UCL microclimate in hot regions in Summer, case study: Urban streets and courtyards with trees [J]. Building and Environment, 2004, 39, 1087-1099.

[193] Shinzato P, Duarte D. Microclimatic Effect of Vegetation for Different Leaf Area Index - LAI.

[194] Southworth M. Designing the Walkable City[J]. Journal of Urban Planning & Development, 2005, 131 (4): 246-257.

[195] Santamouris M. Using cool pavements as a mitigation strategy to fight urban heat island—A review of the actual developments[J]. Renewable & Sustainable Energy Reviews, 2013, 26 (oct.): 224-240.

[196] Shinzato P, Simon H, Duarte DHS, Bruse M. Calibration process and parametrization of tropical plants using ENVI-met V4-Sao Paulo case study[J]. Architectural Science Review. 2019, 04: 112-125.

[197] S. Murshed, A. Duval, A. Koch, and P. Rode, "Impact of Urban Morphology on Energy Consumption of Vertical Mobility in Asian Cities—A Comparative Analysis with 3D City Models," Urban Sci., vol. 3, no. 1, p. 4, 2018, doi: 10.3390/urbansci3010004.

[198] S. J. Quan, J. Wu, Y. Wang, Z. Shi, T. Yang, and P. P. J. Yang, "Urban form and

building energy performance in Shanghai neighborhoods," Energy Procedia, vol. 88, pp. 126-132, 2016, doi: 10.1016/j.egypro.2016.06.035.

[199] S. Tsoka, A. Tsikaloudaki, T. Theodosiou. Analyzing the ENVI-met microclimate model's performance and assessing T cool materials and urban vegetation applications–A review[J]. Sustainable Cities and Society, 2018, 43: 55-76.

[200] S. V. Manesh and M. Tadi, "Sustainable urban morphology emergence via complex adaptive system analysis: Sustainable design in existing context," Procedia Eng., vol. 21, pp. 89–97, 2011, doi: 10.1016/j.proeng.2011.11.1991.

[201] S. Tong, N. H. Wong, C. L. Tan, S. K. Jusuf, M. Ignatius, and E. Tan, "Impact of urban morphology on microclimate and thermal comfort in northern China," Sol. Energy, vol. 155, pp. 212-223, 2017, doi: 10.1016/j.solener.2017.06.027.

[202] Sajad Z, Naser H, Elahi S H, et al. Comparing Universal Thermal Climate Index (UTCI) with selected thermal indices/environmental parameters during 12 months of the year[J]. Weather and Climate Extremes, 2018, 19: 49-57.

[203] T. A. de L. Martins, L. Adolphe, L. E. G. Bastos, and M. A. de L. Martins, "Sensitivity analysis of urban morphology factors regarding solar energy potential of buildings in a Brazilian tropical context," Sol. Energy, vol. 137, pp. 11-24, 2016, doi: 10.1016/j.solener.2016.07.053.

[204] Taleghani M. Outdoor thermal comfort by different heat mitigation strategies- A review[J]. Renewable & Sustainable Energy Reviews, 2017, 81: 2011-2018. [126]Taha H. Urban climates and heat Islands: Albedo, Evapotranspiration and Anthropogenic heat [J]. Energy and Buildings, 1997, 25, 99-103.

[205] Taha H, Chang S & Akbari H. Meteorological and air quality Impacts of heat island mitigation measures in three U.S. cities [D]. Berkeley, CA: Lawrence Berkeley National Laboratory, 2000.

[206] Taha, H., Sailor, D., Akbari, H., 1992. High albedo materials for reducing cooling energy use. Lawrence Berkeley Laboratory Report 31721, UC-350 https: //doi. org/10.2172/10178958 (Berkeley, CA, United States).

[207] Tang A, Owen C B, Biocca F, et al. Comparative effectiveness of augmented reality in object assembly[C]// Proceedings of the 2003 Conference on Human Factors in Computing Systems, CHI 2003, Ft. Lauderdale, Florida, USA, April 5-10, 2003.

[208] TOUTOU Ahmed. A Parametric Approach for Achieving Optimum Residential Building Performance in Hot Arid Zone [D]. Alexandria University, 2018.

[209] Tran N, Powell B, Marks H, et al. Strategies for Design and Construction of High-Reflectance Asphalt Pavements[J]. Transportation Research Record Journal of the Transportation Research Board, 2009, 2098 (2098): 124-130.

[210] Wang Y, Berardi U, Akbari H. Comparing the effects of urban heat island mitigation strategies for Toronto, Canada[J]. Energy & Buildings, 2016, 114 (Feb.): 2-19.

[211] Wei Tian, Pieter de Wilde. Uncertainty and sensitivity analysis of building performance using probabilistic climate projections: A UK case study [J].Automation in Construction,2011.(20): 1096-1109.

[212] T. Martins, L. Adolphe, and M. Bonhomme, "Building Energy Demand Based on Urban Morphology Case Study in Maceió, Brazil," PLEA 2013 Sustain. Archit. a Renew. Futur., no. September, pp. 1-6, 2013, [Online]. Available: http: //mediatum.ub.tum.de/doc/1169253/1169253.pdf.

[213] Tan, Lau, KKL. Urban tree design approaches for mitigating daytime urban heat island effects in a high-density urban environment[J]. ENERG BUILDINGS, 2016, 2016, 114: 265-274.

[214] Theodosiou T G. Summer period analysis of the performance of a planted roof as a passive cooling technique[J]. Energy and Buildings, 2003, 35 (9): 909-917.

[215] T. Yang, H. Chen, Y. Zhang, S. Zhang, and F. Feng, "Towards low-carbon urban forms: A comparative study on energy efficiencies of residential neighborhoods in Chongming Eco-Island," Energy Procedia, vol. 88, pp. 321-324, 2016, doi:10.1016/j.egypro.2016.06.142.

[216] Talen E, Allen E, Bosse A, et al. LEED-ND as an urban metric[J]. Landscape and Urban Planning, 2013, 119: 20-34.

[217] U.S. Environmental Protection Agency Office of Noise Abatement and Control. Information on levels of environmental noise requisite to protect public health and welfare with an adequate margin of safety, March 1974[J].

[218] Venou A. Investigation of the "BREEAM Communities" tool with respect to urban design[J]. 2014.

[219] W. Li et al., "Modeling urban building energy use: A review of modeling approaches and procedures," Energy, vol. 141, pp. 2445-2457, 2017, doi: 10.1016/j.energy.2017.11.071.

[220] Wong N H, Jusuf S K, Syafii N I, et al. Evaluation of the impact of the surrounding urban morphology on building energy consumption[J]. Solar Energy, 2011, 85 (1): 57-71.

[221] Wong N H, Cheong D K W & Yan W. The effects of rooftop garden on energy consumption of a commercial buildings in Singapore [J]. Energy and Buildings, 2003, 35, 353-364.

[222]　Wong N H，Tan P Y，Chen Y. Study of thermal performance of extensive rooftop greenery systems in the tropical climate[J]. Building & Environment，2007，42（1）: 25-54.

[223]　W. P. Anderson，P. S. Kanaroglou，and E. J. Miller，"Urban Form，Energy and the Environment: A Review of Issues，Evidence and Policy," Urban Stud.，vol. 33，no. 1，pp. 7–35，1996，doi: 10.1080/00420989650012095.

[224]　Wuni I Y，Shen G Q P，Osei-Kyei R. Scientometric review of global research trends on green buildings in construction journals from 1992 to 2018[J]. Energy and Buildings，2019，190: 69-85.

[225]　X. Chen，Y. Xu，J. Yang，Z. Wu，and H. Zhu，"Remote sensing of urban thermal environments within local climate zones: A case study of two high-density subtropical Chinese cities," Urban Clim.，vol. 31，no. November 2019，p. 100568，2020，doi: 10.1016/j.uclim.2019.100568.

[226]　Xing Shi. Design Optimization of Insulation Usage and Space Conditioning Load Using Energy Simulation And Genetic Algorithm. Energy 36（2011）1659-1667.

[227]　Xi T，Li Q，Mochida A，et al. Study on the outdoor thermal environment and thermal comfort around campus clusters in subtropical urban areas[J]. Building & Environment，2012，52（Jun.）: 162-170.

[228]　X. Wang and Z. Li，"A Systematic Approach to Evaluate the Impact of Urban form on Urban Energy Efficiency: A Case Study in Shanghai," Energy Procedia，vol. 105，pp. 3225-3231，2017，doi: 10.1016/j.egypro.2017.03.712.

[229]　Y. Chen，T. Hong，and M. A. Piette，"Automatic generation and simulation of urban building energy models based on city datasets for city-scale building retrofit analysis," Appl. Energy，vol. 205，no. July，pp. 323-335，2017，doi: 10.1016/j.apenergy.2017.07.128.

[230]　Y. J. Ahn and D. W. Sohn，"The effect of neighbourhood-level urban form on residential building energy use: A GIS-based model using building energy benchmarking data in Seattle," Energy Build.，vol. 196，pp. 124-133，2019，doi: 10.1016/j.enbuild.2019.05.018.

[231]　Y. Jiao，Y. Wang，S. Zhang，Y. Li，B. Yang，L. Yuan，A cloud approach to unified lifecycle data management in architecture，engineering，construction and facilities management: integrating BIMs and SNS，Adv. Eng. Inform. 27（2）（2013）173-188.

[232]　Y Lu，Z Wu，R Chang，Y Li.Building Information Modeling（BIM）for green buildings: A critical review and future directions. Automation in Construction.2017（83）: 134-148.

[233]　Yamashita S，Sekine K，Shoda M，et al. On relationships between heat island and sky view factor in the cities of Tama River basin，Japan [J]. Atmospheric Environment，1986，20，

681-686.

[234] Yang F. The effect of urban design factors on the summertime heat islands in high-rise residential quarters in inner-city Shanghai [D]. University of Hong Kong，2009.

[235] Yamagata H，Nasu M，Yoshizawa M，et al. Heat island mitigation using water retentive pavement sprinkled with reclaimed wastewater[J]. Water Science & Technology A Journal of the International Association on Water Pollution Research，2008，57（5）：763.

[236] Yang F & Lau S S Y. Analysis of the microclimatic impact of greening in high rise urban built environment using site measurements and sky view image processing techniques [J]. World Sustainable Building Conference（SB08），2008，840-847

[237] Yang F，Lau S S Y & Qian F. Summertime heat island intensities in three high-rise housing quarters in inner-city Shanghai China：building layout，density and greenery [J]. Building and Environment，2010，45（1），115-134.

[238] Yang F，Lau S S Y & Qian F. Urban design to lower summertime outdoor temperatures：An empirical study on high-rise housing in Shanghai [J]. Building and Environment，2011a，46（3），769-785.

[239] Yang F，Lau S S Y & Qian F. Thermal comfort effects of urban design strategies in high-rise urban environments in a sub-tropical climate [J]. Architectural Science Review，2011b，54（4），285-304.

[240] Yang F，Qian F & Lau S S Y. Urban form and density as indicators for summertime outdoor ventilation potential：A case study on high-rise housing in Shanghai [J]. Building and Environment，2013，70，122-137.

[241] Yang F，Yuan F，Qian F，et al. Summertime thermal and energy performance of a double-skin green facade：A case study in Shanghai[J]. Sustainable Cities & Society，2018，39：43-51.

[242] Yokohari M，Amemiya M & Amati M. The history and future directions of greenways in Japanese New Towns [J]. Landscape and Urban Planning，2006，76，210-222.

[243] Yoshida H，Igarashi S，Igarashi T，et al. Architecture-scale human-aisted additive manufacturing[J]. Acm Transactions on Graphics，2015，34（4）：88：1-88：8.

[244] Yui Sasaki，Kaoru Matsuo，Makoto Yokoyama，et al. Sea breeze effect mapping for mitigating summer urban warming：For making urban environmental climate map of Yokohama and its surrounding area. 2018，24：529-550.

[245] Y. Wang，Y. Li，Y. Xue，A. Martilli，J. Shen，and P. W. Chan，"City-scale morphological influence on diurnal urban air temperature，" Build. Environ.，vol. 169，no. May 2019，p.

106527，2020，doi：10.1016/j.buildenv. 2019.106527.

[246] Y. Yin，S. Mizokami，and T. Maruyama，"An analysis of the influence of urban form on energy consumption by individual consumption behaviors from a microeconomic viewpoint," Energy Policy，vol. 61，pp. 909-919，2013，doi：10.1016/j.enpol.2013.06.054.

[247] Y. Zhou，Z. Zhuang，F. Yang，Y. Yu，and X. Xie，"Urban morphology on heat island and building energy consumption," Procedia Eng.，vol. 205，pp. 2401-2406，2017，doi：10.1016/j.proeng.2017.09.862.

[248] 约瑟夫·德·基亚拉 著，宗国栋 译. 住宅与住区设计手册 [M]. 北京：中国建筑工业出版社，2009.

[249] Z. Liang et al.，"The relationship between urban form and heat island intensity along the urban development gradients," Sci. Total Environ.，vol. 708：135011，2020，doi：10.1016/j.scitotenv.2019.135011.

[250] Zoran A，Shilkrot R，Paradiso J . Human-computer interaction for hybrid carving[C]// Proceedings of the 26th annual ACM symposium on User interface software and technology. ACM，2013.

中文文献

[1] 包胜，杨淏钦，欧阳笛帆. 基于城市信息模型的新型智慧城市管理平台 [J]. 城市发展研究，2018，（11）：50-57+72.

[2] 白静，秦佑国. 城市住宅声环境改善中的几个问题 [J]. 华中建筑，2003（04）：83-84.

[3] 毕晓健，刘丛红. 基于 Ladybug+Honeybee 的参数化节能设计研究——以寒冷地区办公综合体为例 [J]. 建筑学报，2018，（02）：44-49.

[4] 曹文珺. 基于环境行为学的城市社区户外空间适老化设计研究 [D]. 西安理工大学，2020.

[5] 陈兰娥. 建筑节能技术在建筑设计教学中实践探讨——以建筑系馆建筑设计为例 [J]. 建筑与文化，2019，（11）：74-75.

[6] 陈泳，何宁. 轨道交通站地区宜步行环境及影响因素分析——上海市 12 个生活住区的实证研究 [J]. 城市规划学刊，2012（06）：96-104.

[7] 陈利顶，傅伯杰. 黄河三角洲地区人类活动对景观结构的影响分析——以山东省东营市为例 [J]. 生态学报，1996，16（4）：337-344.

[8] 陈蔚镇，刘滨谊，黄筱敏. 基于规划决策的多尺度城市绿地空间分析 [J]. 城市规划学刊，2012（05）：60-65.

[9] 陈志，俞炳丰，商萍君. 反照率影响建筑热环境的实验 [J]. 太阳能学报，2005（06）：

863-867.

[10] 陈卓伦. 绿化体系对湿热地区建筑组团室外热环境影响研究 [D]. 华南理工大学，2010.

[11] 程亚豪，陈焕新，王江宇. 基于机器学习的住宅能耗预测 [J]. 制冷与空调，2019，（05）：35-40.

[12] 程雨濛. 高层居住区室外声环境研究 [D]. 哈尔滨工业大学，2018.

[13] 楚峰. 国内现行激励政策对绿色建筑发展的积极意义及比较研究 [J]. 绿色科技，2013（06）：283-286.

[14] 丁金才，张志凯. 上海地区盛夏高温分布和热岛效应的初步研究 [J]. 大气科学，2002，26（3）：412-420.

[15] 段忠诚，黄晨辰，姚刚. 基于实测及 Radiance 模拟的徽州传统天井民居光环境研究 [J]. 建筑技艺，2019，（01）：119-121.

[16] 段进，比尔·希列尔. 空间句法在中国 [M]. 东南大学出版社，2015.

[17] 段姣姣. 基于 PKPM 软件的长沙市节能建筑屋顶设计与分析 [D]. 湖南大学，2012.

[18] 邓浩，宋峰，蔡海英. 城市肌理与可步行性——城市步行空间基本特征的形态学解读 [J]. 建筑学报，2013（06）：8-13.

[19] 董春方. 密度与城市形态 [J]. 建筑学报. 2012（07）.

[20] 冯晶琛，丁云飞，吴会军. Energy Plus 能耗模拟软件及其应用工具 [J]. 建筑节能，2012，（01）：64-67+80.

[21] 付晖，廖建和. 基于 RS 的海口城市绿地及其生态效益演变研究 [J]. 热带作物学报，2016，37（06）：1199-1205.

[22] 付祥钊. 夏热冬冷地区建筑节能技术 / 建筑节能丛书. 第 1 版 [M]. 北京：中国建筑工业出版社，2002.

[23] 高月霞. 我国《绿色建筑评价标准》发展及 2019 版检验检测增量成本分析 [J]. 绿色建筑，2020，12（04）：29-32.

[24] 高凯，秦俊，宋坤，胡永红. 城市居住区绿地斑块的降温效应及影响因素分析 [J]. 植物资源与环境学报，2009，18（03）：50-55.

[25] 高菲. 基于日照影响的高层住宅自动布局 [D]. 南京大学，2014.

[26] 高英博. 基于机器学习的建筑能耗预测方法研究 [D]. 北京建筑大学，2020.

[27] 耿红凯，卫笑，张明娟，李庆卫. 基于 Envi-met 植被与建筑对微气候影响的研究——以南京农业大学为例 [J]. 北京林业大学学报，2020，（12）：115-124.

[28] 郭夏清. 建设"以人为本"的高质量绿色建筑——浅析国家《绿色建筑评价标准》2019版的修订 [J]. 建筑节能，2020，48（05）：128-132.

[29] 郭晓华，戴菲，殷利华. 基于 ENVI-met 的道路绿带规划设计对 PM2.5 消减作用的模拟

研究 [J]. 风景园林，2018，（12）：75-80.

[30] 郭思彤，杨峰. 夏热冬冷地区开放街区气候适应性设计研究 [J]. 建筑节能，2019，047（006）：102-105.

[31] 韩飞. CASBEE 与《绿色建筑评价标准》GB/T 50378－2019 的对比研究 [J]. 城市建筑，2020.17（30）：81-83.

[32] 韩培俊. 促进绿色建筑向规模化区域化发展——在严寒和寒冷地区绿色建筑联盟成立大会上的讲话 [J]. 建设科技，2012（20）：18-19.

[33] 何明，林青. 新版与现行版国标《绿色建筑评价标准》的比较分析 [J]. 世界建筑，2020（06）：122-125+144.

[34] 黄进，韩冬奇，陈毅能，田丰，王宏安，戴国忠. 混合现实中的人机交互综述 [J]. 计算机辅助设计与图形学学报，2016，（06）：869-880.

[35] 黄一翔，栗德祥. 探讨随容积率而变化的绿色住区绿地率动态指标之制定与意义——以深圳市为例 [J]. 华中建筑，2008（07）.

[36] 黄一如，谢薿. 住区声环境研究综述 [J]. 住宅科技，2017，37（09）：18-23.

[37] 黄媛. 夏热冬冷地区基于节能的气候适应性街区城市设计方法论研究 [D]. 华中科技大学，2010.

[38] 江宏玲，贺传友，戴新荣. 基于 PKPM 软件模拟分析窗墙比对建筑能耗的影响 [J]. 安徽建筑大学学报，2015，（01）：69-72+84.

[39] 寇玉德. 关于上海绿色建筑评价地方标准的建议 [J]. 上海节能，2018（06）：417-423.

[40] 金达·赛义德，特纳·阿拉斯代尔，比尔·希利尔，饭田慎一，艾伦·佩恩，高士博，杨滔. 线段分析以及高级轴线与线段分析:选自《空间句法方法:教学指南》第 5、6 章 [J]. 城市设计，2016（01）：32-55.

[41] 金俊. 中国紧凑城市的形态理论与空间测度 [M]. 东南大学出版社，2017.

[42] 江亿. 我国建筑能耗趋势与节能重点 [J]. 建设科技，2006（07）：10-13+15.

[43] 康健，戴根华译. 城市声环境论 [M]. 科学出版社，2011.

[44] 梁榀，覃英宏，谭康豪. 反射路面对城市峡谷反射率的影响 [J]. 土木建筑与环境工程，2016，38（03）：129-137. [18] 李怀敏. 从"威尼斯步行"到"一平方英里地图"——对城市公共空间网络可步行性的探讨 [J]. 规划师，2007（04）：21-26.

[45] 李军. 新形势下绿色建筑全过程管理模式的思考 [J]. 建筑科学，2020，36（08）：174-179.

[46] 李英，王玉卓. 建筑非透明外墙面材料热工性能研究 [J]. 建筑技术，2009，40（01）：38-41.

[47] 李琳，何江，许溪. 绿色生态城区的规划辅助工具:城市环境气候图. 中国城市科学研究会、中国绿色建筑与节能专业委员会、中国生态城市研究专业委员会. 第十一届国际绿

色建筑与建筑节能大会暨新技术与产品博览会论文集——S17绿色生态城区—背景与发展 [C]. 中国城市科学研究会、中国绿色建筑与节能专业委员会、中国生态城市研究专业委员会: 中国城市科学研究会, 2015: 5.

[48] 李世国, 顾振宇. 普通高等教育工业设计专业"十二五"规划教材《交互设计》[M] 中国水利水电出版社, 2012.

[49] 李丽, 陈绕超, 孙甲朋, 王伟, 周孝清. 广州大学校园夏季室外热环境测试与分析 [J]. 广州大学学报（自然科学版）, 2015, 14（02）: 48-54+2.

[50] 李旻阳, 王青平, 宁炜. 基于 DeST 的被动式居住建筑能耗模拟分析 [J]. 建筑技术开发, 2016, 43（4）: 62-65.

[51] 李振宇. 上海中心城区住宅日照间距等规定刍议 [J]. 城市规划学刊, 2005, 155, 79-82.

[52] 李日毅, 张宇峰, 吴杰, 等. 湿热地区城市住区微气候与设计 [J]. 南方建筑, 2018, 000（001）: 22-28.

[53] 李贞, 王丽荣, 管东生. 广州城市绿地系统景观异质性分析 [J]. 应用生态学报, 2000（01）: 128-131.

[54] 李勇. 基于自组织理论的宜步行城区空间拓扑结构研究 [D]. 同济大学, 2020.

[55] 李英汉, 王俊坚, 陈雪, 孙建林, 曾辉. 深圳市居住区绿地植物冠层格局对微气候的影响 [J]. 应用生态学报, 2011, 22（02）: 343-349.

[56] 李佳珺. 基于室外风环境优化的高层住区建筑规划设计研究——以徐州市城区为例 [D]. 中国矿业大学, 2017.

[57] 李龙萍. 广州高层住区绿色因子评价指标研究 [D]. 华南理工大学, 2016.

[58] 李晓辉. 中国城镇化对建筑碳排放的影响效应研究 [D]. 重庆大学, 2019.

[59] 林常青, 程志军. 我国绿色建筑标准的现状及建议 [J]. 建设科技, 2009（14）: 18-19.

[60] 林波荣, 刘念雄, 彭渤, 朱颖心. 国际建筑生命周期能耗和 CO_2 排放比较研究 [J]. 建筑科学, 2013, 29（08）: 22-27.

[61] 林波荣. 绿化对室外热环境影响的研究 [D]. 清华大学, 2004.

[62] 刘滨谊, 魏冬雪. 城市绿色空间热舒适述评与展望 [J]. 规划师, 2017, 33（03）: 102-107.

[63] 刘晗. 天津市民用建筑能效交易现状与发展思路 [J]. 墙材革新与建筑节能, 2014（06）: 36-37.

[64] 刘加平. 城市环境物理 [M]. 中国建筑工业出版社, 2011.

[65] 刘娇妹, 杨志峰. 北京市冬季不同景观下垫面温湿度变化特征 [J]. 生态学报, 2009, 29（06）: 3241-3252.

[66] 刘畅, 梅洪元. 寒地大学校园步行环境的优化设计策略研究 [J]. 建筑学报, 2019, No.20（S1）: 129-134.

[67] 刘超，周建民 . 基于 PKPM 绿色建筑软件的医院建筑室内外风环境模拟及评价 [J]. 建筑节能，2020，（01）：24-29.

[68] 刘慧杰 . 多主体模拟的建筑学应用——以 Netlogo 平台为例 [J]. 华中建筑，2009，27（08）：99-103.

[69] 刘慧杰，吉国华 . 基于多主体模拟的日照约束下的居住建筑自动分布实验 [J]. 建筑学报，2009，（z1）：12-16.

[70] 刘剑涛，张永炜，惠全景，王梦林，朱峰磊 . 绿色建筑模拟软件概述 [J]. 建设科技，2017，（23）：35-38.

[71] 刘俊杰，刘洋，朱能 . Energy Plus 建筑能耗分析软件汉化用户应用界面的开发 [J]. 暖通空调，2005，35（9）：114-118.

[72] 刘海萍，宋德萱 . 上海高密度住区内绿化体系对热环境影响的实测及评估 [J]. 住宅科技，2015，35（11）：19-23.

[73] 刘之欣，郑森林，方小山，陆筱慧，赵立华 .ENVI-met 乔木模型对亚热带湿热地区细叶榕的模拟验证 [J]. 北京林业大学学报，2018，40（03）：1-12.

[74] 刘盼盼，杨惠君，管勇，陈超，胡文举 .EnergyPlus 在日光温室热环境模拟中的应用验证与分析 [J]. 建筑节能，2016，（10）：60-64.

[75] 刘娜娜，李琳，达良俊 . 城市住区水景生态效益指标体系及评价 [J]. 华东师范大学学报（自然科学版），2006（06）：75-83.

[76] 刘谦 . 数据驱动在建筑领域的应用及发展前景 [J]. 建筑技术，2019，（06）：711-713.

[77] 刘思范，尤辰汀 . 城市声环境状况及对策分析 [J]. 科技创新与应用，2015（30）：149.

[78] 刘妍炯 .《绿色建筑评价标准》GB/T 50378－2019 与 GB/T 50378－2014 修订对比剖析 [J]. 工程质量，2019，37（12）：1-6.

[79] 刘煜 . 绿色建筑方案设计阶段导控指标构建分析 [J]. 建筑技艺，2019（01）：19-21.

[80] 刘莹莹，肖湘东，过昱辰，等 . 五种常见群植小乔木对降温增湿效应和 PM2.5 消减效应的研究 [J]. 北方园艺，2016，000（002）：74-77.

[81] 刘海萍，宋德萱 . 上海高密度住区内绿化体系对热环境影响的实测及评估 [J]. 住宅科技，2015，35（11）：19-23.

[82] 刘洋 . 居住建筑能耗动态模拟研究与能耗计算软件的开发 [D]. 天津：天津大学，2014.

[83] 刘晓晖 . 透水砖地面对居住小区热环境影响的研究 [D]. 华南理工大学，2012.

[84] 娄金秀，马建华 . 基于 Cadna/A 的高层建筑环境噪声垂直分布仿真 [J]. 噪声与振动控制，2014，34（03）：136-138+181.

[85] 廖维，徐燊，林冰杰 . 太阳能建筑规模化应用的原型研究——城市形态与太阳能可利用度的模拟研究 [J]. 华中建筑 .2013（04）.

[86] 卢银桃，王德．美国步行性测度研究进展及其启示 [J]．国际城市规划，2012，27（01）：10-15.

[87] 罗雪寒，基于 Cadna/A 软件对居住区声环境仿真研究，四川建材，2018.

[88] 绿色建筑综合评价相关标准汇总 [J]．居业，2016（12）：28+35.

[89] 马辰龙，朱姝妍，王明洁．机器学习技术在建筑设计中的应用研究 [J]．南方建筑：1-18.

[90] 马舰，陈丹．城市微气候仿真软件 ENVI-met 的应用 [J]．绿色建筑，2013（05）：56-58.

[91] 潘毅群．实用建筑能耗模拟手册 [M]．北京：中国建筑工业出版社．2013：55-56.

[92] 潘毅群，黄治钟，何宗键，李歧强，周辉，Peng Xu，Joe Huang. VisualE Plus-Energy Plus 的中英文图形化界面工具．中国建筑学会暖通空调分会、中国制冷学会空调热泵专业委员会．全国暖通空调制冷 2010 年学术年会论文集 [C]．中国建筑学会暖通空调分会、中国制冷学会空调热泵专业委员会：中国制冷学会，2010：1.

[93] 蒲万丽，朱明华．现代绿色建筑在我国的发展现状及对策分析 [J]．科技促进发展，2019，15（10）：1135-1140.

[94] 彭佳辉，周建民．PKPM 软件在医院建筑声环境模拟中的应用 [J]．住宅科技，2019（11）：91-94.

[95] 彭一刚．建筑空间组合论 [M]．中国建筑工业出版社，1998.

[96] 秦俊，王丽勉，胡永红，等．上海居住区植物群落的降温增湿效应 [J]．生态与农村环境学报，2009（01）：92-95.

[97] 秦文翠，胡聃，李元征，等．基于 ENVI-met 的北京典型住宅区微气候数值模拟分析 [J]．气象与环境学报，2015，000（003）：56-62.

[98] 任超，吴恩融，Katzschner Lutz，冯志雄．城市环境气候图的发展及其应用现状 [J]．应用气象学报，2012（05）：593-603.

[99] 任超，吴恩融．城市环境气候图：可持续城市规划辅助信息系统工具 [M]．中国建筑工业出版社，2012.

[100] 沈昭华，谭洪卫，吕思强，永村一雄．上海地区建筑能耗计算用典型年气象数据的研究 [J]．暖通空调，2010（01）：89-94.

[101] 时甲豪．基于软件模拟的校园建筑被动式节能改造方式探究 [J]．建筑与文化，2020（06）：232-233.

[102] 石铁矛，陈润卿，卜英杰，曹晓妍，王曦．基于 City Engine 的沈阳城区径流模拟研究．中国城市规划学会、重庆市人民政府．活力城乡美好人居——2019 中国城市规划年会论文集（05 城市规划新技术应用）[C]．中国城市规划学会、重庆市人民政府：中国城市规划学会，2019：10.

[103] 邵腾．严寒地区居住小区风环境优化设计研究 [D]．哈尔滨工业大学，2012.

[104] 苏琰，赵越喆，吴硕贤．临街住宅小区环境噪声预测 [C]// 2007 年全国环境声学学术讨论会．2007.

[105] 宋小东，孙澄宇．日照标准约束下的建筑容积率估算方法探讨 [J]．城市规划学刊．2004（06）：78-80

[106] 宋小冬，庞磊，孙澄宇．住宅地块容积率估算方法再探 [J]．城市规划学刊．2010（02）．

[107] 宋靖华．基于生成式设计的居住区生成强排方案研究．全国高等学校建筑学专业教育指导委员会建筑数字技术教学工作委员会．数字技术·建筑全生命周期——2018 年全国建筑院系建筑数字技术教学与研究学术研讨会论文集 [C]．全国高等学校建筑学专业教育指导委员会建筑数字技术教学工作委员会：全国高校建筑学学科专业指导委员会建筑数字技术教学工作委员会，2018：6.

[108] 宋德萱．节能建筑设计与技术 [M]．上海：同济大学出版社．2003：5.

[109] 孙澄宇，罗启明，宋小冬，谢俊民，饶鉴．面向实践的城市三维模型自动生成方法——以北海市强度分区规划为例 [J]．建筑学报，2017（08）：77-81.

[110] 孙澄宇，宋小冬．深度强化学习：高层建筑群自动布局新途径 [J]．城市规划学刊，2019（04）：102-108.

[111] 孙澄宇．用代码"写"设计．全国高等学校建筑学学科专业指导委员会．2008 年全国高等学校建筑院系建筑数字技术教学研讨会论文集 [C]．全国高等学校建筑学学科专业指导委员会：2008：5.

[112] 孙澄宇，季仲夏．建筑形态的日照辐射指数初探 [C].//2011 年全国高等学校建筑院系建筑数字技术教学研讨会论文集．2011：60-63.

[113] 孙澄宇，李群玉，涂鹏．参数化生成与评价技术在面向太阳能的城市设计中的应用初探 [J]．南方建筑．2014（04）．

[114] 孙彤宇．从城市公共空间与建筑的耦合关系论城市公共空间的动态发展 [J]．城市规划学刊，2012，000（005）：82-91.

[115] 孙彤宇．开放住区与活力街道网络步行体系建设 [J]．城市建筑，2016，000（022）：47-51.

[116] 孙彤宇，许凯，杜叶铖．城市街道的本质:步行空间路径——界面耦合关系 [J]．时代建筑，2017，000（006）：42-47.

[117] 孙彤宇，赵玉玲．以公交和步行为导向的当代城市中心区空间重塑策略研究 [J]．西部人居环境学刊，2018，33（05）：34-41.

[118] 孙彤宇，赵玉玲．走向居住社区绿色性能多要素协同优化 [J]．建筑技艺，2019（01）：22-27.

[119] 唐进时，申双和，华荣强，李萌．热气候指数评价中国南方城市夏季舒适度 [J]．气象科学，

2015，35（06）：769-774.

[120] 唐毅，孟庆林.广州高层住宅小区风环境模拟分析 [J].西安建筑科技大学学报（自然科学版），2001（04）：352-356+360.

[121] 谭子龙.基于建筑风环境分析的 Grasshopper 与 Fluent 接口技术研究 [D].南京大学，2016.

[122] 屠恩美.基于图论的机器学习算法设计及在神经网络中的应用研究 [D].上海交通大学，2014.

[123] 田峰，戴震青.绿色建筑与绿色建筑评价标准 [J].建筑技艺，2009（11）：110-113.

[124] 王博涵，王彦潮，仲美玲.基于 BIM 技术的绿色建筑设计方法研究 [J].中国建筑金属结构，2020，（08）：88-89.

[125] 王海英，胡松涛.对 PMV 热舒适模型适用性的分析 [J].建筑科学，2009，25（006）：108-114.

[126] 王浩，王建廷，程响.2019 版绿色建筑评价标准的变化及推进建议 [J].标准科学，2020（03）：120-123.

[127] 王浩，傅抱璞.水体的温度效应 [J].气象科学，1991（03）：233-243.

[128] 王会一，金晶，田真.绿色建筑动态采光模拟方法 [J].绿色建筑，2020，（04）：14-16+24.

[129] 王建国，王兴平.绿色城市设计与低碳城市规划——新型城市化下的趋势 [J].城市规划，2011，（2）：20-21.

[130] 王静文.空间句法研究现状及其发展趋势 [J].华中建筑，2010（06）：5-7.

[131] 王梦林.新国标下绿色建筑设计软件工具的设计与研发思路 [A].中国城市科学研究会、中国绿色建筑与节能专业委员会、中国生态城市研究专业委员会.第十届国际绿色建筑与建筑节能大会暨新技术与产品博览会论文集——S02 绿色建筑智能化与数字技术 [C].中国城市科学研究会、中国绿色建筑与节能专业委员会、中国生态城市研究专业委员会：中国城市科学研究会，2014：9.

[132] 王晋，刘煜，任娟.我国绿色建筑地方设计标准的对比分析 [J].华中建筑，2017，35（10）：28-31.

[133] 王威，狄洪发，江亿，莫青.不同地表状况下的温度分布比较研究 [J].北方园艺，2001（04）：24-26.

[134] 王鹏，袁晓辉，李苗裔.面向城市规划编制的大数据类型及应用方式研究 [J].规划师，2014，（08）：25-31.

[135] 王钦，白胤，王伟栋.国内外绿色社区评价体系对比研究 [J].建筑与文化，2020（11）：138-140.

[136] 王清勤.我国绿色建筑发展和绿色建筑标准回顾与展望 [J].建筑技术，2018，49（04）：340-345.

[137] 王一，潘宸，黄子硕.上海地区不同季节 PET 和 UTCI 的适用性比较 [J].建筑科学，2020，36（10）：55-61.

[138] 王俊岭，王雪明，张安，张玉玉.基于"海绵城市"理念的透水铺装系统的研究进展 [J].环境工程，2015，33（12）：1-4+110.

[139] 王晶.基于风环境的深圳市滨河街区建筑布局策略研究 [D].哈尔滨工业大学，2012.

[140] 王可睿.景观水体对居住小区室外热环境影响研究 [D].华南理工大学，2016.

[141] 汪俊松，张玉，孟庆林，张磊，任鹏.透水路面蒸发降温效应研究综述 [J].建筑科学，2017，33（04）：142-149.

[142] 魏舒乐.基于 BIM-LCA 的绿色建筑优化设计方法研究 [J].微型电脑应用，2019，（08）：115-118.

[143] 魏力恺.计算机辅助建筑设计溯源：走出狭义参数化设计的误区.全国高等学校建筑学学科专业指导委员会.模拟·编码·协同——2012 年全国建筑院系建筑数字技术教学研讨会论文集 [C].全国高等学校建筑学学科专业指导委员会，2012：8.

[144] 吴大江，李翔，罗磊.绿色建筑综述及中国绿色建筑发展的探讨 [J].江苏建筑，2014（06）：99-101.

[145] 吴良镛，《人居环境科学导论》[M].中国建筑工业出版社，2001.

[146] 吴硕贤 主编.建筑声学设计原理 [M].中国建筑工业出版社，2000：202.

[147] 肖娟.基于计算机视觉的虚实场景合成方法研究与应用 [J].计算机与现代化，2009，（02）：139-142.

[148] 吴向阳.绿色建筑设计的两种方式 [J].建筑学报，2007，（09）：11-14.

[149] 吴硕贤.道路交通噪声与居住区防噪评价 [J].环境科学，1981（06）：27-31.建筑，2019，37（01）：49-53.

[150] 吴桂萍.关于城市绿地生态评价不同指标的比较 [J].农业科技与信息（现代园林），2007（07）：34-38.

[151] 肖扬.城乡规划方法与技术 [J].城市规划学刊，2020，（06）：121-124.

[152] 徐晓燕，沈雅雅.高层住区底层架空空间布局与实际使用效果的实证研究 [J].华中建筑，2019，37（01）：49-53.

[153] 徐化成.景观生态学 [M].中国林业出版社，1996.

[154] 许镇，吴莹莹，郝新田，杨雅钧.CIM 研究综述.中国图学学会土木工程图学分会.第七届 BIM 技术国际交流会——智能建造与建筑工业化创新发展论文集 [C].中国图学学会土木工程图学分会：《土木建筑工程信息技术》编辑部，2020：7.

[155]　许泓.基于 BIM 的绿色建筑节能效果评价研究 [D].华北电力大学，2019.

[156]　邢林.新标准亮点突出 [J].施工企业管理，2019（11）：63-64.

[157]　闫丹丹.微建筑仿生设计的发展与应用研究 [J].北京印刷学院学报，2020，（11）：93-95.

[158]　闫文勇，吴靓，黄振东，郝晓东，褚永彬.基于 City Engine 的日照分析研究 [J].电脑知识与技术，2018，（04）：262-264.

[159]　闫业超，岳书平，刘学华，王丹丹，陈慧.国内外气候舒适度评价研究进展 [J].地球科学进展，2013，28（10）：1119-1125.

[160]　杨峰，钱锋，刘少瑜.高层居住区规划设计策略的室外热环境效应实测和数值模拟评估 [J].建筑科学，2013，29（12）：28-34，92.

[161]　杨丽.居住区风环境分析中的 CFD 技术应用研究 [J].建筑学报，2010（S1）：5-9.

[162]　杨青，张侃，陈天.基于空间环境信息的高层住区声环境评价 [J].城市问题，2017，000（010）：53-58.

[163]　杨涛，焦胜，乐地.围合式高层住区空间布局的风模拟比较与优化——以长沙为例 [J].华中建筑，2012，30（07）：81-83.

[164]　杨小山，赵立华，孟庆林.城市微气候模拟数据在建筑能耗计算中的应用 [J].太阳能学报，2015，36（06）：1344-1351.

[165]　杨阳，唐晓岚，吉倩妘，孙梅霞.基于 ENVI-met 模拟的南京典型历史街区微气候数值分析 [J].苏州科技大学学报（工程技术版），2018，31（03）：33-40.

[166]　杨俊宴，马奔.城市天空可视域的测度技术与类型解析 [J].城市规划，2015，39（03）：54-58.

[167]　杨·盖尔.交往与空间 [M].中国建筑工业出版社，1992.

[168]　姚征，陈康民.CFD 通用软件综述 [J].上海理工大学学报，2002，（02）：137-144.

[169]　叶青.从设计绿色建筑走向绿色设计 [J].中华建设，2016（08）：30-31.

[170]　虞春隆.数字技术在建筑设计中的运用 [J].华中建筑，2007，（09）：94-97.

[171]　袁烽，葛俩峰，韩力.从数字建造走向新材料时代 [J].城市建筑，2011，（05）：10-14.

[172]　袁智，张宇峰，王世晓，孟庆林.上海地区高层住宅围护结构节能技术分析 [J].南方建筑，2010（02）：76-79.

[173]　袁栋.基于日照辐射得热的非标准建筑形态多目标优化设计研究 [D].哈尔滨工业大学，2018.

[174]　詹慧娟，解潍嘉，孙浩，黄华国.应用 ENVI-met 模型模拟三维植被场景温度分布 [J].北京林业大学学报，2014，36（04）：64-74.

[175]　臧宇婷，付瑶.沈阳建筑大学长廊室内光环境评价与优化策略.中国城市科学研究会、苏州市人民政府、中美绿色基金、中国城市科学研究会绿色建筑与节能专业委员会、

中国城市科学研究会生态城市研究专业委员会.2020 国际绿色建筑与建筑节能大会论文集 [C]. 中国城市科学研究会、苏州市人民政府、中美绿色基金、中国城市科学研究会绿色建筑与节能专业委员会、中国城市科学研究会生态城市研究专业委员会：北京邦蒂会务有限公司，2020：4.

[176] 翟炳博，徐卫国.数字技术辅助绿色建筑方案设计研究 [J].城市建筑，2015，（31）：114-117.

[177] 瞿燕.上海地区居住建筑围护结构体系设计应用研究 [J].建筑节能，2009，37（03）：1-8.

[178] 张剑锋，孙国旺，吴雪松.绿色图书馆建筑分析及改造 [J].佳木斯大学学报（自然科学版），2019，（06）：882-886.

[179] 张建国，谷立静.我国绿色建筑发展现状、挑战及政策建议 [J].中国能源，2012，34（12）：19-24.

[180] 章松，周颖.绿色建筑设计标准方法与研究 [J].中国标准化，2016（13）：133-134.

[181] 张洪华.OpenFOAM 中稳态大气边界层风洞的开发研究 [D].哈尔滨工业大学，2013.

[182] 张志勇，姜涌.绿色建筑设计工具研究 [J].建筑学报，2007，（03）：78-80.

[183] 赵小刚，刘雨青，高金峰，张欣烁.美国高性能建筑研究初探 [J].建筑节能，2020，（04）：91-96.

[184] 赵玉玲，孙彤宇.维也纳宜步行社区的空间结构模式研究 [J].住区，2016，000（004）：58-65.

[185] 张伟，郜志，丁沃沃.室外热舒适性指标的研究进展 [J].环境与健康杂志，2015，32（09）：836-841.

[186] 张砚，肯特·蓝森.CityScope——可触交互界面增强现实以及人工智能于城市决策平台之运用 [J].时代建筑，2018（01）：44-49.

[187] 张愚，王建国.再论"空间句法" [J].建筑师，2004（03）：33-44.

[188] 张志君，袁媛.新加坡绿地绿化的规划控制与引导研究 [J].规划师，2013，29（04）：111-115.

[189] 翟逸波.重庆地区传统民居光环境优化设计策略研究 [D].重庆大学，2014.

[190] 赵敬辛，张喜雨，刘丛红.适合豫西南的保障房绿色建筑设计评价体系研究 [J].建筑学报，2015（10）：92-95.

[191] 赵立华，陈卓伦，孟庆林.广州典型住宅小区微气候实测与分析 [J].建筑学报，2008，11：24-27.

[192] 赵宏宇，王梦飞.基于 City Engine 的城市空间形态多情景模拟与方案评价——以长春市高新区为例 [J].四川水泥，2021，（01）：284-285.

[193] 赵玉玲，孙彤宇.维也纳宜步行社区的空间结构模式研究 [J].住区，2016，000（004）：

58-65.

[194] 赵玉玲，杨洁，孙彤宇 . 居住建筑绿色评价标准对比研究 [J]. 住宅科技，2019，39（10）：31-36.

[195] 周海珠，王雯翡，魏慧娇，孟冲，魏兴，李以通 . 我国绿色建筑高品质发展需求分析与展望 [J]. 建筑科学，2018，34（09）：148-153.

[196] 周志宇，金虹，康健 . 交通噪声影响下的沿街建筑形态模拟与优化设计研究 [J]. 建筑科学，2011（10）：30-35.

[197] 周彤宇，付昱 . 基于机器学习的过渡季节中窗户开关行为预测方法的研究 . 中国城市科学研究会、苏州市人民政府、中美绿色基金、中国城市科学研究会绿色建筑与节能专业委员会、中国城市科学研究会生态城市研究专业委员会 .2020 国际绿色建筑与建筑节能大会论文集 [C]. 中国城市科学研究会、苏州市人民政府、中美绿色基金、中国城市科学研究会绿色建筑与节能专业委员会、中国城市科学研究会生态城市研究专业委员会：北京邦蒂会务有限公司，2020：6.

[198] 周淑贞 . 气象学与气候学 . 第 3 版 [M]. 高等教育出版社，1997.

[199] 周白冰 . 基于自然采光的寒地多层办公建筑空间多目标优化研究 [D]. 哈尔滨工业大学，2017.

[200] 庄宇，刘新瑜 . 绿色住区研究的兴起、发展与挑战 [J]. 住宅科技，2018，38（7）：49-56.

[201] 庄宇，张灵珠著 . 站城协同——轨道车站地区的交通可达与空间使用 [M] . 同济大学出版社，2016.

[202] 朱颖心，周翔，曹彬，等 . 偏热环境下操作温度、服装热阻、季节对人体热感觉影响的实验研究 [C]// 全国暖通空调制冷学术文集 . 2008.

[203] 中国建筑能耗研究报告 2020[J]. 建筑节能（中英文），2021，49（02）：1-6.

[204] 住房和城乡建设部科技与产业化发展中心，世界绿色建筑政策法规及评价体系 [M]. 北京：中国建筑工业出版社 .2014.

标准

[1] BRE Global Ltd，BREEM Communities. United Kingdom，2012.

[2] BRE Global Limited，BREEAM International New Contruction（SD233-2016）[S]，2016，United Kindom：BRE Global Limited.

[3] BRE Global Limited，BREEAM In-Use International Technical Manual：Residential SD243-v6.0.0 [S]，2020，Watford：BRE Global Limited.

[4] Building Research Establishment（BRE），BREEAM（Building Research Establishment

Environmental Assessment Method）[S]，1990，https：//www.breeam.com：BRE.

[5]　GB/T 17244-1998,热环境 根据 WBGT 指数（湿球黑球温度）对作业人员热负荷的评价 [S].

[6]　Global Benchmark for Sustainablity，DGBN System Buildings in Use Criteria Set [S]，2020，Stuttgart：DGNB.

[7]　Japan Sustainable Building Consortium，CASBEE for urban development，2014.

[8]　Japan Sustainable Building Consortium. CASBEE Information. 2020 [2020 12.31]；http：//www.ibec.or.jp/CASBEE/english/.[11] US Green Building Council，LEED v4 for neighborhood development：United States，2016.

[9]　International WELL Building Institute. Our company & About WELL. 2020 [2020 12.19]；https：//www.wellcertified.com/about-iwbi/.

[10]　International WELL building Institute，WELL Building Standard V2 [S]，2018，New York：International WELL building Institute.

[11]　International Initiation for a Sustainable Built Environment. about iiSBE. 2020 [2020 12.31]；http：//www.iisbe.org/about.

[12]　International Initiation for a Sustainable Built Environment，SBTool 2020 A：for Residential Apartment and Hotel；Maximum scope [S]，2020，Ottawa：iiSBE.

[13]　Institution for Building Environment and Energy Conservatior，CASBEE for Home（Detached House）[S]，2007，Tokyo：Japan Sustainable Building Consortium.

[14]　ISO 8996. Ergonomics of thermal environments—instruments for measuring physical quantities，ISO，Geneva，1990.

[15]　Nils Larsson，Overview of the SBTool assessment framework[R]，International Initiation for a Sustainable Built Environment. 2016，Canada.

[16]　Office of Environment and Heritage，NABERS Energy and Water Ratings for Apartment Buildings [S]，2018，New South Wales：State of NSW and Office of Environment and Heritage.

[17]　U.S. Green Building Council. Where LEED began. 2020 [2020 12.18]；https：//www.usgbc.org/about/brand.

[18]　U.S. Green Building Council. LEED v4.1. 2020 [2020 12.17]；https：//www.usgbc.org/leed/v41.

[19]　U.S. Green Building Council，LEED V4.1 Residential BD+C Multifamily Homes [S]，2019，Washington：U.S. Green Building Council.

[20]　《标准化和有关领域的通用术语》GB/T 3935.1－1996.

[21]　DGJ 08-2139-2019，住宅建筑绿色设计标准 [S].

[22]　《夏热冬暖地区居住建筑节能设计标准》广东省实施细则 DBJ15－50－2006

[23]　GB 3096－2008，声环境质量标准 [S].

[24]　GB 50736－2012，民用建筑供暖通风与空气调节设计规范 [S].

[25]　中国住房和城乡建设部 . JGJ 286－2013 城市居住区热环境设计标准 [S]. 北京：中国建筑工业出版社，2013.

[26]　中国建筑科学研究院 . GB/T 50378－2014 绿色建筑评价标准 [S]. 北京：中国建筑工业出版社，2014.

[27]　《夏热冬暖地区居住建筑节能设计标准》广东省实施细则（2015 年征求意见稿）

[28]　GB/T 18049－2017，热环境的人类工效学——通过计算 PMV 和 PPD 指数与局部热舒适准则对热舒适进行分析测定与解释 [S].

[29]　住房和城乡建设部 .GB/T 50378－2019《绿色建筑评价标准》[S]，2019.

[30]　GB　50352－2019，民用建筑设计统一标准 [S].

[31]　《绿色社区创建行动方案》住房和城乡建设部、国家发展和改革委员会、民政部、公安部、生态环境部、国家市场监督管理总局，2020.

[32]　GB 50016－2014. 建筑设计防火规范 [S].

[33]　JGJ/T 119－2008. 建筑照明术语标准 [S].

[34]　GB/T 50378－2019. 绿色建筑评价标准 [S].

[35]　JGJ/T 119－2008. 建筑照明术语标准 [S].

[36]　JGJ 134－2010. 夏热冬冷地区居住建筑节能设计标准 [S].

[37]　Handbook on Gross Floor area[S].Singapore：Urban Redevelopment Authority，2011.

[38]　GB 50180－2018，城市居住区规划设计标准 [S].

[39]　GB 50352－2019. 民用建筑设计统一标准 [S].

[40]　DGJ 08-2139－2018. 住宅建筑绿色设计标准 [S].

[41]　Handbook on Gross Floor area[S]. Singapore：Urban Redevelopment Authority，2011.

电子公告

[1]　N++-ExpertApp. Available online：http：//expertapp.com/npp.php（accessed on 9 August 2017）.

[2]　Raven，P（1991）Environmental Physiology and Medicine in American College of Sports Medicine：Guidelines for the team physician，http：//www.bom.gov.au/info/wbgt/wbgtrecs.shtml

[3]　Scurlock J M O，Asner G P & Gower S T. Global leaf index from field measurements [EB/

OL]. http：//www.daac.ornl.gov.

[4]　上海市 2007 年统计年鉴 [EB/OL]. http：//tjj.sh.gov.cn/

[5]　自然资源保护协会，清华大学建筑学院 . 中国城市步行友好性评价——城市活力中心的步行性研究 [EB/OL] .（2019-10-23）[2021-04-06] . http：//www.nrdc.cn/Public/uploads/2019-10-23/5db00acc2661c.pdf

[6]　上海市规划和国土资源管理局 . 上海市控制性详细规划技术准则（2016 年修订版）. [EB/OL].（2016-12）[2021-04-23] . http：//www.jianbiaoku.com/webarbs/book/54876/4111681.shtml

[7]　合肥市规划局 . 合肥市控制性详细规划通则（试行）——市政府令 183 号 .2016. [EB/OL].（2016-2-16）[2021-04-23] .http：//www.jianbiaoku.com/webarbs/book/23724/2734094.shtml

[8]　上海市人民政府 . 上海市城市规划管理技术规定 [EB/OL].（2010-12-20）[2021-04-06]. https：//law.sfj.sh.gov.cn/detail?id=600a468dac7df409e52d79bf

科技报告

[1]　Walkability & mixed-use：making valuable & healthy communities[R]. The Prince＇s Foundation，2020.

　　　https：//d16zhuza4xzjgx.cloudfront.net/files/walkability-and-mixed-use-making-valuable-and-healthy-communities-7667-0df54aa9.pdf

[2]　深圳大学建筑研究所 . 空间句法简明教程 [R].2014.

　　　https：//download.csdn.net/download/weixin_41428853/11064995